JN028331

トマス・S・クーン

科学革命の構造

新版

序説 イアン・ハッキング

青木薫 訳

みすず書房

THE STRUCTURE OF SCIENTIFIC REVOLUTIONS

50th Anniversary Edition

by

Thomas S. Kuhn

with an Introductory Essay by Ian Hacking

First published by The University of Chicago Press, 1962

科学革命の構造　新版

目次

序　説――五十周年記念版に寄せて（イアン・ハッキング）　i

はしがき　2

第Ⅰ節　序　論――歴史に与えうるひとつの役割　16

第Ⅱ節　通常科学への道筋　29

第Ⅲ節　通常科学の性質　48

第Ⅳ節　パズル解きとしての通常科学　65

第Ⅴ節　パラダイムの優位性　77

第Ⅵ節　アノマリーと科学的発見の出現　90

第Ⅶ節　危機と科学理論の出現　110

第VIII節　危機への応答　126
第IX節　科学革命の性質と必要性　147
第X節　世界観の変化としての革命　174
第XI節　革命の不可視性　209
第XII節　革命の終わり方　220
第XIII節　革命を通しての進歩　243

追記——一九六九年　263

訳者あとがき　319

索引　*1*

凡例

・本書は *The Structure of Scientific Revolutions*, the 4th edition, by Thomas S. Kuhn, with an introductory essay by Ian Hacking (University of Chicago Press, 2012) の全訳である。

・〔 〕内は著者による補いである。

・［ ］内は訳者による補いである。

・(1)、(2)、(3)…は著者による注記である。

・＊1、＊2、＊3…は訳者による注記である。

・『科学革命の構造』本文の注記欄においては、著者クーン自身の著書の邦訳書はタイトルのみ記載する。これに該当する文献は以下の通り。

『コペルニクス革命』常石敬一訳　紀伊國屋書店（一九七六）、および講談社学術文庫（一九八九）

『科学革命における本質的緊張』安孫子誠也・佐野正博訳　『本質的緊張』（全二巻）第1巻（一九八七）、第2巻（一九九二）、および合本『科学革命における本質的緊張』（一九九八）、いずれもみすず書房

序説——五十周年記念版に寄せて

イアン・ハッキング

古典的名著といえる本は、そうそうあるものではない。本書はそんな名著のひとつだ。読めばそれとわかるだろう。

この序説は飛ばして読みはじめるといい。今から半世紀前に、本書がいかにして生まれたのか、本書の影響はどのようなものだったのか、本書に主張されていることをめぐってどんな論争の嵐が吹き荒れたのかを知りたくなったら、ここに戻ってくればいい。今日における本書の位置づけについて、ベテランの意見が聞きたくなったら、戻ってきてほしい。

ここに述べることは本書の紹介であって、クーンと彼のライフワークを紹介するものではない。クーンはつねづね本書のことを『構造』と呼んでいたし、会話の中ではただ「例の本（the book）」と言っていた。私は彼の使い方に倣うことにする。『本質的緊張』は、『構造』の刊行直前か、またはその後まもなく発表された哲学的な（ここでは哲学的を、歴史的に対する言葉として使っている）論文を集めたもので、たいへん参考になる。[1] そこに収められた論文はいずれも、『構造』への注釈、ないしその拡張とみなすことができるので、併読するにはもってこいだ。

この序説は『構造』への手引きなので、『本質的緊張』を超える内容をここで論じることはない。しかし、クーンがしばしば会話の中で、十九世紀末にマックス・プランクによって火蓋が切られた第一の量子革命についての研究、『黒体と量子の不連続性』(*Black-body and the Quantum Discontinuity, 1894–1912*)こそは、『構造』が扱っている内容が厳密に該当する例だと言っていたことは心に留めておこう。[2]

『構造』は古典的名著であるだけに、限りなく多様な読み方ができるし、多くの使い方ができる。それゆえここに述べることは、たくさんある可能性のひとつにすぎない。本書が刊行されて以来、クーンの人生と仕事については多くの本が書かれてきた。トマス・サミュエル・クーン(一九二二―一九九四)の業績については、ウェブ上の『スタンフォード哲学百科事典』に、この序説とは異なる観点から書かれた簡潔で優れた紹介記事がある。[3] 晩年のクーンが自らの人生と思想を振り返って考えたことについては、一九九五年にアリスティデス・バルタス、コスタス・ガヴログル、ヴァシリキ・キンディーが行った〔クーンへの〕インタビュー記事を読むといい。[4] クーンの仕事について書かれた本の中で、彼本人がもっとも高く評価していたのは、パウル・ホイニンゲン゠ヒューネによる『科学革命を再構築する――トマス・S・クーンの科学哲学』(*Reconstructing Scientific Revolutions*)だった。[5] クーンの全刊行物のリストについては、ジェイムズ・コナントとジョン・ハウゲランド編の『構造以来の道』を参照されたい。[6]

ひとつ、あまり語られていないことがある。あらゆる古典的名著がそうであるように、本書は情熱のなせるわざであり、ものごとを正しく理解したいというひたむきな願望の表れだということだ。第I節序論冒頭の控えめな一文からさえ、そのことははっきりと見て取れる。「歴史は、もしもそれを逸話や年代記以上のものが収められた宝庫とみなすなら、現在われわれの頭にこびりついている科学のイメージに、決定的な変化を引き起こすことができるだろう」[7]。トマス・クーンは、科学についての――すなわち、良きにつけ悪しきにつけ、人類がこの惑星を支配することを可能にした活動についての――われわれの認識を変えようとした。そして彼はそれに成功したのである。

一九六二年

このたびの版は、『構造』の五十周年記念版だ。一九六二年は遠い昔になった。科学それ自体もが

---

(1) Thomas S. Kuhn, *The Essential Tension: Selected Studies in Scientific Tradition and Change*, ed. Lorenz Krüger (Chicago, IL: University of Chicago Press, 1977).［安孫子誠也ほか訳『科学革命における本質的緊張』みすず書房］

(2) Kuhn, *Black-Body and the Quantum Discontinuity, 1894–1912* (New York: Oxford University Press, 1978).

(3) Alexander Bird, "Thomas Kuhn," in *The Stanford Encyclopedia of Philosophy*, ed. Edward N. Zalta, http://plato.stanford.edu/archives/fall2009/entries/thomas-kuhn/

(4) Kuhn, "A Discussion with Thomas S. Kuhn" (1993), interview by Aristides Baltas, Kostas Gavroglu, and Vassiliki Kindi, in *The Road since Structure: Philosophical Essays 1970–1993, with an Autobiographical Interview*, ed. James Conant and John Haugeland (Chicago, IL: University of Chicago Press, 2000)［「トーマス・S・クーンとの討論」、佐々木力訳『構造以来の道――哲学論集 1970–1993』みすず書房］, 253–324.

(5) Paul Hoyningen-Huene, *Reconstructing Scientific Revolutions: Thomas S. Kuhn's Philosophy of Science* (Chicago, IL: University of Chicago Press, 1993).

(6) Conant and Haugeland, eds., *Road since Structure*.［『構造以来の道』（注4参照）］

(7) Kuhn, *The Structure of Scientific Revolutions*, 4th ed. (Chicago, IL: University of Chicago Press, 2012).［本書］引用箇所はこの版に準拠する。

らりと変わった。クーンがこれを書いた当時、科学の女王は物理学だった。クーンは物理学者としての専門教育を受けていた。物理学に通じている人はほとんどいなかったが、いちばん元気な分野が物理学だということは誰でも知っていた。冷戦の真っ只中だったから、核爆弾のことはみんなが知っていた。アメリカの小学生は、机の下に身を隠す練習をさせられていたのだ。少なくとも年に一度は、町中に空襲警報が鳴り響き、それを合図に全員が避難しなければならなかった。あえて避難をしないことで核兵器に反対を表明した者は逮捕される可能性があり、実際に逮捕された人たちもいた。一九六二年九月にボブ・ディランが「はげしい雨が降る」(A Hard Rain's A-Gonna Fall) を初めて人前で演奏したときには、放射性降下物のことを歌っているのだろうと誰もが理解した。一九六二年の十月にはキューバ危機が起こり、一九四五年以来、世界はもっとも核戦争に近づいた。物理学とその脅威のことは、すべての人の念頭にあった。

冷戦はとうの昔に終わり、物理学はもはやいちばん元気な分野ではなくなっている。一九六二年にはもうひとつ重要な出来事が起こった。フランシス・クリックとジェームズ・ワトソンがＤＮＡの分子生物学で、マックス・ペルーツとジョン・ケンドルーがヘモグロビンの分子生物学で、それぞれノーベル賞を受賞したのである。それは変化の先ぶれだった。今日、科学の女王はバイオテクノロジーだ。クーンがモデルとして選んだのは、物理学とその歴史だった。クーンの本を読んだあなたは、彼が物理科学について述べたことが、現在の多産なバイオテクノロジーの世界にどこまで通用するかを判断しなければならなくなるだろう。それに加えて、情報科学についてはどうか。コンピュータが科学の実践に及ぼした影響についても当てはまるのか。実験でさえ、かつてのそれと同じではない。というのも、コンピュータ・シミュレーションが実験のやり方を変え、一部では実験に取って代わりさえしたからだ。そして誰もが知るように、コンピュータはコミュニケーションのありようを変えた。一九六二年には、科学の成果は、会議や、専門家のセミナーや、プレプリントというかたちで発表されてから専門家向けの雑誌に掲載されていた。今日では、なんといってもデジタルアーカイブが主たる発表の場になっている。

二〇一二年と一九六二年とのあいだには、さらにもうひとつ根本的な違いがある。それは本書の核心である基礎物理学に影響を及ぼす違いだ。一九六二年、宇宙論には互いに競争するふたつの理論があった――定常宇宙論とビッグバン理論、つまり宇宙とその始まりについてのまったく異なる描像だ。一九六五年以降、ほとんど幸運とも言えるかたちで宇宙背景放射が発見されたこともあり、宇宙の理論はビッグバンだけになった。そしてこの理論は、通常科学として取り組まれるべきすばらしい問題をたくさん含んでいたのである。一九六二年には、高エネルギー物理学は、粒子を果てしなく増やし続ける分野のようにみえた。そのカオスから秩序を導き出したのが、標準模型と呼ばれる理論だ。その理論と重力をどう調和させればよいかは見当もつかないとはいえ、標準模型は信じられないほど正確な予測をしている。基礎物理学の分野では、今後も驚くべき発見がたくさん成し遂げられるであろうことは間違いないが、もしかすると新たな革命は、この先もう起こらないのかもしれない。

つまり、『科学革命の構造』は、今日実践されている科学というよりも、むしろ科学史上の過ぎ去った一時代に当てはまる本なのかもしれない――私はそうだと言っているのではない。

しかし、これは歴史の本なのだろうか、それとも哲学の本なのだろうか？　一九六八年に、クーンはある講演を次のように切り出した。「私はみなさんの前に、科学史を研究する者として立っています。……私はアメリカ哲学会ではなく、アメリカ歴史学会の会員なのです」[8]。しかし彼は、おのれの来し方を再編成するにつれ、徐々に、最初からずっと哲学的関心を抱き続けてきた人間として自らを提示するようになった[9]。『構造』がさしあたって多大な影響を及ぼしたのは科学史家のコミュニティーに対してだったが、より永続的な影響を及ぼしたのは、おそらくは科学哲学に対してであり、大衆文化に対しては間違いなくそうだ。そんなパースペクティブのもとで、この序説は書かれている。

構造

「構造」と「革命」という言葉が本書のタイトルに掲げられているのには、しかるべき理由がある。クーンは、科学革命があると考えただけでなく、科学革命には構造があるとも考えた。彼は細心の注意を払ってその構造を取り出し、それぞれの部分に使い勝手の良い名前をつけた。クーンにはアフォリズムの才能があり、彼がつけた名前は異例な地位を獲得している。というのも、それらの名前は、かつてはごく一部の人たちにしか知られていない難解な言葉だったにもかかわらず、今ではそのいくつかが日常英語になっているからだ。革命は次のような段階を踏んで進行する。〖1〗「通常科学」（第II節〜第IV節）。クーンは「章」ではなく「節」という言葉を使った。なぜなら彼は『構造』を、本というよりはむしろ本の概略を示すものと考えていたからだ）。〖2〗「パズル解き」（第IV節）。〖3〗「パラダイム」（第V節）。クーンがはじめて使ったときはめずらしかったパラダイムという言葉が、今ではすっかり陳腐な言葉になった（「パラダイム・シフト」もしかり！）〘4〙「アノマリー」（第VI節）。〘5〙「危機」（第VII節〜第VIII節）。そして、〘6〙新たなパラダイムを打ち立てる「革命」だ（第IX節）。

それが科学革命の構造である。パラダイムを持ち、パズル解きに献身的に取り組む通常科学。それに続いて深刻なアノマリー〔予想を裏切る事例〕が生じ、それが危機をもたらす。そして最後に、新たなパラダイムが危機を解消する。もうひとつの有名な言葉である「通約不可能性」は、節のタイトルにはなっていない。通約不可能性とは、革命とパラダイム・シフトの進展の過程において、新しい考えおよび主張と、古い考えおよび主張とを厳密に比較することはできないという考えである。たとえ同じ言葉が使われていても、その意味は変化している。そこから導かれるのが、古い理論を置き換えるために新しい理論が選ばれたのは、それが正しいからではなく、むしろ世界観が変わったからだという考えだ（第X節）。本書は、科学の進歩は究極の真理へと続く単純な一本の線ではないという、不穏な考えをもって終わる。科学の進歩はむしろ、この世界に関するより不十分な捉え方と、この世界とのより不十分な相互作用から、遠ざかることだというのである（第XIII節）。

それぞれの考えを順に見ていこう。クーンの言う構造は、見てのとおり、あまりにも簡素すぎる。歴史はそんなふうにはなっていないと、歴史家たちは不平を鳴らす。しかし、簡単で当を得た、汎用性のある構造の発見へとクーンを導いたのは、まさしく物理学者としての彼の直観だった。一般読者

（8）Kuhn, "The Relations between the History and the Philosophy of Science," in *Essential Tension*, 3.［「科学史と科学哲学との関係」、『科学革命における本質的緊張』（注1参照）所収］

（9）Kuhn, "Discussion with Thomas S. Kuhn."［「トーマス・S・クーンとの討論」（注4参照）］

はそれが科学なのだろうと思うことができた。また、クーンの構造には、ある程度まで検証可能だという長所があった。科学史家たちは、自分が専門的に研究している分野に起こった大きな変化が、クーンの構造にどこまで当てはまるかを調べることができた。残念ながら、クーンの構造は、怒濤のように押し寄せた懐疑的な知識人——真理の概念そのものに疑問を呈するような人たち——に濫用されることにもなった。クーンにはそんなつもりはなかったのだ。彼は事実を愛し[*1]、真理を追い求める人間だった。

革命

革命というと、われわれはまず政治の文脈を考える。アメリカ革命[*2]、フランス革命、ロシア革命などと。革命ではいっさいが打ち倒され、新たな世界秩序が始まる。この革命の概念を拡張して科学に当てはめた最初の思想家は、おそらくイマヌエル・カントだろう。カントの見るところ、知識には大きな革命が二度起こった。代表作である『純粋理性批判』(これも数少ない古典的名著のひとつだが、『構造』のようにわくわくしながらページを繰れる本ではない!)の第一版(一七八一)では、カントはそれについて何も述べていない。しかし第二版(一七八七)の序文では、ほとんど華々しいほどの持ち上げ方で、ふたつの革命について語っている[(10)]。ひとつ目の革命は数学の実践における変化で、バビロニアやエジプトでよく知られていたテクニックが、ギリシャにおいて公準から出発する証明に変容したというものだ。ふたつ目の革命は、実験的方法と実験室が現れるまでの一連の出来事で、カントはその先駆けをガリレオに認めた。たったふたつの長いパラグラフの中で、彼は「革命」という言葉を何度も使っている。

注意したいのは、われわれはカントのことをもっとも純理的な学者だと思っているが、その彼は騒然とした時代に生きていたということだ。ヨーロッパ中で途方もない何かが起こっていることには誰もが気づいていたし、実際、〔第二版刊行から〕わずか二年後にはフランス革命が勃発した。科学革命という観念を用意したのは、カントだったのだ。[11] 私は哲学者なので、カントが、自分は歴史の細部にまで注意を払える立場にはないと脚注で律儀に釈明しているのを面白く感じるし、もちろんそこは大目に見てよいと思う。[12]

クーンが科学とその歴史について書いた最初の本は『構造』ではなく、『コペルニクス革命』だった。[13] 科学革命という考えは、当時すでに広く行き渡っていた。第二次世界大戦後、〝十七世紀の科学革命[*3]〟について膨大な本や論文が書かれた。フランシス・ベーコンはその革命の預言者であり、ガリレオは灯台、ニュートンは太陽だった。

---

(10) Immanuel Kant, *The Critique of Pure Reason*, 2nd ed., B xi–xiv. 現在の版、およびその各言語への翻訳では、第一版と第二版をまとめて一冊にされており、第二版で新たに加わった部分は、オリジナルのドイツ語版のページ番号にBを付して示される〔篠田英雄訳『純粋理性批判』岩波文庫、ほか邦訳あり〕。標準的な英訳はNorman Kemp Smith (London: Macmillan, 1929). 一番新しい翻訳は、Paul Guyer and Allen Wood (Cambridge: Cambridge University Press, 2003).

*1 a fact lover. ハッキングにとって fact は、theory, conjecture, hypothesis, generalization と対置されるべき概念で、彼はクーンのほかに自分自身やフーコーも fact lover と特徴づけている。

*2 十八世紀、北アメリカの十三の植民地が宗主国イギリスに抵抗し、アメリカ合衆国建国に至った出来事。

最初に注意すべきは、クーンが『構造』で語っているのは、その定冠詞つきの科学革命ではないという点だ――ただし、『構造』をざっと通読しただけで、すぐにそのことが明らかになるわけではない。十七世紀の定冠詞つきの科学革命は、クーンが構造を仮定した革命とは、まったく種類の異なる出来事だった。[14] さらに、『構造』が出版される少し前のこと、クーンは「第二の科学革命」[15]があったと主張した。それが起こったのは十九世紀のはじめで、そのとき多くの新分野が数学化された。熱、光、電気、磁気がパラダイムを獲得し、混乱していた多くの現象が突如として見通しよく理解できるようになった。それは、われわれが産業革命と呼ぶものと同時に――手に手を取って――起こった革命だった。その出来事が、今日われわれが暮らす近代科学技術世界の始まりだったとみてまず間違いないだろう。しかし、第一の［十七世紀］科学革命と同じく、第二の科学革命もまた『構造』に言うところの「構造」をはっきりとは示さなかった。

注意すべきふたつ目の点は、クーンのすぐ前の世代、すなわち十七世紀科学革命について大量にものを書いた世代は、物理学に起こった激烈な革命のさなかに成長したということだ。アインシュタインの特殊相対性理論（一九〇五）、そしてその後の一般相対性理論（一九一六）の登場は、今日のわれわれには想像もできないほど破壊的な出来事だった。相対性理論は当初、物理学におけるまぎれもなく検証可能な帰結に対してよりも、むしろ人文科学や芸術の領域に対して、はるかに大きな波紋を投じた。なるほど、相対性理論による天文現象の予言を検証するために、サー・アーサー・エディントンによる有名な遠征が行われはしたが、この理論が物理学の多くの分野にしっかりと組み込まれたのは、もっと後のことなのだ。

［相対性理論の革命に］続いて量子革命が起こったが、これもまた二段階の出来事だった。まず一九〇〇年頃にマックス・プランクが量子を導入し、次いで一九二六年から一九二七年にかけて登場したハイゼンベルクの不確定性原理をもって、完全な量子論がもたらされた。相対性理論と量子物理学が一

---

(11)（知的な）革命についてさえ、カントは十年ばかり時代に先駆けていた。優れた科学史家であるI・B・コーエンは、科学における革命という発想をほぼ網羅的に検討したと思われる本を書いた。その本の中でコーエンは、忘れられてはいるけれども、驚くべき科学者にして学者だったG・C・リヒテンベルク（一七四二－一七九九）の言葉を引用した。リヒテンベルクはこう問い掛ける。「ヨーロッパにおいて「革命」という言葉がつぶやかれたり印刷されたりした回数について、一七八一～一七八九年の八年間と、一七八九～一七九七年の八年間とを比べたらどうなるか」。リヒテンベルク自身のざっくりした見積もりは、一対百万だった。I. B. Cohen, *Revolution in Science* (Cambridge, MA: Belknap Press of Harvard University Press, 1985), 585n.4より。私は、一九六二年と、本書の五十周年に当たる年とで、「パラダイム」という言葉が使われた回数の比率も、それと同じぐらいになるだろうと、あえて大胆に予想してみたい。本書の刊行当時にパラダイムという言葉が一回使われるごとに、五十年後の今は百万回使われているだろうということだ。ちなみにリヒテンベルクははるか昔に、「パラダイム」という言葉をよく使ったことで知られる科学思想家のひとりでもある。

(12) Kant, *Critique*, B xiii.

(13) Kuhn, *The Copernican Revolution: Planetary Astronomy in the Development of Western Thought* (Cambridge, MA: Harvard University Press, 1957).［常石敬一訳『コペルニクス革命』講談社学術文庫］

(14) 今日、そもそもそれは「出来事」だったのかと疑問視する人たちもいる。クーンは下記の論考で多くを語っており、いわゆる［十七世紀］科学革命について、彼独自の偶像破壊的な考えを魅力的に示してもいる。"Mathematical versus Experimental Traditions in the Development of Physical Science" (1975), in *Essential Tension*, 31–65.［「物理科学の発達における数学的伝統と実験的伝統」、『科学革命における本質的緊張』（注1参照）所収］

(15) Kuhn, "The Function of Measurement in the Physical Sciences" (1961), in *Essential Tension*, 178–224.［「近代物理科学における測定の機能」、『科学革命における本質的緊張』（注1参照）所収］

*3　ハッキングの原文では *the* scientific revolution. 十七世紀科学革命というのは現在の言い方で、クーン以前は、定冠詞つきで科学革命と言えば十七世紀の出来事を指した。ハッキングはその点をイタリックの定冠詞で強調している。

緒になって、古い科学ばかりか、基礎的な形而上学までもひっくり返した。カントは、ニュートン物理学の絶対空間と普遍的な因果律はものを考えるためのアプリオリな原理であって、人間が周囲を取り巻く世界を認識するための必要条件だと考えていた。物理学は、カントがとんだ考え違いをしていたことを暴露した。原因と結果は単なる見せかけにすぎず、この世界の根底には不確定性が横たわっていたというのだから。革命は、当時の科学のスローガンだったのだ。

クーン以前にもっとも影響力があった科学哲学者は、カール・ポパー（一九〇二－一九九四）だった――ここで私は「影響力があった」という言葉を、現場の科学者たちにもっとも広く読まれ、ある程度まで正しいと考えられていたという意味で使っている。[16] ポパーは、第二次量子革命の真っ只中に成長した。その革命から彼が学んだことは、彼自身の著書のタイトルに倣って言うなら、科学は推測と反駁によって進歩するということだった。それ［推測と反駁による進歩］は、科学の歴史によって例証されたモラリスト的な［上等な道徳規範にもとづく］方法論である、とポパーは主張した。われわれはまず、できる限り検証可能なかたちで大胆な推測をするが、その推測にはどうしても不十分な点が見つかる。そうして推測は反駁され、事実に合う新たな推測が見出されなければならない。仮説は、それが反証可能である限りにおいて「科学的」だとみなすことができる、というのである。こんな潔癖な科学観は、世紀の変わり目に起こった大きな諸革命以前には、考えることさえできなかっただろう。

クーンが革命を強調したのは、ポパーの言う反駁がなされた後の、その次の段階としてだったとみることができる。その両者の関係についてのクーン自身の記述が、「発見の論理か探究の心理か？」だ。[17] クーンとポパーはともに物理学をすべての科学の原型とみなし、相対性と量子が登場した後に自らの考えを形成した。しかし今日、科学は当時とは違って見える。二〇〇九年には、ダーウィンの『種の起源』の百五十周年を記念する行事が鳴り物入りで繰り広げられた。多くの本が出版され、さまざまな企画やフェスティバルが催されるのを見た人たちに、科学史上もっとも革命的な仕事は何だと思うかと尋ねたとすれば、多くの人は『種の起源』という順当な返答をしたのではないだろうか。だとすれば、『構造』にダーウィンの革命がただの一度も出てこないのは印象的だ。なるほど自然選択という言葉は、２５９−２６０ページに重い扱いで登場するが、それはあくまでも科学の進展の仕方へ

（16）ポパーはウィーンに生まれてロンドンに落ち着いた。ナチスの支配を逃れたドイツ語圏出身の哲学者のうちアメリカに向かった人たちは、その地の哲学に多大な影響を及ぼした。多くの科学哲学者は極度に単純化されたポパーのアプローチを嘲ったただけだったが、現場の科学者にとってポパーの言うことは納得がいった。マーガレット・マスターマンは一九六六年当時の状況を、ズバリ次のように書いている。「今や現場の科学者たちは、ポパーよりもクーンを読むようになってきている」。Masterman, "The Nature of a Paradigm," in *Criticism and the Growth of Knowledge*, ed. Imre Lakatos and Alan Musgrave (Cambridge: Cambridge University Press, 1970)［「パラダイムの本質」、森博監訳『批判と知識の成長』木鐸社］, 59–90, 引用は原書 p. 60.

（17）Kuhn, "Logic of Discovery or Psychology of Research" (1965), in *Criticism and the Growth of Knowledge*, 1–23.［「発見の論理か探究の心理か」、『科学革命における本質的緊張』（注1参照）所収］一九六五年七月にロンドンで、イムレ・ラカトシュは、クーンの『構造』とポパー派の対決に焦点を合わせた会議を組織した。当時、ポパー派には、ラカトシュ当人のほかにパウル・ファイヤアーベントがいた。会議のあとすぐに、今となっては忘れられた諸論文を収めた三巻の講演録が出版され、「第四巻」にあたる *Criticism and the Growth of Knowledge*［『批判と知識の成長』（注16参照）］は、それ自体の資格において古典となった。ラカトシュは、会議の報告書はその場で起こったことを報告するのではなく、起こったことを踏まえて書き直されるべきだと考えていた。それも理由のひとつとなって、第四巻の刊行は五年遅れた。もうひとつの理由は、ラカトシュが自分自身の考えを大きく発展させ、詳細に作り込んだことだ。ここに引用したクーンの論文は、基本的には、クーンが一九六五年の会議で、実際に語ったことである。

のアナロジーとして登場したにすぎない。生命科学が物理学から科学の女王の座を奪った現在、われわれはダーウィンの革命が、クーンのテンプレートにどれだけ合うかを問わなければならない。

最後にもうひとつ、注意すべき点を挙げておこう。今日「革命」という言葉は、クーンが念頭に置いていたものとは大きく異なる使われ方をしているということだ。これはクーンに対する批判でもなければ、一般大衆に対する批判でもない。しかしクーンが書いたことは慎重に読まなければならないし、彼が実際に何を言っているのかに注意を払わなければならないということを意味してはいる。今日、革命はほとんど褒め言葉になっている。新型の冷蔵庫であれ、斬新な新作映画であれ、新しいものは何でも革命的だと言われる。その同じ言葉が、かつては限られた状況にしか使われていなかったことを思い出すのは難しい。「革命家」と言えば「アカ［commie］」のことだったから、アメリカのメディアにおいては（アメリカ独立革命のことはほとんど忘れて）、「革命」という言葉は称賛よりも嫌悪を表していたのだ。当節、革命が単なる宣伝文句に成り下がっていることを私は残念に思うが、しかしそれはひとつの事実であり、そのせいでクーンを理解するのがさらに少しばかり難しくなっている。

通常科学とパズル解き（第II節から第IV節）

クーンの思想は、まさしく衝撃的としか言いようのないものだった。通常科学とは、現行の知識分野に未解決のまま残されている若干のパズルを片づけることでしかないというのだから。パズル解きと言われて思い浮かぶのは、クロスワードパズル、ジグソーパズル、数独など、有用な仕事に取り組んでいないときに楽しく頭を働かせておく方法だ。通常科学とは、そんなものなのだろうか？

　本書を読んだ科学者の多くは少々ショックを受けたが、しかし同時に、自分たちが普段やっている仕事はたしかにそういうことだと認めざるをえなかった。研究課題が目標に据えているのは、真に新奇なものを作り出すことではない。本書の65ページに現れる次の一節には、クーンの学説（ドクトリン）が要約されている。「前節で出会った通常科学の研究課題のもっとも顕著な特徴は、概念についてであれ現象についてであれ、根本的に新奇なものを生み出すことはほとんど目指していないことだろう」。どんな学術誌を見ても、そこに扱われているのは三種類の研究課題であることに気づくだろう、とクーンは書いた。〖1〗意味のある事実を確定しようとするもの、〖2〗事実を理論と合わせようとするもの、そして〖3〗理論の明確化である。それぞれを少しだけ敷衍しておこう。

〖1〗理論が不十分な記述のまま放置し、どう考えたらいいのか定性的にしか教えてくれない量や現象がある。測定やその他の手続きで、事実をより正確に確定する。

〖2〗既知の観察結果が、いまひとつ理論と合わない。何が悪いのだろうか？　理論を修正するか、実験データに欠陥があることを示せ。

〖3〗理論はきちんとした数学的形式を持っているかもしれないが、そこからどういう帰結が導かれるかは、まだ理解できていない。クーンは、理論に暗黙のうちに含まれていることを明るみに出すという、しばしば数学的分析により行われるこのプロセスに対し、「**明確化**」(articulation)という的確な名前を与えた。

現場の科学者たちの多くは、自分たちがやっていることはクーンのルールを証し立てしているという点には同意したが、それでもこの話はどこか釈然としない。クーンがこんな言い方をしたひとつの理由は、彼が（ポパーをはじめ、多くの先行者たちもそうだったように）、科学研究はまずもって理論的なものだと考えていたからだ。実験に造詣が深かったにもかかわらず、クーンは理論を高く評価し、実験には副次的な意義しか与えなかった。一九八〇年代以降、力点は大きく変わり、歴史家も社会学者も哲学者も実験に注目するようになっている。ピーター・ギャリソン［実験に注目して科学哲学と科学史にまたがる研究を行っている］が述べたように、研究には、理論、実験、装置という、おおむね独立した三つの伝統がある。(18) どのひとつも他のふたつにとって必要不可欠だが、それぞれがかなりの程度まで自律的だ。つまり、それぞれが独自の生命を持っている。理論を重視するクーンの観点からは、実験と装置に関する膨大な数の新奇な事柄がすっぽりと抜け落ちている。それゆえ通常科学には、単に理論の伝統には属していないというだけで、新奇な事柄はたくさんあるのかもしれない。また、テクノロジーや病気の治療法を求める一般大衆にとってみれば、そもそも科学が称賛される根拠である革新は、普通はおよそ理論的なものではない。それが、クーンの話がどこか的をはずしているように感じられる理由だ。

通常科学というクーンの考えの中で文句のつけようもなく正しい部分、そしてまた疑わしい部分をも示す今日的な例として、高エネルギー物理学の分野で科学ジャーナリストたちがもっとも広く一般の人たちに向けて報じるのはヒッグス粒子の探索だという点に着目しよう。ヒッグス粒子の探索には、金と才能の両面で、信じられないほどの資源が注ぎ込まれ、そのすべてが、今日の物理学が教えていること――すなわち、物質の存在そのものに本質的な役割を演じる未検出の粒子が存在するということ――の立証に捧げられている。その過程で、数学からテクノロジーに至るありとあらゆる領域で、膨大な数のパズルを解かなければならない。ある意味では、理論上、あるいは現象としてさえ、新しいことは何ひとつ期待されていない。それが、クーンが正しかった部分だ。通常科学の目的は、誰も予想すらしなかった新奇な何かを発見することではないのだ。しかし、すでに受け入れられている理論を確かめようとするところから、新奇さが生じることもある。実際、ヒッグス粒子の探索で期待されているのは、この粒子を生み出すための正しい条件がついに確立されたとき、新世代の高エネルギー物理学が始まるだろうということなのだ。

通常科学をパズル解きと特徴づけたことから、クーンが通常科学を重要だと考えていなかったようにも見えるだろう。しかし事実は逆で、クーンは科学活動をとてつもなく重視し、そのほとんどは通常科学だと考えていたのである。今日では、革命に関するクーンの考えに懐疑的な科学者たちでさえ、通常科学についての彼の説明には大いに敬意を払っている。

(18) Peter Galison, *How Experiments End* (Chicago, IL: University of Chicago Press, 1987).

パラダイム（第V節）

この要素には格別の注意を払う必要がある。それにはふたつの理由がある。第一に、クーンが「パラダイム」という言葉の普及度をがらりと変えた結果として、新たに本書を手に取る読者がこの言葉に与えるニュアンスは、クーン自身が一九六二年の時点で与えることのできたそれとは大きく変わってしまったことだ。第二に、クーン自身が追記（ポストスクリプト）ではっきり述べているように、「共有される例としてのパラダイムは、本書のもっとも斬新で、もっとも理解されていない側面だと、私が今では考えるようになったものの中心的な要素」だからである（283ページ）。クーンはその前のページで、「模範例」という言葉は、「パラダイム」の代わりになりうるという考えを示した。彼は、追記を書く直前に書いた別の短い論考の中で、「この言葉［パラダイム］は制御不能になった」と認めた。[19] 晩年のクーンは、「パラダイム」という言葉をいっさい使わなくなった。しかしありがたいことに、刊行から半世紀を経て『構造』を読むわれわれは、舞い上がった大量の埃が静まった今ならば、この言葉に本来の高いステータスを与えることができるのではないだろうか。

本書が刊行されるとすぐに、読者はこの言葉があまりにも多くの使われ方をしていることに苦言を呈した。マーガレット・マスターマンは、頻繁に引用されるにもかかわらずめったに読まれることのない論考の中で、クーンが「パラダイム」という言葉を二十一通りもの別々の用法で使っていると指摘した。[20] この論考や相次ぐ同様の批判に促されて、クーンはその点を詳しく検討した。その成果が、「パラダイム再考」と呼ばれる論文である。彼は、パラダイムという言葉にはふたつの意味があるとして、それらを「大域的（global）」および「局所的（local）」と呼んで区別した。[*4] 局所的な意味について、クーンは、「これは言うまでもなく標準的な例としての「パラダイム」であり、そもそも私がこの言葉を選んだのはこのためだった」と述べた。ところが自分の意図とは異なり、読者はもっと大域的に近

（19）Kuhn, "Reflections on My Critics," in *Criticism and the Growth of Knowledge*, 272. 同タイトルで *Road since Structure*, 168 に再収録されている［「私の批判者たちについての省察」、『批判と知識の成長』（注16参照）および『構造以来の道』（注4参照）所収］。

（20）Masterman, "Nature of a Paradigm."［「パラダイムの本質」（注16参照）］. この論考の完成は一九六六年で、もとはラカトシュが組織した会議（注16、17を参照のこと）のために書かれたものだった。マスターマンは「パラダイム」の二十一の意味を挙げたが、不思議なことにクーンは、マスターマンが二十二の意味を挙げたと述べている（クーンの論文 "Second Thoughts on Paradigms" [1974], in *Essential Tension*, 294）。"Reflections on My Critics" (1970) in *Criticism and the Growth of Knowledge*, 231–78; reprinted in *Road since Structure*, 123–75［「私の批判者たちについての省察」（注19参照）］には、何十年にわたって彼が繰り返し語ることになった、あるたとえ話が使われている。クーン1とクーン2という、二人のクーンがいるかのようだというのだ。クーン1は彼自身だが、ときどき別のクーンが存在していると考えざるをえなくなる。クーン2は、同じく『構造』というタイトルの別の本を書いたが、その中で、クーン1が意図したのとは別のことを言ったらしい。クーンは、ラカトシュとマスグレーヴにより編纂された『批判と知識の成長』の中でただひとり、彼の仕事、すなわちクーン1の仕事について論じた批判者としてマスターマンを選び出す。彼女は、攻撃的で辛らつで偶像破壊的な思想家で、自分自身は、あまり哲学的ではなくむしろ科学的だが、そこで言う科学は、物理科学ではなく「計算機科学」だと言っていた（"Nature of a Paradigm," 60）。もうひとり、マスターマンに匹敵する影響力を持ったのがダドリー・シェイピアで、この人物にクーンは慎重に注意を払っていた（Shapere, "The Structure of Scientific Revolutions," *Philosophical Review* 73 [1964]: 383–94）。私見によれば、このふたり、マスターマンとシェイピアは、パラダイムという概念のあいまいさに焦点を合わせることで、クーンを正しく理解することができたのだった。通約不可能性は、後の批判者たちを悩ませ続けることになる。

*4　クーンの「パラダイム再考」の原文では、global が一度出てくるだけで、local という言葉そのものは出てこない。

い意味で使っている、とクーンは言うのである。それに続けて、彼はこう述べた。「「パラダイム」の本来の使い方、すなわち文献学的にみて妥当といえる唯一の使い方を、この言葉のために取り戻してやれる見込みはほとんどないように私には思われる」[21]。一九七四年当時はたしかにそうだったのかもしれないが、本書の五十周年を記念する今ならば、われわれは一九六二年に意図された通りの使い方に立ち返ることができる。「大域的」と「局所的」については、のちほどふたたび取り上げるが、その前にまず、パラダイムという言葉について少しおさらいをしておこう。

今日、「パラダイム」は「パラダイム・シフト」ともども、巷にあふれる言葉になっている。クーンが本書を書いたときには、この言葉を聞いたことのある者はほとんどいなかった。それがたちまち流行語になったのだ。時代の気分を敏感に察知して、それを楽しむ『ニューヨーカー』誌は、そんな状況を揶揄するひとコマ漫画（カートゥーン）を掲載した。マンハッタンのカクテル・パーティーで、ベルボトムを穿いた健康的な若い女性が、最新の流行に通じているつもりの禿げかかった男にこう言う。「すごいわ、ガストンさん。「パラダイム」という言葉を実際に使う人を見たのは初めてよ！」[22]。今日、この厄介な言葉を聞かずにすませるのはかなり難しいが、一九七〇年においてさえ、クーンがこの言葉は制御不能になったと述べたのもそのためだった。

話をもとに戻そう。ギリシャ語の *παραδειγμα*［パラデイグマ、ラテン文字表記は Paradeigma］は、弁論についてのアリストテレスの理論、とくに『弁論術』と呼ばれる著作の中で大きな役割を演じた。この著作は、暗黙の了解として多くのことを共有するふたつの陣営、すなわち話し手と聞き手とのあいだで、どのように弁論を行うべきかについて論じたものである［暗黙の了解には言及されない場合が多いため、論理的には不十分な弁論になる」。われわれが使うパラダイムという言葉の祖先であるこの語は、英訳では「example（例）」とされるのが普通だが、アリストテレスはむしろ「exemplar（模範例）」、すなわち「もっとも模範的な例」に近い意味で使っていた。弁論には、ふたつの基本的な型がある、とアリストテレスは考えた。第一の型は本質的に演繹的だが、暗黙の前提が多い。第二の型は、本質的に類推による議論である。

この、第二の基本的な型の弁論においては、何か論争の対象となるものがある。実際にアリストテレスが使った例のひとつを挙げよう。読者の多くはすぐに気づかれるように、その例は、アリストテレスの時代の都市国家から、今日の国民国家へとほとんどそのままアップデートできる。アテナイは近隣の都市国家であるテーバイに対し、戦争を起こすべきだろうか？　起こすべきではない。なぜなら、テーバイは近隣のポーキスに対して戦争を起こしたが、それは悪しき行いだったからだ。アテナイの聴衆はみんなそれに同意しただろう。それがパラダイムである。今論争になっている状況は、それにそっくりだ。したがって、テーバイに対して戦争を起こすのは、われわれにとって悪事となるだろう[23]。

一般に、何かについて論争があると、聴衆のほとんどが同意しそうな説得力のある例、すなわちパ

(21) Kuhn, "Second Thoughts on Paradigms," 307n.16.［「パラダイム再考」、『科学革命における本質的緊張』（注1参照）所収］.

(22) Lee Rafferty, *New Yorker*, December 9, 1974. クーンはその後数年ほど、このひとコマ漫画を暖炉の上に飾っておいた。『ニューヨーカー』は一九九一年、二〇〇一年、そして比較的最近では二〇〇九年にも、「パラダイム・シフト」をネタにしたひとコマ漫画を掲載している。

ラダイムを誰かが示す。論争になっている問題も、「その例と同じだ」と言うためだ。

アリストテレスの著作のラテン語訳では、*παραδειγμα* は exemplum になり、この言葉は、中世とルネサンス期の弁論に関する理論において独自の道を歩んだ。一方、paradigm という言葉は現代ヨーロッパの諸言語に保存されたが、弁論術とはおおむね別の道を歩んだ。こちらの言葉は、標準的なモデルに従っている、あるいはそういうモデルに依拠しているという、かなり限定された使い方をされる傾向があった。子どもたちが学校でラテン語を学ばなければならないときには、「愛する」という動詞の変化を――「私は愛する」「あなたは愛する」「彼／彼女／それは愛する」――を、amo, amas, amat などと活用させるように言われた。それがパラダイム、すなわち同種の動詞を変化させるためのモデルである。「パラダイム」という言葉は主に文法との関係で使われたが、メタファーとして使うことはつねに可能だった。メタファーとしての使い方は、英語では結局普及しなかったが、ドイツ語ではいくらか広い状況で使われたようだ。一九三〇年代に大きな影響力を振るった哲学者集団、ウィーン学団のメンバーだったモーリッツ・シュリックやオットー・ノイラートらは、哲学に関する著作の中で、この言葉のドイツ語版を気軽に使っていた。[24] おそらくクーンはそのことには気づいていなかっただろうが、ウィーン学団と、アメリカに亡命してきたドイツ系の言語哲学者たちの哲学こそは、クーンの言葉で言うなら、彼が「知的に涵養されてきた（be weaned on）」科学哲学だった（27ページ）。

その後、『構造』が仕上がりつつあった十年間に、イギリスの分析哲学者の中に、パラダイムという言葉を積極的に使いはじめた人たちがいた。きっかけは、骨の髄までウィーン気質の染み込んだルートヴィヒ・ウィトゲンシュタインが、一九三〇年代にケンブリッジ大学で行った講義で、この言葉をさかんに使ったことだった。ウィトゲンシュタインの魅力の虜になった人たちは、熱に浮かされたように、ケンブリッジでの彼の講義について論じた。ウィトゲンシュタインの『哲学探究』（一九五三年に刊行された、やはり古典的名著）には、パラダイムという言葉が何度か出てくる。初出（第二十節）は、「われわれの文法のパラダイム」である。ただし、ウィトゲンシュタインの「文法」概念は、この言葉の普通の用法よりもはるかに包括的だ。のちに彼はその文法概念を、「言語ゲーム」との関係で使うようになった――ウィトゲンシュタインは言語ゲームという言葉を大衆文化の一部にしたが、もともとは耳慣れないドイツ語の言いまわしだった。

クーンが初めてウィトゲンシュタインを読んだのがいつのことだったかは知らないが、彼はまずハーバード大学で、その後バークレー［カリフォルニア大学バークレー校］で、ウィトゲンシュタインに心酔する魅力的で独創的な思想家、スタンリー・カヴェルとさかんに議論をした。ふたりはともに、人生のこの時期に、相手と知的態度を分かち合い、さまざまな問題について論じ合ったことは自分にとっ

(23) Aristotle, *Prior Analytics*, book 2, chap. 24 (69a1)［『分析論前書』第二巻第二十四章、今井知正ほか訳『分析論前書・分析論後書』所収、アリストテレス全集2、岩波書店、ほか邦訳あり］パラダイムについてもっとも踏み込んだ議論をしているのは『弁論術』である。（たとえば第一巻第二章（1356b）。また別の軍事的な例として第二巻第二十章（1393a-b）を挙げておく。）ここでの私の眼目は、この［模範例という］考えには長い歴史があると指摘することにあるため、アリストテレスの議論は大幅に簡単化した。

(24) この情報は次の文献による。Stefano Gattei, *Thomas Kuhn's "Linguistic Turn" and the Legacy of Logical Positivism* (Aldershot, UK: Ashgate, 2008), 19n.65.

て重要だったと認めている。(25)「パラダイム」という概念の問題性が浮かび上がったのは、このふたりの議論においてだったのは間違いない。(26)

ちょうどその頃、何人かのイギリスの哲学者が、さいわいにも短命に終わった「パラダイムケースの論法」を発明した――この名前が与えられたのは一九五七年のことだったと思う。それが当時さかんに論じられたのは、各種の哲学的懐疑主義に対する、新しくて一般性のある反論のように見えたためだった。この論法のよくできたパロディーをひとつ挙げておこう。「われわれには(たとえば)自由意志がない」と主張することはできない。なぜなら、われわれは「自由意志」という表現の使い方を実際の用例から学ばなければならず、用例はパラダイムだからである。われわれはパラダイムからその〔自由意志という〕表現を学び、パラダイムは実在しているのだから、自由意志も実在しているのである。(27)そのようなわけで、クーンが『構造』を書いていた当時、「パラダイム」という言葉はこの分野に広まっていたのだった。(28)

パラダイムという言葉は、手を伸ばせば届くところにあり、クーンはそれを摑まえたのだ。

読めばわかるように、『構造』のこの言葉の初出は、第II節「通常科学への道筋」の最初の一歩にあたる部分である〔30ページ〕。通常科学は、なんらかの科学コミュニティーに承認された、先行する科学的成果に立脚している。クーンは一九七四年の論文「パラダイム再考」で、「パラダイム」が本書の中で「科学コミュニティー」と手に手を取って登場するという点をあらためて強調した。(29)それらの科学的成果は、なすべきこと、発するべき問い、成功する応用、「手本となる観測と実験」の、模範例となるものだった。(30)

29ページに挙げられた科学的成果の例は、ニュートンや彼に匹敵する人たちによるスケールの大きい英雄的な仕事である。クーンはそこから徐々に、小さな研究者のコミュニティーに影響を及ぼす、応用範囲のずっと狭い出来事に興味を移していった。科学コミュニティーには非常に大きなものがある——たとえば遺伝学や凝縮系物理学（固体物理学）などがそれだ。しかし、大きなコミュニティー

（25）カヴェルに対するクーンの謝意については、クーン『構造』xiv（本書13ページ）．多少の対話に関する回想が次の文献にある。Stanley Cavell, *Little Did I Know: Excerpts from Memory* (Stanford, CA: Stanford University Press, 2010).

（26）Cavell, *Little Did I Know*, 354.

（27）ここで強調しておかなければならないが、この論法のアイディアはウィトゲンシュタインが出したと考える人たちがいるが、彼ならば、そういう論法は好ましくない、悪い哲学のパラダイムであることを見出しただろう。

（28）権威ある *Encyclopedia of Philosophy* (1967) は、パラダイムケースの論法に、六ページもの慎重にして情報価値のある記述を捧げている。Keith S. Donellan, "Paradigm-Case Argument," *The Encyclopedia of Philosophy*, ed. Paul Edwards (New York: Macmillan & The Free Press, 1967), 6:39–44. この論法は、今では視界から消えている。今日のオンライン百科事典 *Stanford Encyclopedia of Philosophy* は、その真に百科事典的な記述のどこにも、その名前を挙げていない。

（29）多くの点において、クーンの分析は、ルドヴィク・フレック（一八九六－一九六一）がすでに考案していたものである。フレックが一九三五年に発表した科学についての分析は、おそらくクーンのそれよりも過激だろう。Ludwik Fleck, *Genesis and Development of a Scientific Fact*, trans. Fred Bradley and Thaddeus J. Trenn (Chicago, IL: University of Chicago Press, 1979). この英語版では、ドイツ語の副題、「思考様式と集合的思考の理論への序説」が省かれている。クーンの言う科学者コミュニティーは、フレックの「思考集団」という考えに対応している。思考集団を特徴づけるのは「思考様式」だが、今日フレックの著書を読む者の多くは、それをパラダイムに相当するものとみなしている。クーンはフレックの論考について、「私自身の考えの多くを予見していた」と認めている（*Structure*, xli, 本書4ページ）。フレックの本がついに英訳されるにあたっては、クーンの尽力があった。クーンは晩年になって、フレックの本では「思考」が集団的なものではなく、個々人の頭の中で起こることとされている点に違和感を覚えると述べた（"Discussion with Thomas S. Kuhn," 283［「トーマス・S・クーンとの討論」（注4参照）］）。

（30）Kuhn, *Essential Tension*, 284.［『科学における本質的緊張』（注1参照）］

の内部にはどんどん小さくなるグループがあり、最終的には、その分析は「おそらく百人、場合によってはそれよりもかなり小さなコミュニティー」に当てはまるはずだ。[31] それぞれのコミュニティーは、独自のコミットメント「大切なこととして受け入れられていること」の集まりと、前進する方法についての独自のモデルを持っているだろう。

さらに、そのような成果は、有名なものならなんでもよいというわけではない。それらは、

【1】人々をそれまでのやり方から離脱させて「引き寄せ、持続的な支持者のグループを形成できるぐらいには前例のない」ものであり、

【2】「そうして再定義された研究者グループ」に、多くの未解決課題を与える発展性のある仕事である。

そしてクーンはこう結んだ。「**これらふたつの特徴を共有する成果のことを**、「**パラダイム**」**と呼ぶことにする**」(30ページ、強調は筆者による)。

法則、理論、応用、実験、装置などさまざまなものを含む受容された実践の例がモデルになる——それらのモデルが、内的に調和したひとつの伝統を作り出し、科学コミュニティーを構成するそもそものコミットメントとしての役目を果たす。右に『構造』本文から引用したいくつかの短いセンテンスは、この本の基本的な考え方をはっきりと示している。パラダイムは、通常科学に組み込まれた重要な部分であり、科学コミュニティーが実践する通常研究は、やるべきことがたくさんあるうちは、

つまりその研究伝統が承認した方法（法則、装置、等々）を用いる研究によって解くことのできる未解決問題がたくさんあるうちは、続いていく。33ページを読み終えるまでには、われわれは胸躍る冒険旅行に出発したような気分になっている。通常科学はパラダイムによって特徴づけられ、パラダイムはそのコミュニティーで取り組まれるパズルや課題を規定する。そうして通常科学は成功を収めるが、やがて、そのパラダイムに規定された方法では、押し寄せるアノマリーに対処できなくなる。その結果として危機が生じ、新しい業績によって研究の進むべき方向が再定義され、新しいパラダイムが打ち立てられるまで、危機の状態は続く。これがパラダイム・シフトである（読めばわかるように、クーンは『構造』においては「パラダイムの変化（チェンジ）」と言うことのほうが多いのだが、結局「パラダイム・シフト」のほうが人気を得たようだ）。

本書を読み進めるうちに、このすっきりした考えはどんどんぼやけていくのだが、まずはじめに問題になることがある。自然なアナロジーと類似性は、ほとんどどんな項目からなるグループの内部にも見出すことができる――そしてパラダイムは、科学的成果であるだけでなく、その成果をモデルにして未来の実践を形づくる特定のやり方でもあるということだ。マスターマンは、『構造』にはパラダイムという言葉が二十一通りもの用法で使われているという圧倒的なリストを示した後で、われわれはまさしくアナロジーという考えを再検討しなければならないと指摘した――このことを指摘したのは彼女が最初だったかもしれない[32]。コミュニティーは、ひとつの科学的成果から出発してその先に

(31) Kuhn, "Second Thoughts on Paradigms," 297. 〔「パラダイム再考」（注21参照）〕
(32) Masterman, "Nature of a Paradigm." 〔「パラダイムの本質」（注16参照）〕

進むための特定のやり方を、どのようにして後の世代に伝えるのだろうか？　クーンは「パラダイム再考」の中で、いつもながら斬新なやり方でこの問いに答えた。「科学の教科書の章末問題はそもそも何のためにあるのか、それらを解くうちに学生は何を学ぶことができるのか」を論じたのだ。[33]クーンの言う通り、「パラダイム再考」の大半は、この意外な問いに答えるために費やされている。なぜならその答えこそは、ひとつの成果がひとつの伝統を定義するために利用しうる自然なアナロジーはあまりにも多いという問題に対し、彼が与えた主要な答えだったからである。なお、ここで彼が念頭に置いているのは、彼自身が若い頃に勉強した数学と物理学の教科書であって、生物学の教科書ではないという点に注意しよう。

人は、［科学者になるために、］「一見するとバラバラな問題に類似性を見て取る力」を獲得しなければならない。[34]なるほど教科書には、多くの事実やテクニックが示されている。しかし、そういうものが人を科学者にするのではない。人は法則や理論によってではなく、章末問題によって科学者になるのだ。一見するとバラバラに思える問題が、似たようなテクニックを使って解決できるということを学ばなければならない。問題を解くことによって、人は「正しい」類似性を使いながら、仕事のやり方を摑み取る。「学生は、与えられた問題が、すでに出会ったことのある問題と似ていることを見て取る方法を発見する。ひとたびそのような類似やアナロジーが見えるようになれば、残る困難は、どう取り扱うかということだけである」。[35]

クーンは「パラダイム再考」の中で「章末問題」という中心的なトピックに向かうに先立ち、自分は「パラダイム」という言葉をさまざまな意味で気前よく使いすぎたと認めた。そして彼は、この概念の用法を、大域的なものと局所的なものという、ふたつの族に分けた。局所的な用法のパラダイムは、さまざまなタイプの模範例である。大域的な用法では、最初に科学コミュニティーという概念に焦点を合わせる。

［「パラダイム再考」の］発表は一九七四年なので、彼は一九六〇年代に発展した科学社会学の研究が、異なる科学コミュニティーを区別するための、切れ味の良い経験的な道具になると言うことができた。科学コミュニティーが何であるかという点に疑問の余地はない。問題は、何が科学コミュニティーのメンバーたちを結びつけているのかということだ。彼がそう述べたわけではないが、この問題は、グループの大小を問わず、政治団体や宗教団体であれ、エスニック・グループであれ、十代の若者たちのサッカークラブであれ、高齢者のために食事の宅配を行うボランティアのグループであれ、どんなグループについても問われるべき社会学の基本問題である。何がグループを、ひとつのグループとして保持しているのだろうか？　何がグループを分派させたり、解体させたりするのだろう？　クーンはこの問いに対し、パラダイムの観点から答えを与えた。

「メンバーに共有されるいかなる要素が、その分野の専門家のあいだではコミュニケーションに比較的問題がないという特徴や、専門家としての判断の一致しやすさを説明するのだろうか？　この問いに対して『科学革命の構造』が公認する答えが、「パラダイム」または「一組のパラダイム」である」[36]。

（33）Kuhn, "Second Thoughts on Paradigms," 301.［「パラダイム再考」（注21参照）］
（34）*Ibid.*, 306.
（35）*Ibid.*, 305.

それがパラダイムの大域的な意味であり、この意味でのパラダイムはさまざまな種類のコミットメントや研究実践から構成されるが、クーンはそれら構成要素の中でもとくに重要なものとして、記号的一般化、モデル、模範例を強調する。これらはいずれも『構造』の中でほのめかされているが、きちんと論じられているわけではない。読者は『構造』のページをめくって、それを肉づけする方法を考えてみてもいいかもしれない。あるパラダイムが危機によって脅かされると、コミュニティーは無秩序になるという点に着目してもいいだろう。１３６ページには、ヴォルフガング・パウリの感動を誘う言葉がふたつ引用されている。ひとつは、ハイゼンベルクが行列力学を提案する数か月前、もうひとつは提案から数か月後の言葉だ。第一の引用でパウリは、物理学は崩壊しかかっていると感じ、彼自身、物理学者をやめてしまいたいぐらいだと言う。ところがその数か月後、進むべき道が開ける。多くの物理学者が彼と同じように感じており、危機の頂点では、パラダイムは試練を受け、科学コミュニティーはばらばらになりかけていたのだ。

「パラダイム再考」の脚注には、過激な再考がひとつ埋め込まれている。[37]『構造』においては、通常科学はパラダイムとなる科学的成果とともに始まる。その前には、思弁がめぐらされる〔最初の〕パラダイム成立以前の時期がある。たとえば、熱、磁気、電気の分野に「第二の科学革命」が起こってパラダイムの波が押し寄せる以前になされた、熱現象、磁気現象、電気現象に関する初期の議論などは、そうした思弁の例である。熱について論じたフランシス・ベーコンは、太陽と腐敗を同じ熱現象に含めていた。当時はものごとを整理する方法がただのひとつもなく、取り組むべき問題の集合に関するいかなる合意もなかったが、それはまさしくパラダイムがなかったからだ。

「再考」の四番目の脚注で、クーンはそれを完全撤回した。彼はそれを、「あるひとつの科学分野の発展において、初期と後の時期とを区別するために「パラダイム」という言葉を使った」ことの影響の中でも、「もっともダメージが大きかったもの」と呼んだ。ベーコンの時代の熱研究とジュールの時代のそれとはたしかに違うが、その違いはパラダイムが存在するか否かによるものではない、と今になってクーンは言い切ったのだ。「パラダイムが何であるにせよ、いわゆるパラダイム成立以前の時期の諸学派を含めて、どんな科学者コミュニティーにもそれはある」と。[38]『構造』においてパラダイム成立以前の時期が果たす役割は、通常科学を開始させることだけに限らない。その役割についての議論は『構造』に繰り返し登場する（２４４ページという、ずいぶん後になってからも現れる）。右の完全撤回の観点からすれば、それらの記述も書き改められなければならないだろう。あなたはそれが最善の方策かどうか判断しなければならない。再考された考察が、最初の考察よりも良いとは限らないのだ。

アノマリー（第Ⅵ節）

第Ⅵ節のタイトルの全体は、「アノマリーと科学的発見の出現」である。第Ⅶ節のタイトルは、そ

（36）*Ibid.*, 297.
（37）*Ibid.*, 295n4.
（38）*Ibid.*

れに対応した「危機と科学理論の出現」となっている。不思議な取り合わせのこれらの言葉たちは、科学に関するクーンの記述には欠くことのできない重要な要素である。

通常科学が目指すのは新奇さではなく、現体制の総仕上げだ。通常科学は、発見されるだろうと予想されることを発見する傾向がある。発見がなされるのは、ものごとが順調に進んでいるときではなく、何かがおかしいとき、予想に反する新奇なことが起こっているときだ。要するに、発見がなされるのは、アノマリーのように見えることが起こっているときである。

アノマリー（anomaly）のaは、不道徳（amoral）や無神論（atheism）の場合と同じく、否定を意味する。nomはギリシャ語で「法」を意味する言葉に由来する。アノマリーとは、法則性を破ることであり、より一般には、予想に反して起こることである。すでに見たように、ポパーはすでに反駁を彼の哲学の中核に据えていた。クーンは、単純な反駁のようなことはめったに起こるものではないと言おうと苦心していた。人は往々にして予期するものを見る。予期するものが存在していなくても見る場合があるほどだ。われわれがアノマリーを、それが実際にそうであるようなものとして、つまり確立された秩序に反する何かとして見るようになるまでには、長い時間がかかることも稀ではない。

すべてのアノマリーが重大なこととして受け止められるわけではない。一八二七年にロバート・ブラウンが、水中に漂う花粉中の微粒子を顕微鏡で観察し、それらの微粒子がたえず動いていることに気がついた。その現象は単に、説明のつかない例外的な出来事だったのであり、その現象の意味がようやく明らかになったのは、分子運動論の枠組みに組み込まれたときのことだった。ひとたび理解されてからは、花粉微粒子の運動は分子説を支持する有力な証拠になったが、それまでは単にものめずらしい現象でしかなかったのだ。それと同じことは、理論に反しているにもかかわらず棚上げされる多くの現象についても言える。理論とデータの不一致はつねにあるものだし、大きな不一致も少なくない。説明を要する重要なアノマリーとして何かを認識すること——時間が経てばおのずと解決されるであろう不一致に留まらない何かだと認識すること——は、単純な反駁ではなく、それ自体として複雑なひとつの歴史的出来事なのである。

危機（第VII、VIII節）

危機と理論変更もまた、手に手を取って起こる。アノマリーは難攻不落の難問になる。どれだけ細工をしようと、アノマリーを確立された科学に組み込むことができない。しかしクーンは、そのこと自体が、すでにある理論の放棄を引き起こすわけではないと断固主張する。「あるパラダイムを棄てるという決断はつねに、別のパラダイムを受け入れるという決断であり、その決断につながる判断には、ふたつのパラダイムをそれぞれ自然と比較することと、それらのパラダイム同士を比較することの、両方が関与している」と言うのである（127ページ）。その少し先のページではいっそう強い意見が述べられる。「別のパラダイムを採用せずにパラダイムを棄てることは、科学そのものを棄てることなのだ」、と。

危機は、通常研究ではなく、通常科学の枠に収まらない研究（extraordinary research）[*5]が行われる時期に関係しており、その時期には次のような特徴がある。「競争する［理論の］明確化が増殖すること、何でもやってみようという雰囲気が蔓延すること、あからさまな不満が表明されること、哲学に目が向けられること、その分野の基礎に関する議論が起こること」（146ページ）。そういう沸き立つような雰囲気の中から、新しいアイディアや方法、そして最終的には新しい理論が立ち現れる。第IX節で、クーンは科学革命の必要性について語る。彼は、アノマリー、危機、新しいパラダイムの確立というパターンなしには、われわれは行き詰まるだろうと言っているようにみえる。そのパターンなしには、新しい理論はけっして手に入らないだろう、と。新奇なものが生じることは、クーンにとって、科学であることの証明だった——革命がなければ、科学は衰退するだろう。読者は、この点についてクーンは正しいかどうかを考えてみるといいだろう。科学史上に見られる重大な新奇さのほとんどが、『構造』に言うような構造を持つ革命から生じたのだろうか？　もしかすると、真に新奇なことはすべて、今日の宣伝文句に言う意味において「革命的」なのかもしれない。問題は、『構造』が、新奇さがいかにして立ち現れるかを理解するための正しいテンプレートであるかどうかだ。

世界観の変化（第X節）

ほとんどの人は、コミュニティーや個々人の世界観が時とともに変わるという考えをすんなりと受け入れる。気に入らない点があるとしても、せいぜい、ドイツ語のWeltanschauungに由来するworld viewという表現は仰々しいということぐらいだろう。もとのドイツ語自体、ほとんど英語として［「世界観」「人生観」「社会観」という意味で］通用している。もちろん、もしもパラダイム・シフト、すなわち思考や知識や研究の方法に革命が起きたのなら、われわれがその中で生きている世界の捉え方も変わるだろう。慎重な人たちでも、快くこう言うだろう。人の世界観は変わるが、世界はもとのままの世界だと。

しかしクーンが言いたかったのは、もっと興味深いことだった。革命が起きて変化した分野の科学者たちは、それまでとは異なる世界で仕事をするというのだ。われわれの中でもとくに慎重な人なら、それはメタファーにすぎないと言うだろう。文字通りの意味において、世界はただひとつしかなく、過去のどの時点に存在していたのとも同じ世界が今も存在している。未来の世界は、今より良い世界であってほしいとわれわれは願うけれど、分析哲学者の好む厳密な意味においては、未来の世界は、今よりも改善されているにせよ、今と同じ世界だろう。ヨーロッパの大航海時代に探検家たちが出会ったのは、彼らがニューフランス、ニューイングランド、ノバスコシア、ニューギニアなどと名づけた土地だった、もちろんそれらの土地は、フランスやイングランドやスコットランドではない。われわれはそういう地理学的、文化的な意味において旧世界と新世界について語るけれど、全体としての世界、すなわちすべてを含む全世界を考えれば、それはひとつしかない。そしてもちろん、たくさんの世界が存在する。私の住む世界は、オペラのディーヴァたちの住む世界とは違うし、偉大なラッパーたちが住む世界とも違う。異なる世界について語りはじめれば、混乱の余地は明らかに大きい。世界という言葉には、どんな意味でも盛り込めそうだ。

＊5　第VIII節135ページの訳注参照。本訳書では、同様の意味の extraordinary を「異常」と訳すのは科学と一緒に現れる「異常科学（extraodinary science)」の場合だけとした。

第Ⅹ節の「世界観の変化としての革命」で、クーンはこのメタファーに、私の言葉で言うところの「お試し（try-out）」モードで取り組む。彼は、「かくかくしかじかだ」と言う代わりに、「かくかくしかじかだと言ってみたくなるかもしれない」と言う。しかし彼は、私がこの直前に挙げたメタファーのどれよりも重要なことを言おうとしているのだ。

〔1〕「……コペルニクス以降、天文学者たちは異なる世界に住むようになったと言ってみたくなるのも不思議はない」（182ページ）

〔2〕「……酸素を発見した後のラヴォアジエは、それまでとは異なる世界で仕事をしたのだと述べることになるだろう」（185ページ）

〔3〕「〔化学革命が〕完了したとき、よく知られた化合物の構成比率までもが以前とは違うものになっていた。データそのものが変わったのだ。これが、革命後の科学者たちは、ある意味では別の世界で仕事をしているのだと言ってみたくなるときの、最後の意味である」（208ページ）

最初の引用部分で、クーンは、天文学者たちが「古い対象を、古い観測器具を使って見」ながら新しい現象をあっさりと観察できることに感心している（182ページ）。

第二の引用部分では、慎重に逃げ道を用意して、彼は次のように言う。「なんらかの仮定にもとづく固定された自然について、〔ラヴォアジエが〕「別の見方をするようになった」のだと考えようにも、そんな自然にアクセスするすべがない以上」、われわれとしては、「ラヴォアジエは、それまでとは異なる世界で仕事をしたのだ」と述べることになるだろう、と（184～5ページ）。無粋な批判をする人間なら（私のことだ）、「固定された自然」は必要ないと言うだろう。そう、実際、自然はたえず変化する。庭仕事に励む私にとって、自然は五分前のそれとは違っている。私が少しばかり雑草を引き抜いたためだ。しかし、世界はひとつしかなく、それは私が庭仕事をしている世界であり、ラヴォアジエが断頭台に送られた世界でもあるということは「仮説」ではない（しかしこれらふたつの世界は、なんと大きく異なっているのだろう！）。［「世界」という言い方が］どれだけ混乱を引き起こしうるか、わかってもらえるだろうか。

三つ目の引用部分について言えば、クーンは、自分がいわんとしているのは、より良いデータを与えてくれる洗練されて精度の高い実験のことではないが、その観点と完全に無関係でもないと説明した。ここで問題になっているのは、単なる混合物とは違い、化合物を形成する際には、元素は一定の比率で結合するというドルトンの説である。この説は長らく、もっとも精度の高い化学分析と両立しなかった。しかし、もちろん、変わらなければならないのは概念のほうだった。もしあるプロセスで物質がほぼ一定の比率で結合しないのであれば、そのプロセスは化学的なものではないと考えるようになる必要があったのだ。すべてがうまくいくように、化学者は、「自然を従順にさせるためには鞭を振るう必要」があった（208ページ）。それはまさしく世界を変化させることのように聞こえる。しかしわれわれは、化学者の扱う物質は、地球が冷えはじめた太古の昔にすでに地球上に存在していた物質とまったく同じだとも言いたくなるのだ。

『構造』のこの節を読むうちに、クーンが何を言おうとしているのかがわかりはじめる。しかし読者は、彼の考えを表現するためには、どういう言い方が適切なのかを判断しなければならない。「あなたが言いたいことを言いなさい。自分が何を言いたいのかがわかっているなら」という格言が当てはまりそうに見える。だが、それもちょっと違うのだ。注意深い人なら、次のように言えば同意してくれるかもしれない。自分の研究分野で革命が起こった後には、科学者は、世界を異なるものとして眺め、仕事のやり方が変わったと感じ、以前とは異なる現象に目を留め、新しい困難に頭を悩ませ、その困難に新しい方法で立ち向かうのである、と。だがクーンは、それ以上のことが言いたかったのだ。しかし、活字になったものの中では、彼はあくまでも「言ってみたくなる」という「お試し」モードに踏み止まった。ラヴォアジエ（一七四三－一七九四）以降、化学者たちはそれまでとは異なる世界に生き、ドルトン（一七六六－一八四四）以降、また別の世界に生きたとは、彼は著作の中ではけっして断言しなかったのである。

通約不可能性

異なる世界について論争の嵐が吹き荒れたことは一度もないが、それと密接に関係する通約不可能性の問題は、論争の台風を発生させた。『構造』を執筆していた当時、クーンはバークレーにいた。そこでの親しい同僚だったスタンリー・カヴェルについてはすでに言及した。当時のバークレーには、『方法への挑戦』（一九七五）という著作と、この著作で打ち出した科学研究におけるアナーキズム（「なんでもあり」）で知られる偶像破壊者、パウル・ファイヤアーベントもいた。「通約不可能性」という言葉を議論の俎上に載せたのはこのふたり、クーンとファイヤアーベントだったのである。ふたりはともに、相手がしばしば自分と同じ方向を向いていることを嬉しく思っていたようだが、やがて道は分かれた。ところがそのせいで、革命を挟んだ前後ふたつの理論はどこまで比較可能かという問題をめぐって、哲学上の乱闘が繰り広げられることになったのだ。その応酬があれほどまでに過熱したのは、ファイヤアーベントの派手な物言いが、クーンが述べたことのどれにも増して大きな要因だったと私は確信している。ところが、ファイヤアーベントはこの問題からすっかり手を引いてしまい、むしろクーンのほうが、死ぬまでこの問題に取り憑かれることになったのである。

もしかすると、通約不可能性に関するその論争は、クーンが『構造』を執筆していた時期に科学哲学の主流だった論理経験主義によって設定された舞台の上だけの戦いになることもありえたかもしれない。きわめて言語学的な、つまりは意味に焦点を合わせたひとつの考え方の道筋を、あえて極度に単純化したパロディーをひとつ示しておこう。こんな馬鹿馬鹿しいことを誰かが実際に言ったと言うつもりはないが、このパロディーは、その考え方の道筋の特徴をたしかに捉えてはいる。あなたがその目で見ることのできるものの名前は、そのものを指差しすれば知ることができると考えられていた。しかし、理論的な対象、たとえば電子のように指差すことのできないものの場合はどうだろう？　その考え方の道筋が教えるところによれば、そういうものの意味は、それが登場する理論の文脈からしか知ることができない。したがって、理論に変更があれば、意味も変わらざるをえない。それゆえ、ある理論の文脈における電子についての言明は、別の理論の文脈における、同じ言葉の並びとは意味が違っているはずだ。もしもある理論が、ある文は真であると主張し、別の理論が、その文について偽であると主張しても、そこに矛盾はない。なぜならその文は、ふたつの理論において、それぞれ別の言明を表しているのであり、両者を比較することはできないからだ。

この争点は、しばしば質量という例を用いて論じられた。質量という言葉はニュートンとアインシュタインのどちらにとっても本質的に重要である。ニュートンの仕事ということで誰もが覚えているのは $f=ma$ ぐらいのものだろう。アインシュタインについて覚えているのは、$E=mc^2$ だけだ。しかし後者は、古典力学においては意味をなさない。それゆえ（と、ある人たちは強弁する）、これらふたつの理論を真に比較することはできず、それゆえ（この「それゆえ」はもっとひどい！）、一方の理論より他方の理論のほうが良いとする合理的根拠はない。

そんなわけで、クーンは、いくつかの陣営からは、科学の合理性そのものを否定しているとして非難された。また別のいくつかの陣営からは、新たなる相対主義の預言者として歓呼の声をもって迎えられた。しかし、どちらの考えも馬鹿げている。クーンはこれらの論争点を直接的に検討している。[39] 理論は、正確な予測をし、矛盾がなく、幅広い現象を記述し、現象に対して内的に調和した解釈を与え、新しい現象や現象間の関係を示唆するという点で実り多いものでなければならない。クーンは、これら五つの価値のすべてを支持し、それらの価値を、科学者のコミュニティー全体と（そしてもちろん歴史家のコミュニティーと）共有しているのである。それは、（科学的）合理性の一部をなすものであり、クーンはこの点において「合理主義者」なのだ。

通約不可能性という学説（ドクトリン）について、われわれは慎重でなければいけない。高校生はニュートン力学を学び、大学に入って本格的に物理学を専攻する者は相対性理論を学ぶ。ロケットはニュートンの言う通りに目標に向かい、ニュートン力学は相対性理論の特殊ケースだと人は言う。そして、初期にアインシュタインの理論に転向した人たちはみな、ニュートン力学もすっかり頭に入っていたのだ。では、通約不可能性とは何なのだろう？

論文「客観性、価値判断、理論選択」の末尾で、クーンはそれまでずっと言い続けてきたことを「ただ単に主張しておく」として、次のように述べた。「異なる理論の支持者同士がコミュニケーションを取ることのできる内容には、大きな限界がある」と。さらには、「個人が、ある理論から別の理論へと忠誠の対象を変えることは、しばしば選択と言うよりはむしろ、転向と言うほうがふさわしい」とも（*ibid.*, 338）。当時、理論選択についての議論が沸騰していた。実際、その論争に参入した人たちの多くは、理論選択こそは科学哲学者が取り組むべき第一の仕事、すなわち合理的理論選択の諸原理を擁護し分析することが自分たちの本分だと強く主張していたのだ。

クーンは、まさにその理論選択という考えに疑問を投げかけた。ひとりの研究者が、自分がその枠組みの中で仕事をするための理論を選択すると述べることは、普通はほとんど意味をなさない。大学院にこれから入ろうとしている新人やポスドクは、自分がその環境の中で仕事をするために必要な道具の使い方を身につけるために、所属する研究室を選ばなければならない。それはその通りだ。しかし、研究室を選ぶということは、たとえそれがその後の人生航路を選ぶことだとしても、理論を選ぶことではないのである、と。

（39）Kuhn, "Objectivity, Value Judgement, and Theory Choice" (1973), in *Essential Tension*, 320-39.［「客観性、価値判断、理論選択」、『科学における本質的緊張』（注1参照）所収］

異なる理論を唱導する人たちのあいだで容易にコミュニケーションを取ることには限界があるが、だからといって、その人たちには専門的な研究結果を比較できないというわけではない。「伝統的な理論を支持する者たちにとって、新しい理論を理解するのがどれだけ難しくても、その新理論が立派な結果を示せば、少なくとも何人かの人たちは、その結果がどのようにして得られたのか理解しなければならないという気持ちになるだろう」（*ibid.*, 339）。もうひとつ、クーンの着想がなかったならば注目されなかったであろう現象がある。大規模な研究、たとえば高エネルギー物理学の分野で行われるような研究では、普通は、互いの専門分野の詳細を知らない多くの研究者たちの共同作業が必要になる。そんなことが、なぜできるのだろう？　大規模な共同研究をする人たちは、大きく異なるふたつの言語集団のあいだで交易がなされるときに出現するクレオール語に類似した、交易領域（トレーディング・ゾーン）[*6]を徐々に発展させるのである[40]。

クーンは、通約不可能性という考えは、予期せぬかたちで役立つことに気がついた。専門分野の細分化は、人類文明の事実であり、科学の事実である。十七世紀には分野横断型の学術誌でやっていけたし、『ロンドン王立協会哲学紀要』（*Philosophical Transactions*）はそういう学術誌の原型だった。学際的な科学は今も続いており、『サイエンス』や『ネイチャー』のような週刊誌の存在がそれを証言している。しかし電子出版の時代に突入する前でさえ、科学の専門誌はたえず分化、増殖してきたし、それぞれの専門誌は、ひとつの分野のコミュニティーを代表している。クーンは、それは予想できることだと考えた。科学の進展の仕方はダーウィン流の進化に似ており、革命はしばしば種分化に似ていると彼は述べた。種が分化するときは、ひとつの種がふたつに分かれるか、または主要な種はそのまま存続して、傍流の種は独自の軌跡をたどるかだ。危機に際し、ふたつ以上のパラダイムが出現するかもしれず、それぞれのパラダイムが種類の異なるアノマリーを組み入れて、新しい研究路線として分岐できるだろう。そういう下位の分野が発展すると、研究のモデルになるその分野独自の成果が生まれ、ある分野で研究をしている人にとってみれば、別の分野で研究をしている人たちの仕事はしだいに理解するのが難しくなる。今述べたことは形而上学的な深い話ではなく、現場の科学者なら誰しもよく知る事実だ。

新しい種は、異種交配しないことによって新種とされるが、それとちょうど同じように、新しい学問分野は、ある程度まで相互に理解不可能だ。これは通約不可能性という考えの、実質的な内容のある使い方である。このことは、理論選択をめぐる諸々の疑似問題とは何の関係もない。クーンは研究者としての人生の最後の年月を、この種の、あるいはまた別の種類の通約不可能性を、科学言語に関する新しい理論の観点から説明しようとすることに費やした。彼はどこまでも物理学者であり、彼の提案には、いっさいをより簡単で抽象度の高い構造に還元しようとする同じ特性がある。そこに提案されているのは、『構造』に言うところの構造とはまったく異なる構造だったが——とはいえ、『構造』における構造は、当然のこととして受け入れたうえでの話だ——、幅広い現象を明快に組織化しよう

(40) Peter Galison, *Image and Logic: A Material Culture of Microphysics* (Chicago, IL: University of Chicago Press, 1997), chap. 9.

*6　交易領域——ピーター・ギャリソンが最初に用いたメタファーで、ふたつのグループの交渉が成立するように、双方から理解可能なハイブリッドな言葉や技術によって構成される領域のこと。ギャリソンはその例として、レーダー開発において、場の理論の研究者とエンジニアが作り上げた特有の専門用語の体系などを挙げた。

という、物理学者としての同じ情熱がある。その仕事はまだ刊行されていない。(41) クーンはしばしば、ウィーン学団とその後継者たちの哲学を完全に打倒したとか、「ポスト実証主義」の創始者だとか言われる。しかし彼は、実証主義が前提としていたことの多くを受け継いでいた。ルドルフ・カルナップのもっとも有名な著作は『言語の論理的構文論』と題されている。クーンが晩年に行った仕事は、科学言語の論理的構文論への取り組みだったと言うことができる。

革命を通しての進歩（第XIII節）

科学は飛躍的に進歩する。多くの人にとって科学の前進は、まさしく進歩の典型だ。政治や道徳も、そんなふうだったらいいのに！　科学知識は累積的で、それまでの到達点にさらなる成果を積み上げ、新たな高みへとよじ登っていく。

これはまさしく、クーンが描き出す通常科学の姿にほかならない。通常科学はまぎれもなく累積的だが、革命がその連続性を打ち壊す。新しいパラダイムが一組の新しい問題を提起すると、古い科学が立派に成し遂げたことの多くは忘れられるかもしれない。実はそれは、問題を引き起こさないタイプの通約不可能性なのだ。革命後には研究されるトピックに重大なシフトが起こるかもしれず、その結果として、新しい科学が古いトピックのすべてに取り組むことはもはやない。新しい科学は、かつては適切だった概念の多くに修正を加えたり、それらの概念を使わなくなったりすることもあるだろう。

では、進歩はどうだろう？　かつて科学分野は、その領域の真理に向かって進歩しているものと考えられていた。クーンは、通常科学をそのように捉えることには異論がない。彼の分析は、通常科学という社会制度はなぜこれほどすみやかに――それ自体の観点から見て――進歩するのかという問いに対する、独創的な説明になっている。しかし革命はそれとは異なり、また別の種類の進歩にとって本質的だ。

革命は、それが起こった領域を変化させ、自然のある面についてわれわれが語る言語そのものさえも変化させる（とクーンは言う）。いずれにせよ革命は進路を変え、それまでとは異なる自然の新しい部分の研究へと向かう。そこでクーンは、革命は、すでに壊滅的な困難に陥っていた世界に対するさまざまな捉え方から、離れるように進歩するというアフォリズムを作り出した。その進歩は、あらかじめ決まった目標地点に向かうようなものではない。かつてはうまくいっていたが、もはや新しい問題に立ち向かえなくなったものから離れるような進歩なのだ。

「～から離れる」という言い方は、唯一無二の宇宙の真実を目指す科学という支配的な考えに疑問を突きつけるようにみえる。万物に関して完全に正しい説明がひとつだけ存在するという思想は、西欧の伝統に深く根ざしている。その思想は、実証主義の創設者であるオーギュスト・コントが、人間が行う探求の神学的段階と呼んだものから脈々と続いているものだ。[42]　広く流布するユダヤ教、キリス

(41) Conant and Haugeland, "Editor's Introduction," in *Road since Structure*, 2.［「編者序論」、『構造以来の道』（注4参照）所収］そこに含まれている素材の多くは、絶筆の書 *The Plurality of Worlds* に発表される予定である［クーンの遺稿集は Bojana Mladenović ed., *The Last Writings of Thomas S. Kuhn: Incommensurability in Science* (University of Chicago Press, 2022)］。

ト教、イスラム教の宇宙観によると、万物についての真理にして完全な説明がひとつ存在し、それはすなわち神の知識である。（神はつまらない雀の死までも知りたまう。）

そのイメージは基礎物理学にも持ち込まれ、自分は無神論者だと胸を張って言いそうなこの分野の研究者たちの多くが、自然に関する完全にして十分な記述がひとつだけ存在してわれわれに発見されるのを待っているという思想を、当然のごとくに受け入れている。もしもあなたが、その考えは道理に適っていると思うなら、その完全にして十分な記述そのものが、科学がそれに向かって進むべき理想として立ち現れてくる。そうなれば、クーンの「〜から離れる」進歩という考えは、まったくの見当違いに思われるだろう。

クーンが棄てたのはその進歩観だった。彼は本書の259ページでこう問い掛けた。「自然に関する記述として、完全で、客観的で、真であるようなものがひとつ存在すると想像することは、そして科学的成果の偉大さが、その究極の目標にわれわれをどれだけ近づけたかによって測られると想像することは、本当に役に立つのだろうか？」多くの科学者は、そう考えることは役に立つと答えるだろう。その考えが、科学者が自らの仕事について抱くイメージの基礎であり、科学がやるに値する理由なのだ。この修辞的な問いかけを、クーンはあまりにも簡潔に書きすぎた。これは読者に探求してもらいたいテーマである。（私自身はクーンと同じくそのような進歩観に懐疑的だが、これは難しい問題で、性急に答えを出すべきことではない。）

真理

「自然に関する完全で客観的で真であるような、なんらかの記述がひとつ存在する」ということを、クーンは真面目に受け取ることができない。それは彼が、真理を真面目に受け取らないということなのだろうか？　断じてそうではない。彼が述べているように（258ページ）、ベーコンを引用したときを別にすれば、彼は本書の中で、真理についてはひとことも語っていない。賢明にして事実を愛する人たちは、何かに関する真理を解明しようとはしても、「真理論」を語ることはない。そして、それは語るべきことでもないのである。今日、分析哲学に親しんでいる者なら誰でも知るように、真理については、互いに競合する説が山ほどあるのだ。

たしかにクーンは、真なる命題は世界に関する事実に対応するという、単純な「対応説」は棄てた。堅実な分析哲学者のほとんどは、おそらく彼と同じ態度を取るだろう。ただしその判断は、対応説は

(42) オーギュスト・コント（一七九八―一八五七）が、自らの思想を表すものとして「実証主義（positivism）」という言葉を選んだのは、positive という単語が、あらゆるヨーロッパ諸語において肯定的な意味合いを持つからだった。コントは、彼らしい楽観主義と進歩に対する信仰を持って、人類は宇宙における自分の位置を、最初は神を持ち出すことによって、その後形而上学によって捉えてきたが、ついに（一八四〇年に）科学研究に導かれて自分たちの運命に責任を持つ、ポジティブな時代に入ったと主張した。ウィーン学団は、コントとバートランド・ラッセルに触発されて、自分たちを論理実証主義者、のちには論理経験主義者と呼んだ。今日、論理実証主義者（logical positivists）のことを positivists と呼ぶのが普通になっているので、この一文ではその習慣に従う。厳密には、positivism は、コントの反形而上学的な思想を指す。

循環論法に陥るという自明な根拠によるものだろうが——当該の命題を述べることによって命題に対応する事実とするやり方を別にすれば、任意の命題に対応する事実を特定する方法はないのである。

二十世紀末にアメリカの学問が懐疑主義の波に洗われていたとき、影響力のある知識人の多くが、クーンは徳としての真理を否定する自分たちの仲間だと考えた。ここで私が念頭に置いているのは、文字通りに「カッコつき」にするか、あるいは言葉のあやとして「カッコつき」にすることなしには、真理という言葉を書くことも口にすることもできないような思想家たちのことである——彼らは、真理をカッコに入れることで、真理などという有害なものは考えるだにおぞましいと、自分たちは思っていると言っているのだ。クーンが科学について語ることのかなりの部分を高く評価する多くの思索的な科学者が、クーンは［真理を］否定する連中を焚きつけたと確信している。

『構造』が、科学社会学に大きな推進力を与えたのは事実である。その分野の仕事の中には、真理は「社会的に構成」されるという考えを強調して、「真理」を否定する立場に明らかに与するものがあるが、保守的な科学者たちは、まさにその点に反対するのである。クーンは、自分の仕事のそんな展開に嫌悪感をあらわにした[43]。

本書の中には、社会学はないという点に注意しよう。しかし科学コミュニティーとその実践は本書の中核に据えられており、パラダイムにわずかに先立って29ページに登場してから最終ページまでほとんど出ずっぱりなのは見てのとおりである。科学知識の社会学はクーン以前にも存在したが、『構造』以降に急激に成長し、今日、科学論（サイエンス・スタディーズ）と呼ばれる分野につながった。科学論は、科学技術史や科学技術の哲学などの領域を含めた自己生成するひとつの学問分野だが（もちろん、独自の学術雑誌や学会も持っている）、さまざまな種類の社会学的なアプローチに力点があり、そこには観測的研究も含まれれば理論的研究も含まれる。クーン以降、科学についての真に独創的な思想の多くは、もしかするとそのほとんどは、社会学的な傾向を持つようになっている。

クーンはそんな成り行きに反感を持っていた。[44] より若い研究者の多くの意見では、それは残念なことだ。この件については、父と息子に関する厄介なメタファーにあえて踏み込むのではなく、この分野の成長にともなう痛みへの不満ということにしておこう。クーンの驚嘆すべき遺産のひとつは、今日われわれが知るようなものとしての科学論なのである。

成功

『構造』が初めて世に出たのは、統一科学国際百科全書の第二巻第二冊としてだった。初版および第二版では、タイトルページ（第一ページ）と目次のページ（第三ページ）の両方にそのことが記されていた。第二ページには、百科全書に関する情報が盛られ、二十八人の編集者とアドバイザーの名前がリストされていた。その人たちの多くは、五十年を経た今日なお有名人である——そのリストには、アルフレッド・タルスキ、バートランド・ラッセル、ジョン・デューイ、ルドルフ・カルナップ、ニ

(43) Kuhn, "The Trouble with the Historical Philosophy of Science" (1991), in *Road since Structure*, 105–20. [「歴史的科学哲学の難点」、『構造以来の道』（注4参照）所収]

(44) *Ibid.*

ールス・ボーアらが名を連ねている。

統一科学国際百科全書は、オットー・ノイラートとウィーン学団のメンバーらが始めたプロジェクトの一環だった。彼らはナチズムを逃れてヨーロッパからシカゴにやってきた[45]。ノイラートは専門家によるモノグラフを集めて、少なくとも十四巻からなる百科全書にしたいと考えていた。クーンが草稿を送った時点では、ようやく第二巻の第一モノグラフが出たところだった。その後、統一科学百科全書は立ち消えになった。クーンが『構造』をこの媒体に発表したのは皮肉なことだと見る者は多い——『構造』は、このプロジェクトを生んだ実証主義の基本的思想のすべてを打ち砕いたのだから、と。しかし、すでに述べたように、私はその見方に反対だ。クーンは、ウィーン学団やその同時代の人たちが前提としたことを受け継ぎ、その思想の根本的なところを不滅化したのである。

『構造』以前に出た国際百科全書のモノグラフは、小さな専門家集団に読まれることを想定した発行部数だった。シカゴ大学出版会は、自分たちはセンセーションを巻き起こす作品を手に入れたのだということを理解していただろうか？　『構造』が発刊された一九六二年から一九六三年にかけては九百十九部、一九六三年から一九六四年にかけては七百七十四部が売れた。その翌年にペーパーバックで四万八千二百十五部売れてからというもの、部数はうなぎのぼりに増えていった。一九七一年までに初版は九万部を売り上げ、追記（ポストスクリプト）を含む第二版がそれを引き継いだ。出版から二十五年を経た一九八七年までの発行部数の総計は、六十五万部にわずかに足りないだけだった[46]。

本書はしばらくのあいだ、あらゆる分野の本の中でもっとも引用回数が多いもののひとつとして語られていた。本書と肩を並べるのはいつもの顔触れ、そう、聖書とフロイトだ。メディアは二千年紀の終わりにあたって、「二十世紀でもっとも素晴らしい本」という類の泡沫的なリストを作ったが、『構造』はそういうリストの常連だった。

より重要なのは、本書は本当に、「現在われわれわれの頭にこびりついている科学像」を変えたということだ。永遠に。

(45) この魅力的なプロジェクトの歴史については、Charles Morris, "On the History of the *International Encyclopedia of Unified Science*," *Synthese* 12 (1960): 517–21.

(46) カレン・メリカンガス・ダーリングがシカゴ大学出版会アーカイブを検索した。

科学革命の構造

トマス・S・クーン

はしがき

Preface

以下に続く小論は、十五年ほども前に思いついた研究プロジェクトについて、まとまったかたちで世に出すレポートとしては最初のものである。当時の私は、博士論文の完成がすでに視野に入った理論物理学の大学院生だった。人文系の学生のための物理科学という、試験的に設けられた講座を幸運にも担当させてもらったことが、私が科学史に触れる最初の機会となった。心底驚いたことに、時代遅れになった科学理論および実践とのその出会いが、科学の性質と、科学が他に類のない成功を収めている理由について、私がそれまで得ていた基本的な捉え方のいくつかを根底から揺るがしたのである。

それらの捉え方を私がどこから得ていたのかというと、ひとつには、科学者になるための教育そのものから、またひとつには、専門の勉強のかたわら長らく興味を寄せていた科学哲学からだった。それらの捉え方は、教育上は効果的かもしれないし、観念的には妥当そうに思われるが、歴史研究がはっきりと示している科学という事業には、どういうわけかまったく合わなかったのである。にもかかわらず、それらの捉え方は当時も今も、科学に関する多くの議論の基礎になっているため、それらがなぜ現実と合わないのかを調べることには大いに意義があるように思われた。こうして私は、物理学から科学史に転じるという思い切った進路変更をすることになった。はじめはわりと普通の歴史の問題に取り組み、その後しだいに、そもそも私を歴史へと導いた、より哲学的な関心事へと戻っていった。これまで二、三の論文を発表したのを別にすれば、この小論は、これら初期の関心事を中心に据えたものとしては初めて世に問う仕事である。ある意味この小論は、そもそも私がなぜ科学を離れて科学史に引き寄せられることになったのかを、自分自身に、そして友人たちに説明するための試みでもある。

以下に提示する考えのいくつかを深く追究する最初の機会が得られたのは、ハーバード大学ソサエティー・オブ・フェローズ[*1]のジュニア・フェローに任じられた三年間のおかげだった。あの自由な時間がなかったなら、新しい研究分野に移るのははるかに難しかったろうし、やりぬくことはできなかったかもしれない。私はその三年間に、厳格な意味での科学史を学ぶことに、自分の時間の一部を費やした。とくに、アレクサンドル・コイレ[*2]の著作を引き続き勉強し、また、エミール・メイヤーソン[*3]、

*1　一九三三年創設。学長、学部長、理事、教授のうちから、大学法人により選任された九名のシニア・フェローが、有望な二十歳から三十歳までの若手研究者を、毎年六人、任期三年のジュニア・フェローとして選任する。ジュニア・フェローは食事と居室と研究費用を提供され、完全なる自由のもとで研究に専念することができる。この協会の創設の趣旨は、窮屈なPhDのシステムに代わり、才能を最大限に伸ばすシステムを作ることにある。

*2　アレクサンドル・コイレ（一八九二―一九六四）　ロシア生まれのフランスの哲学者、科学史家。パリ大学に学ぶ。はじめは哲学史を専攻したが、後出のメイヤーソンに影響を受け科学哲学に関心を向け、インターナルヒストリー（学説史）主唱者として大きな足跡を残した。

エレーヌ・メツジェ、[*4] アンネリーゼ・マイヤー[*5]の著作にも出会った。(1) このグループの人たちは、科学的思考の規範が現在とは大きく異なっていた時代において、科学的に考えるとはどういうことだったのかを、近年の他のほとんどの学者たちよりもはっきりと示していた。この人たちによる個々の歴史解釈のうちのいくつかについては、私はだんだんと疑問をもつようになったが、それでもこの人たちの仕事は、A・O・ラヴジョイ[*6]の『存在の大いなる連鎖』とともに、科学的概念の歴史はどのようなものでありうるかについて自分の捉え方を形成するにあたり、一次資料を別にすればもっとも参考になった。

この年月には、科学史とはとくに関係がありそうに思えない分野の探究に多くの時間を費やしたが、今ではそれらの分野の研究により、歴史が私に注意を向けさせたのと同様の問題の存在が明らかになっている。私は、たまたま目についた脚注に導かれて、ジャン・ピアジェ[*7]の実験のことを知った。その実験は、成長期の子どもにはさまざまな世界があることと、子どもたちはどんなプロセスを経て、ひとつの世界から次の世界へと移行するのかの両方に光を当てるものだった。(2) 私の研究者仲間のひとりは、知覚心理学、とくにゲシュタルト心理学を研究する人たちの論文を読むように勧めてくれた。またある友人は、言語が世界観に与える影響に関するB・L・ウォーフ[*8]の理論のことを教えてくれた。W・V・O・クワイン[*9]は、分析と総合の区別という哲学的問題に私の目を向けさせてくれた。(3) こうして手当たり次第にさまざまな分野を探究することができたのは、ソサエティー・オブ・フェローズという制度があったればこそであり、当時はまだほとんど世に知られていなかったルドヴィク・フレック[*10]の著作『科学的事実の起源と発展』（Basel, 1935）に出会えたのも、ひとえにこの制度のおかげであ

（1）とくに大きな影響を受けたのは、Alexandre Koyré, *Etudes Galiléennes* (3 vols.; Paris, 1939)［菅谷暁訳『ガリレオ研究』法政大学出版局］; Emile Meyerson, *Identity and Reality*, trans. Kate Loewenberg (New York, 1930); Hélène Metzger, *Les doctrines chimiques en France du début du XVII*[e] *à la fin du XVIII*[e] *siècle* (Paris, 1923)、および *Newton, Stahl, Boerhaave et la doctrine chimique* (Paris, 1930); Anneliese Maier, *Die Vorläufer Galileis im 14. Jahrhundert* ("Studien zur Naturphilosophie der Spätscholastik", Rome, 1949) である。

（2）ピアジェの調査のうちの二組は、科学史からも直接に現れる概念とプロセスをはっきりと示していたため、とくに重要であることが明らかになった。J. Piaget, *The Child's Conception of Causality*, trans. Marjorie Gabain (London, 1930)［岸田秀訳『子どもの因果関係の認識』明治図書］、および *Les notions de mouvement et de vitesse chez l'enfant* (Paris, 1946).

（3）ウォーフの論文は John B. Carroll, *Language, Thought, and Reality — Selected Writings of Benjamin Lee Whorf* (New York, 1956)［有馬道子訳『言語・思考・実在』南雲堂］に集められている。クワインはその見解を論文 "Two Dogmas of Empiricism" に示している。*From a Logical Point of View* (Cambridge, Mass., 1953), pp. 20–46 所収。

*3　エミール・メイヤーソン（一八五六－一九三三）　ポーランド生まれのフランスの学者。ハイデルベルク大学のブンゼンのもとで化学を学んだのち、パリに移って認識論と科学哲学を専門とした。

*4　エレーヌ・メツジェ（一八八九－一九四四）　フランスの科学哲学者、科学史家。主に化学史を研究。若くしてアウシュビッツで亡くなったが、大きな影響力を持った。

*5　アンネリーゼ・マイヤー（一九〇五－一九七一）　ドイツの科学史家。とくに中世科学史を専門とする。

*6　A・O・ラヴジョイ（一八七三－一九六二）　ベルリン生まれのアメリカの哲学者。「概念の歴史」を提唱。

*7　ジャン・ピアジェ（一八九六－一九八〇）　スイスの心理学者。子どもの認知研究で知られるが、とくに晩年は認識の系統発生に関する科学思想史的研究との学際研究を推進し、理論的研究と実験的分析を進めて莫大な影響力を持った。

*8　B・L・ウォーフ（一八九七－一九四一）　アメリカの言語学者。言語はその人の考え方に影響を及ぼすという「ウォーフ仮説」で知られる。

*9　W・V・O・クワイン（一九〇八－二〇〇〇）　アメリカの論理学者で、二十世紀を代表する哲学者のひとり。分析命題（たとえば「すべての結婚していない男は独身者である」）と総合命題（たとえば「黒い犬がいる」）の区別はできないことを示したほか、命題の検証についての全体論、根源的翻訳、認識論の自然化など、哲学の対応の領域に影響する研究を多く行った。

*10　ルドヴィク・フレック（一八九六－一九六一）　ポーランドおよびイスラエルの医師、細菌学者。科学論にも大きな足跡を残した。

り、その著作には私自身の考えの少なからぬものがすでに現れていた。フレックの著作と、やはりジュニア・フェローだったフランシス・X・サットン[*11]の言葉から、私は、自分が得たような考えは、科学者コミュニティーの社会学という枠組みに組み入れられるべきかもしれないと考えるようになった。この小論の本文では、ここに挙げた著作や友人たちとの対話にはほとんど触れていないが、私はそうした著作や対話に、今ここで回想して再構成したり、評価したりできる以上のものを負うている。

ジュニア・フェローの最終年度［三年目］に、ボストンのローウェル・インスティテュート[*12]から講演をするよう招かれたことが、まだ発展途上にあった自分の科学観を人前で話す最初の機会となった。その成果が、一九五一年三月に行った、「物理理論の探求」と題する全八回の公開講義である。翌年からは科学史そのものを教えるようになり、その後ほとんど十年間にわたり、自分が系統的には学んだことのない分野で学生を指導することに忙殺されて、そもそも私を科学史に向かわせた考えをあらわに明確化［ハッキングによる「序説」xvページ参照］するための時間はほとんど残らなかった。しかしさいわいにも、結局はそれらの考えが、私が教えることになったより専門的内容の多くに対して、暗黙のオリエンテーションとなり、また、いくつかの問題構造の源泉となってくれたのである。そんなわけで、自分の見方がどこまで通用するかを実地に確かめ、それらを効果的に人に伝えるためのテクニックを磨くというふたつの点において、貴重な経験をさせてくれた学生たちに感謝しなければならない。その同じ問題および方向性が、ジュニア・フェロー時代の終わり頃から発表してきた、主として歴史に関係してはいるが、一見するとバラバラに見える私の研究の大半に統一性を与えている。そうした研究の中には、創造的な科学研究に形而上学が演じる重要な役割に関するものがある。また、新理論の実験的基礎が、その新理論と相容れない古い理論を信奉する者たちによって、いかに蓄積され、［自分たちのものとして］同化されるのかを検討するものもある。その［蓄積と同化の］過程で、それら［新理論の実験的基礎］は、以下で私が新理論や新発見の「出現（エマージェンス）」と呼ぶタイプの発展をするのである。こうした結びつきは、ここに挙げたものだけに留まらない。

この小論の発展の最終段階が始まったのは、一九五八年から一九五九年にかけての年度を、行動科学高等研究センターで過ごすように招かれたときのことだった。[*13] 私はそこで、以下に論じる諸問題の研究にふたたび専心できるようになった。いっそう重要なのは、その一年間をほぼ社会科学者だけからなるコミュニティーで過ごしたことで、そういうコミュニティーと、私がともに教育を受けた自然科学者たちのコミュニティーとの違いについて、予想もしなかったいくつかの検討課題に直面したことだ。とくに驚かされたのは、社会科学者たちのあいだには、どういうものが科学の正統な［legitimate］課題や方法であるのかに関するあからさまな意見の不一致が多数みられ、しかもその不一致の程度が著しかったことである。歴史に目を向けても、また自分の知り合いを見渡してみても、そうした問題

*11　フランシス・X・サットン（一九一七―二〇一二）　アメリカの社会学者。長年にわたりフォード財団理事を務める。フォード財団は貧困や不公正と戦うなど、社会運動を財政的に支援することを目的とする私立財団。

*12　実業家ジョン・ローウェル・ジュニアの遺贈を財源として、一八三九年にロンドンの王立協会に倣って創設された市民のための教育機関。ごく一般向けの講演と、かなり専門的な内容の講義が行われる。無料講座だが、米国内のみならずヨーロッパからも一流の研究者が招かれて十回前後の連続講演を行い、その報酬は高額である。

*13　一九五四年にフォード財団によりカリフォルニア州スタンフォード大学に設立された研究所。人類学、経済学、政治学、心理学、社会学の分野で、博士号取得後の若手研究者の学際的研究を支援する。

について、自然科学者のほうが社会科学者より確固とした、もしくはより長持ちする答えを持っているようには思えなかった。ところがどういうわけか、天文学、物理学、化学、生物学の研究者のあいだでは、今日、たとえば心理学者や社会学者のあいだに蔓延している基本的な事柄をめぐる論争は起こらないのが普通だ。その違いがどこから来るのかを知ろうとするうちに、科学研究において、それ以降私が「パラダイム」と呼ぶことになるものが果たす役割に気づいたのである。私の考えるパラダイムとは、広く認められた科学的成果であって、現場の研究者コミュニティーに対し、一定期間、模範とすべき問題および答えを与えるものだ。こうして、私のパズルのそのピースが収まるべきところに収まってからは、この小論の草稿はすみやかに仕上がった。

草稿がその後たどった道のりを、ここにあらためて語る必要はないだろうが、度重なる改稿を経ても変わらなかった形式については、ひとこと述べておかなければならない。初稿ができて、その後大幅な改稿を施した時点では、私はこの原稿が『統一科学百科全書』[14]のうちの一冊として刊行され、他の形式で刊行されることはないものと考えていた。この先駆的な百科全書の編者たちは、まず私に何か書かないかと打診し、その後、私をこの本を書くしかない立場に追い込んでからは、なみなみならぬ慎重さと忍耐力を持って成果を待ち続けてくれた。仕事をやり遂げるために必要不可欠な叱咤激励を与え、出来上がった草稿についてアドバイスをくれた編者のみなさん、とくにチャールズ・モリス[15]には多くを負うている。しかしこの『百科全書』は紙幅に制約があったため、分量的にきわめて圧縮された概略としてしか自分の考えを示すことができなかった。その後いろいろあって、分量の制約はいくぶん緩み、単行本として世に出すこともできたが、この仕事は今でも、私のテーマが最終的には必要とするであろう本格的な著作ではなく、小論という形式に留まっている。

私のもっとも根本的な目標は、おなじみのデータの見方、およびデータの評価の仕方に変化を迫ることなので、初めて世に示すこの小論が見取り図のような性格を持つことはかならずしも欠点ではない。むしろ、ここに唱導するものの見方の変更を、自らの研究を通して受け入れる用意ができている読者にとっては、この形式のほうが示唆に富み、［わがものとして］同化もしやすいだろう。とはいえ、この形式には不都合なところもあり、最終的にはより長いバージョンに取り入れたいと考えている広がりと深さの両面での拡張がどのようなものかを最初に示しておくことも正当化されるだろう。歴史から得られる証拠は、以下のわずかな紙幅で扱いえたものよりもはるかに多い。さらに、証拠は物理科学からだけでなく、生物科学の歴史からも得られている。この小論では、物理科学から得られた証拠だけを論じることにしたが、それはひとつには、議論の一貫性を高めるためであり、またひとつには、現在の私の力量を考慮してのことである。それに加えて、この小論で展開する科学観が示唆するところによれば、歴史と社会学の両面で、いくつか新しい種類の研究を行えば多くの成果が上がりそうだ。たとえば、アノマリー、すなわち予想を裏切る事例が、いかにして徐々に科学者コミュニティーの注目を引くようになるのかについては今後詳しく調べる必要があるし、アノマリーを理論に適合

*14　正式名称は『統一科学国際百科全書』。一九三八年にアメリカで始まり、未完に終わった野心的プロジェクト。最終的に「統一科学の基礎」という第一部二巻までの十九冊のモノグラフのみが刊行にこぎつけた。トマス・クーンの『科学革命の構造』は第二巻第二冊のモノグラフである。

*15　チャールズ・モリス（一九〇三－一九七九）　アメリカの哲学者、記号論研究者。一九三〇年代にアメリカに亡命してきた多くのドイツ、オーストリアの学者の支援に取り組み、ウィーン学団の論理実証主義者たちと親しかった。

させることに繰り返し失敗した場合に誘発されうる危機の出現についても詳しい研究が必要だ。あるいはまた、それぞれの科学革命は、その革命を経験する科学者コミュニティーが歴史を見る際のパースペクティブを変化させるという私の考えが正しければ、その変化は、革命後の教科書や研究論文の構造に影響を及ぼすはずだ。そんな影響のひとつ――研究レポートの脚注に示される専門的文献の分布がシフトすること――は、革命の指標になりうるものとして研究されなければならない。

分量を大幅に切り詰める必要があったため、いくつか主要な問題に関する議論を割愛せざるをえなかった。たとえば、私は、科学分野の発展におけるパラダイム成立以前の時期と、パラダイム成立以後の時期とを区別したが、その区別の仕方はあまりにも模式的だ。パラダイム成立以前の時期は学派間の競争によって特徴づけられるが、個々の学派はパラダイムによく似た何かによって導かれているし、パラダイム成立以後の時期には、稀なケースだとは思うが、ふたつのパラダイムが平和共存できるような状況がある。単にパラダイムを持っているというだけでは、第II節で論じたような発展上の転換が起こったという判定規準としては必ずしも十分ではないのだ。さらに重要なことに、私は、ときおり手短に述べたことを別にすれば、技術における進歩や、社会、経済、学問といった外的状況が、科学の進展に果たす役割については何も述べていない。しかし、単なるアノマリーを重大な危機に転換するにあたって外的条件が一役買う場合があることに気づくためには、コペルニクスと暦に目を向けさえすればよい［暦の改良という差し迫った必要性が、コペルニクス革命の引き金になった］。その同じ［コペルニクスの］例は、革命的な改革を提案することで危機を終わらせようとする人物が取りうる選択肢の幅に、科学の外側の状況がどのように影響するかを明らかにしてくれるだろう[4]。それらの影響をあらわに取り上げて考察しても、この小論に示す主要なテーゼが修正されることはないだろうが、そのような考察は、科学の進歩を理解するうえで第一級の重要性を持つ分析の視点をつけ加えるであろうことは間違いない。

紙幅の制約による、最後にして、おそらくはもっとも重要な影響は、歴史に軸足を置いたこの小論の科学観の、哲学的含意の取り扱いに関するものである。哲学的含意があるのは明らかで、とくに主要なものについては、含意があることを指摘すると同時に、その内容をできるだけ詳しく説明するように努めたつもりだ。しかしその際には、その含意に対応する哲学上の争点に対し、今日の哲学者たちが取っているさまざまな立場について詳しく論じることはおおむね差し控えた。私が懐疑的であることを明言した部分では、ある哲学的立場について十分に明確化された表現のどれかにというよりも、むしろその哲学的態度への懐疑を示している場合が多い。その結果として、きちんと明確化された哲学的立場のいずれかを熟知し、その内部で仕事をしている哲学者の中には、私は彼らの論点を理解していないと感じる人がいるかもしれない。その感じ方は正しくないだろうと私は思うが、この小論は、

（4）これらの要素については、次の著作に論じた。T. S. Kuhn, *The Copernican Revolution: Planetary Astronomy in the Development of Western Thought* (Cambridge, Mass., 1957)［『コペルニクス革命』］, pp. 122–32, 270–71. 知的、経済的な外的諸条件が実質的な科学の進展に及ぼすその他の影響については、次に挙げる論文に例を挙げた。T. S. Kuhn, Conservation of Energy as an Example of Simultaneous Discovery," *Critical Problems in the History of Science*, ed. Marshall Clagett (Madison, Wis., 1959), pp. 321–56; "Engineering Precedent for the Work of Sadi Carnot," *Archives internationales d'histoire des sciences*, XIII (1960), 247–51; "Sadi Carnot and the Cagnard Engine," *Isis*, LII (1961), 567–74. したがって、私が外的要因の役割は小さいとするのは、この小論で論じる諸問題についてだけである。

そういう人たちを説得することを目指してはいない。説得のためには、はるかに長く、かなり性格の異なる本を書く必要があるだろう。

このはしがきの冒頭に置いた自伝的断片は、私の思想形成に役立った学術上の業績および制度［フェローシップや研究所］の両方から受けた恩義の中でも、とくに大きいと思われるものに対する謝辞の役目を果たしてくれるだろう。その他の恩義は、本文の傍注にまわした。しかし、これまでに述べたこと、これから述べることのどれひとつをとっても、私が知的成長を続けて方向性を定めるにあたって、示唆や批判をくださった多くの人たちからどれほどの恩恵を受けたか、そしてその恩恵がいかなる性質のものだったかについては、せいぜい事情をうかがわせる程度のことにしかならないだろう。この小論に示した考えがかたちを成しはじめてから、あまりにも長い時間が流れた。以下に続く本文で、私に影響を与えた人たち全員のお名前を、それとわかっていただけるようなかたちで挙げようとすれば、そのリストは私の友人と知り合いをほとんど網羅することになるだろう。こうした状況では、不完全な記憶力をもってしてもけっして完全には消し去ることのできない、もっとも大きな影響を与えてくださった少数の方たちのお名前を挙げるに留めざるをえない。

私を科学史に引き合わせ、科学の進展の性質に関する私の捉え方の変容の引き金を引いたのは、当時ハーバード大学の学長だったジェームズ・B・コナント[*16]である。その変化のプロセスが始まってからは、彼は、ご自身のアイディア、批判、時間をふんだんに与えてくださった――この小論の草稿を読み、いくつか重要な変更につながる提案をくださるために費やされた時間もそれに含まれる。レナード・K・ナッシュ[*17]は、コナント博士が創設した歴史志向の科学講座に、ともに五年間たずさわった仲間であり、[18]私の考えが最初にかたちを成しはじめた時期に、コナント博士以上に積極的な役割を演じてくれた。のちにアイディアの発展段階がかなり先まで進んでからは、ナッシュがそばにいないことが悔やまれた。私が［マサチューセッツ州］ケンブリッジを離れてからは、さいわいにも、［カリフォルニア州］バークレーで研究仲間となったスタンリー・カヴェル[19]が、ナッシュに代わって創造的な相談相手（サウンディング・ボード）になってくれた。主として倫理学と美学に関心を持つ哲学者であるカヴェルが、私自身の考えとよく合う結論に達していたように思えたことが、私にはたえざる刺激と励ましとなった。さらに彼は、まだ不完全なかたちでしか提示できなかった考えについて相談できた唯一の人物でもあった。そんなつき合いのおかげで、初稿の準備中に大きな障害にぶつかった際には、それを乗り越える道を示してもらえるほど、彼は私の考えを理解してくれていた。

　初稿ができてからは、ほかにも多くの友人たちが改稿に力を貸してくれた。ここでは、お力添えの影響がとりわけ大きく、かつ決定的に重要だった四名のお名前を挙げるに留めるが、他の方々はご寛恕くださるだろう。その四人とは、バークレーのパウル・K・ファイヤアーベント[20]、コロンビア大学

＊16　ジェームズ・B・コナント（一八九三―一九七八）　アメリカの科学者、教育者、科学行政官、外交官。

＊17　レナード・K・ナッシュ（一九一八―二〇一三）　アメリカの化学者。ハーバード大学で化学を教え、物理化学、科学教育、科学哲学に著作がある。

＊18　このはしがき冒頭に出てくる「人文系の学生のための物理学講座」が、クーンのそのとき担当した講座である。

＊19　スタンリー・カヴェル（一九二六―二〇一八）　アメリカの哲学者。

＊20　パウル・K・ファイヤアーベント（一九二四―一九九四）　オーストリア出身の哲学者、科学哲学者。カヴェルやファイヤアーベントとクーンとの関係の一端については、ハッキングの序説を参照のこと。

のアーネスト・ネーゲル、[21]ローレンス放射線研究所[22]のH・ピエール・ノイス、[23]私の学生で、印刷にまわす最終稿の仕上げにしばしば一緒に取り組んでくれたジョン・L・ハイルブロン[24]である。この人たちが示した懸念や提案はどれも非常に有益だった。しかしこの四人や、その他先に名前を挙げた人たちが、本稿の論旨を全面的に是認していると考える理由は私にはない（そして、全面的に是認してはいないだろうと考える、いささかの理由がある）。

最後に、私の両親、妻、そして子どもたちへの謝意は、これまでのものとはかなり趣の異なるものにならざるをえない。これらの人たちも、それぞれのやり方で――察しの悪い私はなかなか気づけなかったが――各人がこの本に内容的な面で貢献してくれた。しかしそれだけでなく、それぞれ程度の差こそあれ、いっそう重要なこともしてくれた。私に好きなだけ仕事をさせてくれたばかりか、仕事に専念するように励ましてくれさえしたことである。私のような研究プロジェクトと格闘したことのある人なら、家族がときにどれほど大きな犠牲を払うことになるかはご存じだろう。家族には感謝の言葉もない。

カリフォルニア州バークレーにて

一九六二年二月

T・S・K

*21　アーネスト・ネーゲル（一九〇一－一九八五）　アメリカの科学哲学者。論理経験主義の重要人物とみなされることがある。

*22　カリフォルニア州にある米国エネルギー省の研究所。カリフォルニア大学が運営に当たる。現在のローレンス・バークレー国立研究所。

*23　H・ピエール・ノイス（一九二三－二〇一六）　アメリカの原子核物理学者。一九六二年以来、スタンフォード大学線形加速器センターに在職。ハーバードを優等で卒業。学生時代はクーンとルームメイトだった。

*24　ジョン・L・ハイルブロン（一九三四－）　物理学の歴史および天文学の歴史に関する研究で知られる科学史家。カリフォルニア生まれでバークレーに学び、大学院時代にトマス・クーンの指導を受けた。

第Ⅰ節　序論——歴史に与えうるひとつの役割

歴史は、もしもそれを逸話や年代記以上のものが収められた宝庫とみなすなら、現在われわれの頭にこびりついている科学のイメージに、決定的な変化を引き起こすことができるだろう。そのイメージがこれまでどこから引き出されてきたかといえば、科学者自身がそれを引き出す場合であってさえ、主には、すでに成し遂げられた科学上の業績について学ぶところからだった。しかもそうして科学者が学ぶのは、その分野の古典的著作に記録されたかたちでの業績であり、より最近では、それぞれの分野の研究のやり方を新しい世代の科学者たちに身につけさせるための、教科書に記録されたかたちでの業績である。しかしそういう教科書の目的は、当然ながら、読む者を説得し、教育することにある。そんな教科書から引き出された科学の概念が、それを生み出すもとになった科学という事業にどの程度合っているかといえば、観光パンフレットや外国語会話のテキストから引き出される国民性のイメージと大差なさそうだ。この小論は、そういう教科書のせいで、われわれはこれまで、根本的に考え違いをさせられてきたことを示そうという試みである。研究活動そのものの歴史記録から浮かび上がる科学の概念は、従来のそれとは著しく異なっている。その新たな科学概念の見取り図をざっと描き出すことが、この小論の目的である。

しかし、歴史的な資料を探究し、精査する際に、もっぱら科学の教科書から引き出される非歴史的なステレオタイプが提起する問いに答えようとし続ける限り、歴史からでさえ、その新しい科学概念が浮かび上がることはないだろう。科学の教科書は、その教科書に記述された観測、法則、理論がありさえすれば、科学の内容はただひとつに決まると言っているように見えることがしばしばだ。それと同じぐらいありがちな教科書の読み方は、科学的方法とは、教科書に示されたデータを集めるための操作テクニックと、そうして得られたデータをその教科書に示された理論的一般化に結びつけるための、論理操作を合わせたものにすぎないと言っているものと受けとめることだ。その結果として、科学の性質とその発展に深甚な含意を持つ、ひとつの科学概念が定着した。

もしも科学が、今日使われている教科書に集められた事実、理論、方法の集合体(コンステレーション)[*1]なら、科学者とは、成功するにせよしないにせよ、その特定の集合体にあれこれの要素をつけ加えようと奮闘してきた人たちだ。科学の進展とは、事実、理論、方法が、ひとつずつ、またはいくつかまとまって、どこまでも増え続ける科学の技法と知識の山につけ加えられてきた漸進的なプロセスだということになる。そして科学史は、たえず蓄積する知識と、知識の蓄積を妨げた障害の両方を記録する学問分野となる。その場合、科学の進展に興味を持つ科学史家の仕事は、主にふたつあることになりそうだ。一方で科学史家は、科学的な事実、法則、理論を、誰がいつ発見または発明したのかを明らかにしなけ

[*1] 集合体——constellation. 単なる集まりではなく、それぞれの要素の相対的な位置関係が意識されている。

ればならない。他方で、現代の科学の教科書を構成している要素がもっと早く累積されてしかるべきところをそうはさせなかったもの、すなわち、誤り、神話、迷信の寄せ集めについて記述し、説明しなければならない。このふたつを目標として、これまで多くの研究が行われてきたし、今も相当に行われている。

ところが近年、何人かの科学史家たちは、〈累積による進展〉という概念が彼らに課す任務を果たすのがどんどん難しくなっていることに気づきはじめた。累積的なプロセスを記録する者として研究をすればするほど、たとえば次のような質問に答えるのが、容易になるのではなく、むしろ難しくなることに気づかされるのだ。酸素はいつ発見されたのか？　エネルギーの保存を初めて考えついたのは誰か？　そのことに気づいた科学史家たちのうちの何人かは、しだいに、そもそもの問いの立て方が間違っているのではないかと疑いはじめた。もしかすると科学は、個々の発見や発明の累積によって進展するのではないのではないか。同時に、その同じ科学史家たちは、過去の観察や信念に含まれる「科学的」な成分と、先人たちが躊躇なく「誤り」や「迷信」とレッテルを貼っていたものとを区別することが、どんどん難しくなるという問題にも直面している。たとえば、アリストテレスの力学や、化学のフロギストン説や、熱力学の熱素（カロリック）説などを注意深く調べれば調べるほど、かつて通用していた自然観は、今日のものと比べて、総体として非科学的だったり、人間の特異な思考の産物だったりするわけではないという感触が確かなものになるのだ。もしも過去の信念が神話と呼ばれるべきものなら、神話は、今日われわれが科学知識を得るために使っている方法と同じ方法で作れるはずだし、同じ理由で受け入れることができるはずだ。一方、もしもそれらが科学と呼ばれるべきものなら、今日われわれが擁護する信念体系とはまったく相容れない信念体系が、科学に含まれてきたことになる。これらふたつの選択肢が与えられれば、歴史家は後者を選ぶしかない。時代遅れになった学説は、棄てられたからといって、原理的に非科学的だというわけではないということだ。しかしその選択肢を取れば、科学の進展を累積的なプロセスとみなすのは難しくなる。個々の発明や発見を他と切り離して取り出すのは難しいことをはっきりと示しているほかならぬその歴史研究が、個々の貢献が科学に組み込まれるやり方だと考えられてきた累積的プロセスへの深い疑念に基礎を与えるのである。

これら多くの疑念や困難の結果として、科学についての研究に、歴史学的な方法論の革命が起きた。とはいえ、その革命はまだ初期の段階にある。科学史家たちは徐々に、そしてしばしば自分たちが何をしているのかを完全には理解しないままに、新しい種類の問いを立て、多様な、そしてしばしばそれほど累積的ではない、科学の発展曲線を追跡しはじめている。彼らは、より古い科学が今日のわれわれの観点に対して永続的につけ加えたものを見出そうとするのではなく、その［古い］科学が、その時代に持っていた歴史的な整合性をはっきりと示そうとする。たとえば、彼らは、ガリレオの観点と近代科学の観点との関係を問うのではなく、ガリレオの観点と、ガリレオのグループ、すなわち、彼の科学上の先生たちや、仲間たち、そして直接の後継者たちからなるグループの観点との関係を問う。さらには、その［ガリレオが属していた］グループの意見や、それと類似の他の意見を調べる際には、できるかぎり内的に調和し、自然と合致するように見える観点から――それは多くの場合、近代科学のそれとは大きく異なる観点だ――調べなければならないと強く主張するのである。おそらくそのもっとも良い例はアレクサンドル・コイレの著作だろうが、そうしてなされた仕事を通して見た科学という事業は、より古い歴史学的な方法論の伝統の中でものを書く人たちが論じる事業と、完全に同じものとは思えない。そうした歴史研究が、少なくとも暗黙のうちに含意するのは、新しい科学のイメージがありうるということだ。この小論の目的は、新しい歴史学的な研究が暗に含意するものをいくつか明示することにより、その科学のイメージを言葉で描き出すことである。

その努力の過程でひときわ鮮明に浮かび上がるのは、科学のどの側面だろうか？　少なくとも提示の順番として一番目に来るのは、方法論的な指示を与えるだけでは、いろいろな科学上の問題に対して実質的内容のある結論をひとつだけ選び取らせるには不十分だということだ。電気や化学のことはよく知らないが、科学的であるとはどういうことかは知っている人が、電気や化学の現象を調べるように言われたとすれば、その人は、互いに相容れないいくつかの結論のどれにでも正統的にたどり着くかもしれない。それら正統な可能性のうち、その人がたどり着く特定の結論は、その人が他分野でそれまでに経験してきたことや、このたびの研究で出くわした偶然の出来事や、その人固有の気質などによっておそらくは決まるのだろう。その人は、化学や電気の研究に、たとえば星についてのどんな信念を持ち込むだろうか？　新たに参入した分野にとって意味のある実験のうち、最初に取り組むものとしてどれを選ぶだろうか？　その実験の結果として得られた複雑な現象のどの側面が、化学変化や電気的引力の性質を明らかにするうえで、とくに重要だと考えるだろうか？　少なくとも個々の研究者にとって、そしてときには科学コミュニティーにとっても、こうした問いに対する答えが、しばしば科学の発展を決定づける重要な要因になるのである。たとえば第II節では、ほとんどの科学分野の発展の初期段階は、いくつか別個の自然観のたえざる競争によって特徴づけられるという点に着目する——それらの自然観はいずれも科学的な観測と方法の要請から部分的には引き出されたものであり、その要請とおおよそ両立するようなものだ。それらさまざまな学派に差異を生じさせたのは、方法上のあれこれの欠陥ではなく——どの学派が用いる方法も、「科学的」だったのだ——、それぞれの学派が世界を見るときの、そしてその世界の中で科学を実践するときの、通約不可能なやり方とわれわれが呼ぶことになるものなのだ。科学的な信念として受け入れ可能なものを、観測と経験によって大幅に絞り込むことはできるし、できなければならない。さもなければ科学は存在しないだろう。しかし、観察と経験だけでは、信念体系をどれかひとつに絞り込むことまではできない。個人的な偶然と歴史的な偶然とが入り混じった、明らかに偶発的な要素が、ある時期のある科学コミュニティーに支持される信念の形成に、つねに関与しているのである。

だが、そういう偶発的要素があるからといって、なんらかの受容された信念の集合なしに研究できる科学者グループがひとつでもあるということにはならない。また、その科学者グループが、ある時期に、実際にどんな信念の集合体にコミットしているかが重要でなくなるわけでもない。科学コミュニティーが、自分たちは次のような問いへの答えを得たと考えるようになるまでは、効率的な研究が始まることはまずない。宇宙はどんな基本構成要素から成り立っているのか？ それらの要素は、互いのあいだではどんな相互作用をし、人間の感覚とはどんな相互作用をするのか？ 宇宙の基本構成要素に関する問いとしてはどんなものが正統で、その問いに対する答えを探すためのテクニックとしてはどんなものが正統なのか？ 少なくとも成熟した科学分野では、こうした問いに対する答え（あるいは十分に答えの代わりとなるもの）が、学生にプロの科学者になるための準備をさせ、科学者としての資格を与えるための教育制度にしっかりと組み込まれている。その教育は厳密にして厳正なので、それらの答えは長期にわたって強い支配力を科学者に及ぼす。それらの答えにそれだけのことができるということが、通常科学の研究活動が不思議なほど効率的に進む理由と、与えられた任意の時期に通常科学の研究が進む方向の両方を、かなりの程度まで説明するのである。第III節、第IV節、第V節では、通常科学について詳しく調べていくことになるが、われわれは最終的に、こんなふうに言いたくなるだろう。研究とは、プロの科学者になるための教育によって与えられる概念の箱に、自然を無理やり押し込もうとする献身的な努力なのだ、と。それと同時にわれわれは、こんな疑問を抱くようになるだろう。そんな箱が歴史上に生じた時点でどんな偶発的要素があったにせよ、そしてその後、それらの箱が発展する中で時折入り込む偶発的要素がどんなものであるにせよ、そういう箱なしに、研究は前進できるのだろうか、と。

ともかくもそういう偶発的な要素は現に存在し、科学の進展に重要な影響を及ぼしている。第VI節、第VII節、第VIII節では、その影響を詳しく吟味しよう。通常科学、すなわち、ほとんどの科学者が持てる時間の大半を費やすことにならざるをえない活動は、科学コミュニティーがこの世界はどんな場所かを知っているという仮定の上に成り立っている。科学という事業が収める成功の多くは、必要とあればかなりのコストを払ってでも、その仮定を防衛しようという科学コミュニティーの姿勢に由来するのである。たとえば、通常科学はしばしば根本的に新奇なものを抑圧する。なぜなら、そういう新奇さは、必然的に、通常科学の基本的なコミットメント［大切なこととして受け入れられているもの］を打倒するような性格を持つからだ。それでも、基本的なコミットメントのうちに偶発的な要素が保たれている限り、通常科学の研究の性質それ自体が、新奇なものがそれほど長く抑圧されないであろうことを保証するのである。既知の法則と方法によって解決されるはずの通常科学の問題が、その問題に取り組んでしかるべき専門家グループの中でも、とくに優秀なメンバーたちが猛攻を繰り返してさえ解けないことがある。また、通常科学の研究のために設計され、作り上げられた観測機器が、思ったように機能せず、何度やっても専門家の予想に合う結果が得られないというアノマリーがあらわになることもある。こうした状況や、そのほかにもさまざまな状況で、通常科学は繰り返しうまくいかなくなる。そしてそうなったとき——すなわち、その専門分野でそのとき行われている実践の伝統を打倒するようなアノマリーを避けられなくなったとき——、通常科学の枠に収まらない研究が始まり、最終的には、その分野の研究者たちを、新しい一組のコミットメントへと、つまりは科学を実践するための新たな基礎へと導く。専門家のコミットメントがシフトするそのエピソード、すなわち通常科学の枠に収まらないエピソードが、この小論で言うところの科学革命である。科学革命は、伝統を断ち切ることにより、伝統に縛られた通常科学を補完するものなのだ。

科学革命のもっともわかりやすい例は、これまでもしばしば革命というレッテルを貼られてきた、科学の進展上に起こった有名なエピソードである。そこで、科学革命の性質を初めて直接的に精査する第Ⅸ節と第Ⅹ節では、コペルニクス、ニュートン、ラヴォアジエ、アインシュタインの名前と結びついた大きな転回点をたびたび取り上げることになる。これらのエピソードは、少なくとも物理科学の歴史における他のほとんどのエピソードに比べて、科学革命とは何であるかを、よりはっきりと見せてくれる。これらのエピソードはみな、科学コミュニティーが長い歴史のある理論を棄てて、それとは両立しない新理論を選ばざるをえなくさせるようなものだった。どのエピソードも、それが起こった結果として、科学的精査の対象にできる問題に転換を引き起こし、また、どの問題を容認するか、あるいは何をもって正統な答えとするかを専門家が判断する基準にも転換を引き起こした。そしてまたどのエピソードも、科学的想像力を変容させた。その変容のさせ方を、われわれは最終的には、科学上の仕事がその中でなされた世界の変容として記述する必要があるだろう。こうした変化は、それにともなってほとんどつねに起こる論争とともに、科学革命の顕著な特徴である。

これらの特徴がとくに鮮明に浮かび上がるのは、たとえば、ニュートンの革命や化学革命の研究からだ。しかし、そこまで明白に革命的というわけではなかった他の多くのエピソードの研究からも、これらの特徴を引き出すことができるというのが、この小論の基礎をなすひとつのテーゼなのである。マクスウェルの方程式は、アインシュタインの方程式と比べてはるかに小さな専門家グループにしか影響を及ぼさなかったが、影響を受けたグループにとってみれば、アインシュタインのものと同じぐらい革命的だったし、それ相当の抵抗を受けた。他の新理論の発明も、その理論が影響を及ぼす特殊な領域の一部の専門家から、そのつど、それ相当の反応を引き起こす。影響を受ける人たちにとってみれば、新理論の出現は、通常科学の実践をそれまで支配していたルールが変わることを意味する。したがって新理論は、その人たちがすでに首尾よく成し遂げていた仕事の価値を引き下げずにはおかない。新理論の適用範囲がどれほど狭い専門分野に限られていたとしても、すでに得られた知識への単なる増加分で終わることは、稀であるか、またはけっしてないのはそのためだ。新理論を「そのコミュニティーのものとして」同化するためには、先行する理論を再構成して、すでに得られている事実を見直す必要があるが、そのプロセスは、ひとりの人間によって成し遂げられることはめったになく、一夜のうちに成し遂げられることはけっしてない、その本質において革命的なプロセスなのである。歴史家たちは、そのプロセスを孤立した出来事として見るよう自らに仕向けるような語彙［「発見」や「発明」といった語彙］で捉えてきた。そんな彼らが、時間的な広がりを持つこのプロセスが、厳密にはいつ起こったのかを突き止めようとして苦労してきたのも無理はないだろう。

また、新理論の発明だけが、それが起こる領域の専門家たちに革命的な影響を及ぼす科学上の出来事ではない。通常科学を支配するコミットメントは、宇宙に何が含まれているかだけでなく、何が含まれていないかも言外に特定する。そのため――とはいえ、この論点をきちんと主張するためにはさらなる議論が必要だろう――発見、たとえば酸素やX線の発見のような出来事は、科学者の世界に存在するものの総体に、単に新しいものをひとつつけ加えることではない。最終的にはそういう出来事として影響を及ぼすようになるのだが、そうなるのは、専門家コミュニティーがそれまでの実験手続きを見直し、長らく慣れ親しんできた存在物の捉え方を改定して、その見直しと改定の過程で、世界を記述するために用いる理論のネットワークがシフトした後のことなのだ。科学における事実と理論を、きっぱりと分離することはできない。それができるのは、おそらくは通常科学の実践のひとつの伝統の内部でだけだろう。思いもよらない発見が、その意義において単なる事実の発見でないのはそのためであり、事実であれ理論であれ根本的に新奇なものが、科学者の住む世界を定量的に豊かにするだけでなく、定性的にも変容させるのもそのためである。

以下のページでは、科学革命の性質についての、こうした拡張的な捉え方を詳しく説明していく。

慣習的な用法からすると、この拡張に無理があるのは否めない。それでも私は、発見についてさえ、革命的という言い方をし続けるつもりだ。なぜなら、それら［発見］の構造を、たとえばコペルニクス革命の構造に関係づけられるかもしれないという可能性こそは、この拡張された捉え方が非常に重要だと私が思うようになった理由だからである。この後に続く九つの節では、これまでの議論に示された路線に沿って、通常科学と科学革命という、相補い合うふたつの概念を発展させていく。その後この小論の最後までは、残る三つの中心的問題を片づけることを試みる。第XI節では、教科書の伝統について論じることにより、なぜ科学革命は、従来これほどまでに見えにくかったのかを考える。第XII節では、古い通常科学の伝統を擁護する人たちと、新しい伝統を支持する人たちとのあいだで、革命期に起こる競争を見ていこう。そうすることで、科学的探究の理論において、普通の科学イメージのせいでおなじみになっている確証または反証の手続きに、なんらかのかたちで取って代わるべきプロセスについて考えようというわけだ。科学コミュニティーの学派間に起こる競争は、それまで受け入れられていた理論を棄てる、あるいは別の理論を採用するという結果に、実際に繰り返し帰結している唯一の歴史的プロセスなのである。最後の第XIII節では、革命による発展が、科学の進歩に特有であるように見える特徴と、どのように両立しうるかを問おう。しかし、この小論ではその問いに対して、ひとつの答えの主要な概略を示すだけになるだろう。なぜなら、その答えは科学コミュニティーの特徴に依存し、科学コミュニティーの特徴については、今後まだ多くの探究と調査が必要だからである。

読者の中には、ここで目指しているような捉え方の変容が、歴史学的な研究によって成し遂げられるものだろうかと、すでに危惧している人もいるに違いない。そんなことがまともにできるはずはないと言うための二分法的論拠なら、いくらでも手に入る。われわれはあまりにもしばしば、歴史学は純粋に記述的な学問分野だと言う。しかし、右に提案したいくつかのテーゼは、しばしば解釈的であり、ときに規範的である。また、この小論で私が導き出した一般化の多くは、科学者の社会学、または科学者の社会心理学に属する。ところが、私が得た結論の少なくともいくつかは、伝統的には論理学や認識論に属するものなのだ。前の段落で述べたことのせいで、私は「発見の文脈」と「正当化［justification］の文脈」は区別しなければならないという、現代において影響力のある考えに反しているようにさえ見えるかもしれない。これほど幅広い分野や興味の対象を混ぜ合わせたものから見えてくるのは、深い混乱だけなのでは？

これらの区別や、これらに類する区別によって知的に涵養されてきた私は、その重要性と威力ならば、これ以上はないぐらいに熟知しているつもりだ。私は長年、こうした区別は、知識の性質に関するものだと考えていたし、適切に焼き直せば、われわれに伝えるべき重要な内容を持つだろうと今でも思っている。しかし、知識を得て、それを受容し、同化する実際の状況に、こうした区別をおおまかにでも当てはめようと試みるうちに、そこには途方もなく大きな問題があると思うようになった。今やこれらの区別は、初歩的な論理的区別や方法論的区別ではなく、それゆえ科学知識の分析に先立つものではなく、むしろ、これらの区別がこれまで当てはめられてきた当の問題に対して、伝統的に与えられてきた実質的な答えと不可分につながっているように見えるのである。これは循環論法的な状況だが、循環的だからといって、これらの区別が無価値になるわけではまったくない。しかし循環性ゆえに、それらの区別は理論の一部となり、そうである以上、他分野の理論が普通は受けなければならない精査の対象になるのである。もしもこれらの区別が、純粋に抽象的な名辞に留まらない内容を持つのなら、それらを当てはめるべきデータに実際に当てはめて観察すれば、その内容が見出されるはずである。知識についての理論を現象に当てはめることが正統に求められているとき、その対象となる現象を、歴史が提供しないはずがあるだろうか？

第II節　通常科学への道筋

この小論でいう「通常科学」とは、ひとつまたはそれ以上の過去の科学的成果——どれか特定の科学コミュニティーが、そのコミュニティーのさらなる実践に基礎を与えるものとして当面認める成果——に、しっかりと立脚して行われる研究のことである。今日そのような成果は、初等的なものからより専門的なものにいたる教科書に詳述されている——原形を留めていることはめったにないが。それらの教科書は、受け入れられた理論の主なところを詳しく説明し、その理論がうまく当てはまる応用を多数、またはそのすべてを例示して、それらの応用を代表的な観測や実験と比較する。十九世紀のはじめにそういう教科書が普及するまでは（より最近成熟した科学分野では、普及はもっと後になる）、有名な古典的科学書の多くが、それと同様の機能を果たしていた。アリストテレスの『自然学』、プトレマイオスの『アルマゲスト』、ニュートンの『プリンキピア』と『光学』、［ベンジャミン・］フランクリンの『電気［に関する実験と観察］』、ラヴォアジエの『化学［原論］』、ライエルの『地質学［原理］』——これらの著作や、ほかにも多くの著作が、あるひとつの研究分野ではどのような問題や研究方法が正統なのかを、続く何世代かの科学者のために暗黙のうちに定義する役割を一定期間果たしていた。

それができたのは、これらの著作が、次のふたつの本質的特徴を共有していたからだ。ひとつは、その著作で成し遂げられた仕事が、それと競争する科学活動のやり方から人びとを離脱させて引き寄せ、持続的な支持者のグループを形成できるぐらいには前例のない科学的成果だったこと。もうひとつは、そうして再定義された研究者グループのためにさまざまな未解決問題が残されるぐらいには、未完成な仕事だったことである。

以下では、これらふたつの特徴を共有する成果のことを、「パラダイム」と呼ぶことにする。この言葉は「通常科学」と密接に関係している。パラダイムという言葉を選ぶことで私が示唆したいと思うのは、実際の科学実践の例として受容されたものの中には――そこには、法則、理論、応用、研究器具が含まれる――、内的に調和した特定の科学研究の伝統を生じさせるためのモデルになるものがあるということだ。歴史家が「プトレマイオス天文学」（あるいは「コペルニクス天文学」）、「アリストテレス力学」（あるいは「ニュートン力学」）、「粒子光学」（あるいは「波動光学」）といった見出しのもとに記述するのが、そうした伝統である。先に例として挙げたもの［アリストテレスの『自然学』などの古典的著作］よりもはるかに専門化された多くの本を含めて、学生は主にパラダイムを学ぶことにより、やがて自分がそこで研究を実践することになる科学コミュニティーのメンバーになるための準備をする。学生はそのコミュニティーで、自分と同じ具体的なモデルからその分野の基礎を学んだ人たちと交わるため、その学生がその後行う実践が、その分野の基礎について表立った意見の相違を生じさせることはめったにない。共有されるパラダイムにもとづいて研究を行う人たちのあいだでは、科学の実践で大切にされるルールや基準が同じなのだ。同じものにコミットしているということと、そのおかげで明らかなコンセンサスが得られているように見えることは、通常科学が存在するための、すなわち新たな研究伝統が発生して続いていくための、前提条件なのである。

この小論では、おなじみのさまざまな考えの代わりにパラダイムという概念をしばしば用いることになるため、この概念を導入する理由については、のちほどさらに詳細な議論が必要になるだろう。なぜ具体的な科学的成果が、専門家のコミットメントの中核として、さまざまな概念、法則、理論、そしてその業績から引き出されるかもしれない観点よりも上位に置かれるのだろうか？　共有されるパラダイムが、科学者として成長過程にある学生にとっての基本的な単位であって、パラダイムの代わりにその機能を果たしてもよさそうな論理的最小単位に完全には還元できないというのはどういう意味だろうか？　第V節ではこうした問いに出会うことになるが、そのときに明らかになるように、これらの問いへの答えや、その他これらに類似した問いへの答えが、通常科学、およびそれと密接に関係するパラダイムという概念を理解するための基礎なのだ。とはいえ、こうした抽象度の高い議論ができるかどうかは、通常科学の例や、パラダイムが実際に作動している例に、あらかじめ触れているかどうかにかかっている。とくに、これら互いに関連するふたつの概念はともに、パラダイムなしに——あるいは少なくとも、さきほど名前を挙げて示したような、疑問の余地のない、きわめて拘束力の高いパラダイムはなしに——行われる一種の科学研究がありうることに目を向ければ明快になるだろう。パラダイムを獲得することと、それによって可能になる高度で専門的な種類の研究ができるようになることは、検討対象となっている任意の科学分野の発展における成熟のしるしなのである。

もしも歴史家が、互いに関連する現象のグループを任意に選び、そのグループについての科学知識を、時間をさかのぼりながら調べたとすれば、以下に例として挙げる物理光学の歴史のパターンとそれほど違わないものを見出すことになるだろう。今日の物理学の教科書は、光は光子だ、つまり、波としての性質と粒子としての性質を併せ持つ量子力学的な存在だと学生に教える。研究はそれに従って、というよりはむしろ、その慣用的表現が導き出されるもとになった、高度に洗練された数学的特性の記述に従って進んでいく。しかし、光の性質をこのように記述するようになったのは、ほんの半世紀ほど前のことでしかない。今世紀〔二十世紀〕の初頭に、プランクとアインシュタイン、そしてその他の人たちがこの記述を作り上げるまでは、物理学の教科書では、光は横波だという、十九世紀初頭のヤングやフレネルによる光学の著作を起源とするパラダイムに根ざす捉え方が教えられていたのである。しかしその波動説もまた、光学の研究者たちのほぼ全員が受け入れた最初の説ではなかった。十八世紀にこの分野のパラダイムだったのはニュートンの『光学』であり、それによれば光は物質粒子だった。当時の物理学者たちは、光の粒子が固体に衝突することで及ぼされる圧力の証拠を探したが、それは初期の波動説支持者たちがそれを探さなかったのと同じことなのだ。(1)

これら物理光学のパラダイムの変容は科学革命であり、ひとつのパラダイムから別のパラダイムへの革命を通した相次ぐ転換は、成熟した科学分野が普通に示す発展のパターンなのである。しかしそれは、ニュートンの著作以前の時期においては特徴的なパターンではなく、この対比こそが、ここでの興味の対象である。はるか古代から十七世紀の末まで、光の性質について、誰もが受け入れるたったひとつの観点を提示した時期はなかった。その代わりに、互いに競争するいくつもの学派や、それらの下位学派が存在して、そのほとんどは、エピクロス派やアリストテレス派、あるいはプラトン派から派生したあれこれの説を唱えていた。あるグループは、光は物体から飛び出してくる粒子だと考えた。別のグループにとって、光とは、物体と目のあいだに介在する媒体が形を変えることだった。さらにまた別のグループは、目から飛び出してくるものと媒体との相互作用という観点から光を説明した。そのほかにもさまざまな説の組み合わせや、それらの修正版があった。それぞれの説に対応する各学派は、特定の形而上学とその学派との関係から説得力を引き出し、またそれぞれが、その学派の理論がもっとも説明の力を発揮できるような特定の光学現象の集まりを、模範的〔パラディグマティック〕な観察結果として強調した。その他の観察結果については、アドホックな〔その場しのぎの〕説明をつけるか、さらに研究を要する未解決問題とするかだった。[2]

これらすべての学派がさまざまな時期に重要な貢献をなした概念、現象、テクニックの総体から、最初にほぼすべての人が受け入れた物理光学のパラダイムを引き出したのがニュートンである。これら多様な学派のメンバーたちを――少なくとも、その中でもとくに創造的な人たちまでも――除外するような科学者の定義はなんであれ、現代におけるその人たちの後継者をも除外するだろう。これらの人たちは科学者だったのだ。とはいえ、ニュートン以前の物理光学を詳しく調べたことのある人なら、この分野で仕事をした人たちは科学者だったけれど、その活動の正味の成果は、科学とまでは言えないものだったと結論してもおかしくはない。自明の前提にできる信念の総体がなかったせいで、

(1) Joseph Priestley, *The History and Present State of Discoveries Relating to Vision, Light, and Colours* (London, 1772), pp. 385–90.
(2) Vasco Ronchi, *Histoire de la lumière*, trans. Jean Taton (Paris, 1956), chaps. i–iv.

物理光学の本を著した人たちはみな、自分の分野を、基礎から新たに建設せざるをえないと感じていた。それをするにあたり、自説を裏づける観測や実験としてどれを選ぶかは比較的自由だった。それというのも、光学の本を書く人たちが採用しなければならないと考える方法や、説明しなければならないと考える現象に、標準的な集合はなかったからだ。そんな状況下では、結果として生まれた本に現れる対話は、しばしば自然に向けられているのと同じぐらい、他の学派の論敵に向けられていた。そのパターンは、今も若干の創造的分野ではめずらしいものではなく、そのせいで重要な発見や発明ができないというわけでもない。しかしそれは、ニュートン後の物理光学が獲得した発展のパターンではないし、今日、他の自然科学諸分野でおなじみのパターンでもないのだ。

あまねく受容された最初のパラダイムを獲得する以前の科学の発展の仕方の例として、「物理光学の歴史よりも」いっそう具体的で、よく知られてもいるのが、十八世紀前半における電気研究の歴史である。その時期には、電気の性質に関する見方はたくさんあり、ほとんど有力な電気の実験家の数だけあるというありさまだった。その中には、ホークスビー[*1]、グレイ[*2]、デサグリエ[*3]、デュ・フェ[*4]、ノレ[*5]、ワトソン[*6]、フランクリン[*7]らがいた。この人たちが考え出した多くの電気概念には、ひとつ共通点があった――どの電気概念も、部分的には、当時あらゆる科学研究を導く哲学だった機械論的粒子説のいずれかのバージョンから引き出されていたことだ。それに加えて、どの概念も、れっきとした科学理論――すなわち、実験と観察から導き出され、さらに研究すべき問題の選択と解釈をある程度まで決定する理論――の要素でもあった。ところが、実験はすべて電気に関するものであり、ほとんどの実験家は互いの著作を読んでいたにもかかわらず、この人たちの理論には、わずかに家族的類似[*8]がある

のみだった。(3)

(3) Duane Roller and Duane H. D. Roller, *The Development of the Concept of Electric Charge: Electricity from the Greeks to Coulomb* ("Harvard Case Histories in Experimental Science," Case 8; Cambridge, Mass., 1954); I. B. Cohen, *Franklin and Newton: An Inquiry into Speculative Newtonian Experimental Science and Franklin's Work in Electricity as an Example Thereof* (Philadelphia, 1956), chaps. vii–xii. 本文中、これに続くパラグラフ中の分析の一部は、教え子であるジョン・L・ハイルブロンの未発表論文に多くを負っている。その論文が発表されるまでは、フランクリンのパラダイムが出現したいきさつに関する、もう少し徹底した、より正確な記述については、Heinemann Educational Books, Ltd から刊行される予定の、以下の文献に含まれるものを参照されたい。T. S. Kuhn, "The Function of Dogma in Scientific Research," in A. C. Crombie ed., "Symposium on the History of Science, University of Oxford, July 9–15, 1961." [次の文献に収録された。A. C. Crombie ed., *Scientific Change*, Basic Books, 1963]

*1　フランシス・ホークスビー（一六六〇－一七一三）　ニュートンの実験助手となり、後には王立協会のキュレーター、実験基準創設者、実験家として活躍。電気の反発力に関する研究で知られる。

*2　スティーヴン・グレイ（一六六六－一七三六）　それまで静的現象として捉えられていた電気について、初めて電気伝導の研究を行ったことで知られるイギリスの天文学者。

*3　ジョン・デサグリエ（一六八三－一七四四）　フランス生まれのイギリスの科学者。アイザック・ニュートンの実験助手となり、ホークスビーを継いで王立協会の公開実験を担当した。導体と不導体の違いを認識。

*4　シャルル・フランソワ・デュ・フェ（一六九八－一七三九）　フランスの科学者。電気には、後世プラスとマイナスと認識されることになる二つのタイプがあり、同じタイプ同士が反発しあうことに気づいた。

*5　ジャン゠アントワーヌ・ノレ（一七〇〇－一七七〇）　フランスの聖職者で物理学者。デュ・フェの手引きで電気を研究。パリ大学で最初の実験物理学教授となる。ライデン瓶の命名者としても有名。

*6　ウィリアム・ワトソン（一七一五－一七八七）　イギリスの植物学者、物理学者。王立協会の副会長を二度務め、電気の研究に対してコプリーメダルを受賞。

*7　既出であるが、ベンジャミン・フランクリン（一七〇六－一七九〇）はアメリカ合衆国の政治家、外交官、著述家、物理学者、気象学者。凧を用いた実験で、雷が電気であることを明らかにしたことで有名。

*8　家族的類似については、第V節80～81ページ参照。

初期のある理論群は、十七世紀の電気研究の慣例に従い、引力と、摩擦による電気の発生を、基本的な電気現象とみなした。この理論群は、斥力を、なんらかの力学的な反跳によって引き起こされる二次的な現象として取り扱う傾向があり、また、グレイにより新たに発見された電気伝導について論じたり、その伝導効果を系統的に調べたりすることを極力先送りする傾向もあった。他の「エレクトリシャン」(これは当人たちが使った言葉である)たちは、引力と斥力を等しく基本的な電気現象とみなし、自らの理論と研究に、それに対応する修正をほどこした。(実はこの理論群は驚くほど小さい——フランクリンの理論でさえ、負に帯電したふたつの物体が反発する理由を完全に説明することはできなかった。)しかし、この第二の理論群も、電気伝導についてはもっとも簡単な現象しか説明できないという、第一の理論群と同じ困難を抱えていた。ところが、まさにその伝導現象が、非伝導性の物体から放出される「発散物」としてではなく、伝導体の内部を流れる「流体」として電気を語ろうとする第三の理論群の出発点になったのである。とはいえ、その第三の理論群もまた、引力と斥力を生じさせるいくつもの現象を説明できないという困難を抱えていた。フランクリンと、そのすぐ後に続いた人たちの仕事によってようやく、それらの現象のほとんどすべてを同じぐらい容易に説明し、その後に続く「エレクトリシャン」の一世代に、研究のための共通のパラダイムを与えることのできる、そして実際に与えた理論が生まれたのだった。

数学と天文学のように、最初の確固としたパラダイムを得た時期が有史前にまでさかのぼる分野や、生化学のように、すでに成熟していた専門分野が離合集散してできた分野を別にすれば、歴史的には、右に概略を述べた状況が典型的である。たったひとりの人物、それもいくらか恣意的に選び出した人物（たとえばニュートンやフランクリンなど）の名前を、ある程度長期に及ぶ歴史的な状況に付随させるという、あまり好ましくない単純化を続けることにはなるが、今述べたものと同様の根本的な意見の不一致が、たとえば、アリストテレス以前の運動学や、アルキメデス以前の静力学、ブラック[*9]以前の熱の研究、ボイルとブールハーヴェ以前の化学、ハットン以前の地史学などを特徴づけているというのが私の考えである。生物学のいくつかの分野——たとえば遺伝学——では、あまねく受け入れられた最初のパラダイムが得られたのは、さらに最近のことであり、社会科学においては、どの領域がそういったパラダイムをすでに獲得しているのかも、いまだ答えのない問いである。歴史が示唆するところでは、研究上の確固たるコンセンサスが得られるまでの道のりは、とてつもなく険しそうだ。

それでも歴史は、その道で出会う困難の理由をいくつか示してもくれる。パラダイム、あるいはなんらかのパラダイム候補が存在しないなかでは、検討対象となっている科学分野の発展に関係するかもしれない事実はどれも同じぐらい注意を払うに値するように見えるかもしれない。結果として、初期の事実収集は、その後の科学の発展によりおなじみになるタイプの事実収集に比べて、はるかに場当たり的な活動になる。さらに、なにか特定の形式を持つ比較的入手困難な情報を探し求める動機がないため、初期の事実収集は、すぐに手の届くところにある豊富なデータに限定されるのが普通だ。そうして溜め込まれた事実の貯水湖には、気軽な観察や実験によって得られるデータとともに、医術や造暦術、冶金術のように、確立された専門的技能から引き出された、より高度で専門性の高いデー

*9　ジョゼフ・ブラック（一七二八―一七九九）スコットランドの物理学者、化学者。潜熱と比熱の発見で知られる。

タの一部も含まれる。専門的技能は、場当たり的なやり方では見出せなかった事実をすぐにも与えてくれる情報源なので、テクノロジーは、新しい科学分野が出現する際に、しばしば決定的な役割を演じてきた。

この種の事実収集は、多くの重要な科学分野の発端には不可欠だったが、たとえば、プリニウス[*10]の百科事典的な著作や、十七世紀のベーコン[*11]による自然誌などを詳しく調べる者は誰でも、そのやり方から生じるのは泥沼だと思い知るだろう。その結果として書かれたものを科学的だと言うことに、人はどこかためらいを覚える。熱や色彩、風や鉱物等に関するベーコン流の「誌(ヒストリー)」は、なるほど豊富な情報を含んでいるし、なかには容易には得られない情報もある。しかしそこには、のちに啓発的であることが判明する事実(［物質の］混合による発熱など)と、あまりに複雑すぎるために、かなり長期にわたりまったく理論に組み入れられないもの(堆肥のぬくもりなど)とが並置されている。(4) それに加えて、どんな記述も部分的なものにならざるをえないため、典型的な自然誌は、偶発的な事柄を膨大に記述しながら、後世の科学者ならば重要なヒントを与えてくれる情報源とみなすであろう肝心な詳細をしばしば省略する。たとえば、電気に関する初期の「誌」には、こすったガラス棒に吸着された塵が、ふたたび飛び散る現象に触れているものはほとんどない。その現象は電気的なものではなく、力学的なものだと考えられていたのだ。(5) さらに、場当たり的に事実を収集する者が、そうして収集した事実を批判的に検討するために不可欠な時間と道具を持つことはまずないため、自然誌には、右に例として挙げたような記述［混合や発酵による発熱］と、たとえばアンティペリスタシス[*12]による(あるいは冷却による)発熱のような、今日では裏づけの取れない事柄がしばしば並置されている。(6) 事前に確立された理論の導きがほとんどない中で収集された事実が、最初のパラダイムを出現させられるほど明確な言葉を発するのは、古代の静力学、動力学、幾何光学のような、きわめて稀な場合だけである。

これが、科学の発展の初期段階に特徴的な、諸々の学派を作り出す状況である。自然誌が解釈できるためには、理論的なものと方法論的なものとが絡み合ったなんらかの信念の総体が、少なくとも暗黙のうちに存在し、それによって選択、評価、批判ができるようになっていなければならない。そんな信念の総体が、事実の集まりの中にすでに暗黙のうちに含まれているのでなければ――含まれてい

（4）ベーコンの *Novum Organum*, Vol. VIII of *The Works of Francis Bacon*, ed. J. Spedding, R. L. Ellis, and D. D. Heath (New York, 1869)［桂寿一『ノヴム・オルガヌム』岩波文庫］, pp. 179–203 の中に見られる、熱の自然誌のためのスケッチを比較せよ。

（5）Roller and Roller, *op. cit.*, pp. 14, 22, 28, 43. 斥力効果がまぎれもなく電気的なものだと広く認知されるようになるのは、これらの参考文献の最後に記録されている著作よりも後になってからことである。

（6）Bacon, *op. cit.*, pp. 235, 337 には次のようにある。「わずかに温かい水は、非常に冷たい水よりも容易に凍る」。この奇妙な観測結果の初期の歴史について、部分的な記述が次の文献に見える。Marshall Clagett, *Giovanni Marliani and Late Medieval Physics* (New York, 1941), chap. iv.

*10　プリニウス（二三―七九）　古代ローマの博物学者、政治家、軍人。自然界のあらゆる面を網羅しようとする全三十七巻『博物誌』で知られる。

*11　フランシス・ベーコン（一五六一―一六二六）　イギリスの哲学者、政治家。個別的事例の集積から、事物の普遍的な本質を導き出す帰納的方法を説いた。

*12　アリストテレスが最初に『気象学』で用いた言葉で、十七世紀にロバート・ボイルによって批判されるまで、とくに中世後期の学者たちによってさかんに論じられた。ある質（たとえば暖かさ）が、それとは反対の質（冷たさ）に取り囲まれると、突如としてその強度が変化する（温度が上がる）という考え。

るのなら、「単なる事実」以上のものが得られていることになる――、おそらくは同時代の形而上学か、別の科学分野か、あるいは個人的または歴史的な偶然によって、外部から与えられなければならない。そうだとすれば、どの科学分野の発展の初期段階においても、別々の人物が、同じ部類ではあるがまったく同じでは必ずしもない現象に出くわしたとき、それぞれの人物がその現象を異なる方法で記述し、異なる方法で解釈するのも不思議はない。むしろ意外でもあり、またおそらくはその程度においてわれわれが科学と呼ぶ諸分野だけに特有なのは、初期には存在したそんな違いが、やがておおむね消失することだ。

というのは、それら［現象を記述し、解釈する方法のさまざまな相違］は、実際にかなりの程度まで消失し、その後は二度と復活しないように見えるからである。さらに、その消失は普通、パラダイム成立以前の時期にあった学派のひとつが勝利することによって引き起こされ、勝利した学派は、その学派特有の信念と先入観ゆえに、あまりにも大きくて混乱した情報プールのどこか特殊な部分だけを強調していた。その格好の例になるのが、電気は流体だと考え、それゆえ電気伝導の重要性をとくに強調したエレクトリシャンたちだ。電気を流体と考えたのでは、すでに知られていた引力と斥力の多様な効果はほとんど説明できなかったにもかかわらず、何人かのエレクトリシャンはその信念に導かれて、電気流体を瓶に詰めてみてはどうかと考えた。その努力の直接的な成果が、ライデン瓶という、単なる思いつきや場当たり的なやり方で自然を探究する者にはけっして発見できそうにない装置だが、実は一七四〇年代のはじめには、少なくともふたりの研究者が独立にこの装置を製作していたのである。(7)フランクリンは、ほとんど電気研究を始めたそのときから、奇妙な、そして結局は電気現象について多くを明らかにすることになるその装置を説明することに格別の関心を寄せていた。フランクリンがその説明に成功したことは、電気的斥力の既知の例をすべて説明することはまだできなかった[8]にもかかわらず、彼の理論をパラダイムにした議論の中でも、もっとも有力なものとなった。理論がパラダイムとして受け入れられるためには、ライバル理論よりも良く見えなければならないが、直面するすべての事実を説明する必要はないし、実際、すべてを説明することはけっしてないのである。

電気の流体説が、その説を支持する者たちのサブグループになしたのと同じことを、のちにフランクリンのパラダイムはエレクトリシャンのグループ全体になした。フランクリンのパラダイムは、どんな実験はやる価値があり、どんな実験は——その実験で扱う電気現象が副次的であるために、あるいは複雑すぎるために——やる価値がないのかを示した。フランクリンのパラダイムだけが格段に効果的にそれをなしたのは、ひとつには、学派間論争が終息したおかげで、基礎的なことをそのつど繰り返さなくともよくなったからであり、またひとつには、正しい路線を進んでいるという自信が科学者たちを勇気づけて、より精密で、一部の人にしか近づきがたく、気骨の折れる仕事に向かわせたからである。[9] ひとつにまとまったエレクトリシャンたちのグループは、あらゆる電気現象に関心を持つことから解放されて、選ばれた現象をはるかに詳しく探究できるようになった。その仕事のために特別な装置が設計され、その装置の使い方も、従来とは比べものにならないほど確固とした体系的なも

（7）Roller and Roller, *op. cit.*, pp. 51–54.
（8）厄介だったのは、負に帯電した物体同士のあいだに働く斥力で、これについては次の文献を参照のこと。Cohen, *op. cit.*, pp. 491–94, 531–43.

のになった。事実の収集と理論の明確化の両方が、高度に方向づけられた活動になったのだ。同時に、電気研究の有効性と効率が高まり、「個人レベルの」方法論に関するフランシス・ベーコンの鋭い警句、「真理は、混乱からよりも誤りからすみやかに現れる」の社会集団バージョンの正しさを示す証拠となった。[10]

次節では、この高度に方向づけされた研究、言い換えればパラダイムに基礎づけられた研究の性質を詳しく検討していくが、その前に、パラダイムの出現が、その分野の研究グループの構造に影響を及ぼすやり方について、手短に述べておかなければならない。自然科学分野の発展において、ひとりの研究者、または研究者たちのグループが、次世代の研究者の大半を引き寄せることのできる総合を最初に成し遂げると、より古い学派はしだいに消えていく。そうなるのは、ひとつには、古い学派のメンバーが新しいパラダイムに転向するからだ。しかし、なんらかの古い観点にしがみつく人はつねにいるもので、そういう人たちは所属する専門家集団から問答無用ではじき出され、その後、その集団はその人たちの仕事に取り合わなくなる。新しいパラダイムは、その分野の定義が、それまでとは異なる、より厳密なものになるということを含意する。新しいパラダイムに合わせて仕事をすることを潔しとしない、あるいはそれができない者は、孤立して仕事を進めるか、あるいは別のグループに加わらなければならない。[11]歴史的には、そういう人たちはしばしば、個別科学の母体となった哲学領域に留まっただけのことだ。こうしたことから示唆されるのは、それまではただ自然を研究することに興味があっただけのグループを、専門家集団あるいは少なくともひとつの学問領域に変容させるのは、往々にして、そのグループがひとつのパラダイムを受容したという、ただそれだけのことにすぎないということだ。科学の分野では（医学やテクノロジーや法律のように、外部の社会的必要が主たる存在理由である分野とは異なり）、あるグループが最初のパラダイムを受容すると、それにともなって専門の学術誌が発刊され、その分野に特化した学会が創設され、その分野がカリキュラムに一定の位置を占めるべきだとの声が上がるのが普通だ。少なくとも、科学の専門化という通例となったパターン

（9）フランクリンの理論が受け入れられたからといって、すべての論争に終止符が打たれたわけではないという点に注意しよう。一七五九年にロバート・シンマー［一七〇七－一七六三、スコットランドの自然哲学者］はこの理論の二流体版を唱え、その後長らく、流体は一種類なのか二種類なのかをめぐって、エレクトリシャンはふたつの陣営に分裂した。しかしこの論争は、広く受容された科学的成果は当該分野のメンバーを結束させるという、本文で述べたことを支持する証拠にすぎない。エレクトリシャンの意見はこの点で分かれたが、ふたつのバージョンを区別する実験がなかったため、それらは同等だという結論にすみやかに達した。こうして両陣営はフランクリンの理論の恩恵を享受できるようになり、実際に享受したのだった（*ibid.*, pp. 543–46, 548–54）。

（10）Bacon, *op. cit.*, p. 210.

（11）電気研究の歴史は、プリーストリーやケルヴィン、その他の人たちとそっくりの経歴を持つ［パラダイムを受容せずに自説にこだわった］人物の格好の例を提供してくれる。十八世紀半ばに大陸でもっとも影響力のあったエレクトリシャン、ノレについて、フランクリンは次のように報じた。「彼は存命中に、自分の教え子であり、直接の弟子であったB氏を別にすれば、彼自身が、その学派の最後の生き残りになったのを目撃することになった」（Max Farrand [ed.], *Benjamin Franklin's Memoirs* [Berkeley, Calif., 1949], pp. 384–86）。しかしいっそう興味深いのは、どの学派も、専門化した科学から徐々に孤立しながら、なお存在し続けていることだ。たとえば、かつては天文学の重要な一分野だった占星術の場合を考えてみればよい。あるいは、かつては尊敬される伝統だった「ロマン主義的」化学が、十八世紀末から十九世紀初めにかけて続いたことを考えてみてもいいだろう。これについては次の文献に論じられている。Charles C. Gillispie in "The *Encyclopédie* and the Jacobin Philosophy of Science: A Study in Ideas and Consequences," *Critical Problems in the History of Science*, ed. Marshall Clagett (Madison, Wis., 1959), pp. 255–89; "The Formation of Lamarck's Evolutionary Theory," *Archives internationales d'histoire des sciences*, XXX–VII (1956), 323–38.

がはじめて現れた一世紀半前から、専門化にまつわるいっさいがそれ自体として威信を持つようになったごく最近まで、それがパラダイムの受容にともなって起こったことだった。

科学者グループの定義がより厳密になることの帰結はそれだけではない。個々の科学者がパラダイムを当たり前のことと思えるようになると、その人はもはや、自分の主要な仕事で、第一原理から出発し、導入したすべての概念の使い方を正当化して、その分野を一から作り上げようとする必要はなくなる。そういうことは教科書を書く人に任せればよいのだ。とはいえ教科書があるおかげで、創造的な科学者は、教科書がやり残したところから研究を始めることができるし、それができれば、自分のグループが関心を持つ自然現象の中でも、とくに難解で深遠な部分に集中的に取り組むことができる。やがてそういう科学者の研究成果の発表の仕方は、さまざまなかたちで変化しはじめるだろう。発表方法の進化についてはまだほとんど調べられていないが、現代において、その結果はすべての人にとって明らかであり、多くの人にとって抑圧的である。科学者の研究成果が、フランクリンの『電気に関する実験［と観察］』やダーウィンの『種の起源』のように、その分野の主題に関心を持ちそうな一般読者向けの著作に盛り込まれることは、普通はなくなるだろう。むしろ研究成果は短い論文として現れ、そういう論文が想定する読者は、たいていは同分野の研究者仲間だけになる。その人たちは共有するパラダイムに関する知識を持つとみなすことができるし、実際、仲間たちに向けて書かれた論文を読みこなすことができるのは、当の仲間たちだけなのだ。

今日、科学の諸分野では、本といえば教科書か、または科学者人生のなんらかの側面を振り返る回想録かのどちらかであるのが普通だ。本を書く科学者は、専門家としての評判を上げるよりも、むしろ下げることになりがちだ。科学以外の創造的な分野では、本は今も専門的な研究成果との関係を保っているが、さまざまな科学分野で本がそういう関係を保っているのは、普通は、その分野の進展の初期段階であるパラダイム成立以前の時期だけである。そして、専門性の線引きが今も非常にあいまいで、門外漢が現場の科学者のオリジナルなレポートを読んで研究の進展についていくことを期待できるのは、研究内容を伝えるための手段として、本が——論文とともに、あるいは論文なしで——今も使われている分野だけだ。数学や天文学の分野は、すでに古代には、一般的な教養は身につけたという程度の人では研究レポートを理解することができなくなっていた。力学は、中世後期にはすでに非常に難しくなっていて、一般の人たちにも理解できたのは、新しいパラダイムが中世の研究に取って代わった十七世紀初頭の一時期だけだった。電気研究は、十八世紀末までには、門外漢向けには言い換えが必要になりはじめ、物理科学の他のほとんどの領域は、十九世紀には、一般の人たちには理解できなくなっていた。その同じ十八世紀と十九世紀の二世紀間には、生物科学のさまざまな領域でも同様の転換を取り出すことができる。今日では、社会科学の一部の領域でも転換が起こりつつあるようだ。科学者が他分野の研究者とのあいだに広がる溝を嘆くのは毎度のことで、それも無理はないが、その溝が、科学の進展に固有のメカニズムと本質的な関係を持つことにはほとんど注意が払われていない。

有史以前から、学問分野はひとつ、またひとつと、歴史家ならば科学分野としての前史と本来の歴史［history proper］とでも呼びそうなものの境界線を越えてきた。私のこれまでの説明はどうしても模式的なものにならざるをえなかったため、そういう成熟への転換が、突然の、あるいはくっきりと鮮明な出来事だったかのような印象を与えたかもしれないが、実際には、そのようなものであることはめったにない。しかしまたその移行は、歴史的に漸進的な出来事、すなわち、その移行が起こった分野の全発展過程と同じだけの時間的な広がりを持つ出来事でもなかった。十八世紀のはじめの四十年間に電気に関する本を書いた人たちは、十六世紀の先人たちに比べると、電気現象についてはるかに多くの情報を得ていた。［それに続く］一七四〇年からの半世紀間には、その人たちの電気現象のリストに新たにつけ加わった新種の現象はほとんどなかった。にもかかわらず、十八世紀の最後の三分の一に、キャヴェンディッシュ、クーロン、ヴォルタが書いた電気の本は、重要ないくつかの点において、十八世紀初頭の電気的発見に関する本が十六世紀の本から隔たっていた以上に、グレイとデュ・フェの本から、さらにはフランクリンの本からさえ大きく隔たっているように見えるのである。[12] 一七四〇年と一七八〇年のあいだのどこかの時点で、エレクトリシャンたちははじめて、その分野の基礎を当然のこととして受け入れられるようになった。その時点以降、彼らは、より具体的で、かつ一般の人たちには理解しがたい問題に積極的に取り組むようになり、その研究結果を、教養ある一般人に向けた本にではなく、他のエレクトリシャンたちに向けた論文に盛り込むようになった。エレクトリシャンたちはひとつのグループとして、古代には天文学者たちが、中世には運動論に取り組んだスコラ学者たちが、十七世紀の後半には物理光学の研究者たちが、そして十九世紀のはじめには地史学の研究者たちが獲得したもの、すなわち、グループ全体としての研究を導くパラダイムを獲得したのである。後知恵に頼るやり方を別にすれば、ひとつの分野をはっきり科学だと宣言するための判定規準として、これ以外のものを見つけるのは難しい。

(12) フランクリンの仕事以降の発展には、次のものが含まれる。電荷の検出器の感度が途方もなく増大したこと、電荷を測定するために、信頼できて広く普及した最初のテクニックが開発されたこと、静電容量の概念と、再定義された電圧という考え方との関係が進展したこと、そして静電力の定量化が進展したことである。これらの点については次の文献を参照のこと。Roller and Roller, *op. cit.*, pp. 66–81; W. C. Walker, "The Detection and Estimation of Electric Charges in the Eighteenth Century," *Annals of Science*, I (1936), 66–100; Edmund Hoppe, *Geschichte der Elektrizität* (Leipzig, 1884), Part I, chaps. iii–iv.

第III節　通常科学の性質

The Nature of Normal Science

では、研究者のグループがひとつのパラダイムを受け入れることで可能になる、より専門性が高く、一部の人にしか近づきがたい研究の性質とはどういったものだろうか？　もしもそのパラダイムが、すでに完成された著作を表しているのなら、そのパラダイムは、〔そのパラダイムのもとで〕ひとつにまとまった研究者のグループが解決すべき問題として何を残すのだろうか？　ここで、これまでの言葉の使い方にひとつ誤解を招きかねない点があったことに注意すれば、これらはもはや後まわしにできない重要な問いであることがわかるだろう。言葉としての確立された用法ということで言えば、パラダイムとは、受容されたモデルまたはパターンであり、私がこの小論で「パラダイム」という言葉を借用できたのは、もっと良い言葉がないなかで、この言葉の意味にそういう〔モデルまたはパターンという〕側面があったからだ。しかし、このすぐ後で明らかになるように、この小論での借用を可能にしてくれた「モデル」および「パターン」という意味は、「パラダイム」を定義するときの普通の意味ではない。たとえば、〔ラテン語〕文法の「amo, amas, amat」〔私は愛する、あなたは愛する、彼／彼女は愛する〕は、たくさんのラテン語動詞を活用させるときに、たとえば「laudo, laudas, laudat」〔私は褒める、あなたは褒める、彼／彼女は褒める」を作るときに使われるべきパターンをわかりやすく示しているから、ひとつのパラダイムである［パラダイムには「語形変化表」という意味がある］。この標準的な使い方では、パラダイムは、類例を再現できるようにすることで機能し、そうして再現された例のどれもが［ラテン語第一変化動詞のどれでも］、原理的にはその言葉［amo］に代わってその役目を果たすことができる。一方、科学においては、パラダイムが再現の対象になることはまずない。むしろそれ［パラダイム］は、ちょうどコモン・ロー[*1]における判例のように、新しい条件、あるいはより厳しい条件のもとで、さらなる明確化と詳細の特定を行うべき対象なのだ。

その事情を理解するためには、あるパラダイムが初めて登場した時点では、それが応用できる範囲と精度の両方が、きわめて限られたものであってよいということに気づかなければならない。パラダイムがパラダイムとしての地位を獲得するのは、その分野で仕事をする研究者グループが緊急性が高いと認めるようになったいくつかの問題を、競争相手よりもうまく解決するからだ。しかし、他と比べてうまく解決するということは、ひとつの問題を完全に解決することでも、なんらかの大きな問題群を際立ってうまく解決することでもない。パラダイムの成功とは――アリストテレスによる運動の分析であれ、プトレマイオスによる惑星の位置の計算であれ、ラヴォアジエによる天秤の利用であれ、マクスウェルによる電磁場の数学化であれ――、最初は、完全には解決されていない選ばれた［複数の］例を解決する見込みがあるという程度のことなのだ。通常科学の眼目は、その見込みを実現させるこ

＊1　英国に起源を持つ英米法の体系で、これまでに下された判決の集成。

とにある――それは、とくに意味深いとしてパラダイムがはっきりと示している事実についての知識を増やし、それらの事実とパラダイムによる予測の一致の程度を改善し、パラダイムそれ自体をさらに明確化することによって成し遂げられるのだ。

成熟した科学分野の現場で実際に仕事をしているのでもなければ、パラダイムがこの種の〔残敵としての問題を片づけるという意味での〕掃討の仕事をどれほどたくさん残してくれるか、あるいは、そういう仕事がどれほど面白いものになりうるかがわかる人はほとんどいない。そしてこれらの点は理解する必要がある。ほとんどの科学者がその生涯を通して取り組むのは、掃討作戦なのだ。そういう取り組みが、私が通常科学と呼ぶものを構成しているのである。詳しく吟味すると、その〔通常科学という〕事業は、歴史上のものであるか、現代の研究室で行われているものであるかによらず、パラダイムが与えた、あらかじめ形の決まった柔軟性の乏しい箱に、自然を無理やり押し込もうとする試みのように見える。通常科学の目標のどの部分にも、新しい種類の現象を生じさせることは含まれていない。実際、その箱に収まりそうにないものは、まったく目に入らないことも多い。また科学者たちは、斬新な理論を発明しようとはしないのが普通で、他人が発明した新理論に対して往々にして不寛容だ[1]。むしろ通常科学の研究は、パラダイムがすでに与えた現象と理論を、さらに明確化することに方向づけられているのである。

おそらく以上のようなことは欠点なのだろう。通常科学が研究対象とする領域は、当然ながらきわめて限られている。今論じている活動は、著しく視野が狭いのだ。しかし、あるひとつのパラダイムに信を置くことによって生じるこれらの制約は、科学が進展するためには必要不可欠であることが判明するのである。パラダイムは、［それがないときに比べて］一部の人にしか近づきがたい問題に的を絞らせることにより、科学者たちが自然のある一部分を、さもなければ考えもしなかったほど深く詳しく調べざるをえないようにする。そして、通常科学には、これらの制約の出所であるパラダイムがうまく機能しなくなると、研究への制約を確実に緩めるためのメカニズムが組み込まれているのである。パラダイムがうまく機能しなくなると、科学者たちはそれまでとは異なる振る舞いをしはじめ、研究課題の性質が変化する。しかし、パラダイムがうまく機能しているうちは、専門家集団は、集団のメンバーたちにとってそのパラダイムにコミットすることなしにはほとんど想像もできず、実際に取り組むことはけっしてなかったであろうような諸問題を解決するだろう。そして、その成果の少なくとも一部はつねに後世に残ることになるのである。

通常科学、すなわちパラダイムにもとづく研究とはどういったものかを、よりはっきりと示すために、ここで通常科学の主たる構成要素である研究課題を分類し、その例を挙げることを試みさせてもらいたい。便宜上、理論的な活動は後まわしにして、事実収集――すなわち、科学者が継続的に行っている研究の結果を、同分野の研究者仲間に伝えるために専門誌に記述する実験や観察――から始めることにする。科学者たちは普通、自然のどんな側面について報告をするのだろうか？　彼らのその選択を決定しているのは何だろうか？　また、たいていの科学的観察にはかなりの時間と装置と金が必要になるが、何が科学者を動機づけて、そうして選択した観察を結論が出るまで続けさせるのだろ

（1）Bernard Barber, "Resistance by Scientists to Scientific Discovery," *Science*, CXXXIV (1961), 596–602.

うか？

科学的な事実探究の通常の焦点は、私の考えでは三つしかなく、それらはつねに区別できるわけでも、区別できる状況がいつまでも続くわけでもない。第一の焦点は、ものごとの性質を明らかにするためにとくに役立つことをパラダイムが提示している事実のクラスである。パラダイムが問題解決のためにそれらを採用したことで、より高い精度と多様な状況で測定するだけの価値を与えられた事実だ。そういう事実決定の例を、さまざまな時代から挙げておこう。天文学では、恒星の［天球面上の］位置と等級、食連星の変光周期[*2]、惑星の公転周期。物理学では、物質の比重と圧縮率、［光の］波長とスペクトル強度、電気伝導度や接触電位差。化学では、物質の化学組成、化合量[*3]、溶液の沸点および酸性度、構造式および旋光性がそうした事実決定の例である。実験と観測に関する科学的文献では、こうした事実の測定精度を上げ、測定対象の範囲を広げようとする試みが、かなりの割合を占めることが知られている。測定の精度を上げ、範囲を広げることを目標に、複雑で特殊な装置類が繰り返し設計されてきたし、そういう装置を発明し、作り、使いこなすために、一流の才能と、多くの時間、そして多額の資金援助が必要とされてきた。自分たちが追い求める事実の重要性をパラダイムが請け合えば、研究者たちはとことんやるという例は枚挙に暇がなく、シンクロトロンや電波望遠鏡は最近の例にすぎない。ティコ・ブラーエからE・O・ローレンス[*4]まで、その発見に多少とも新奇さがあったからではなく、すでに知られていた事実を新たに測定するために開発した方法の精度が高く、信頼性があり、測定対象の範囲が広いという理由により、絶大な名声を得た人たちがいるのだ。

事実決定の第二のクラスもよくあるものだが、第一のクラスよりも小さい。それは、事実それ自体として本来的に興味深いわけではないが、パラダイム理論から得られる予測と直接的に比較できる事実に向けられるものである。このすぐ後で、通常科学の実験的課題から理論的課題へと話を進めるときに見るように、科学理論を直接自然と比較できる領域がたくさんあることは稀で、その理論が顕著に数学的な形式を持つ場合はとくにそうだ。アインシュタインの一般相対性理論の場合、そうした直接的比較ができる領域は、今日にいたるもわずか三つしかない。(2) また、理論を応用できる領域においてさえ、期待される一致の程度を著しく引き下げるような近似を、理論と装置の両方に施さなければならないこともしばしばだ。理論と測定の一致を改善したり、多少とも一致を示すことのできる領域を新たに開拓したりすることは、実験家と観測者にとってやりがいのある難しい仕事で、そのためには技量と想像力をたゆみなく向上させる必要がある。コペルニクスが予想した年周視差の存在を示す

(2) 積年のチェックポイントとして今も広く認められているのは、水星軌道の近日点移動だけである。遠くの星から来る光の赤方偏移は、一般相対性理論より初歩的な考察から導くことができるし、太陽の近傍での光の曲がりについても同様のことができるかもしれず、それについては今も多少の論争がある。いずれにせよ、後者の測定結果は、今もはっきりしないところがある。もうひとつ、ごく最近に問題点として確立されたように見えるのが、メスバウアー放射の重力［赤方］偏移である。この分野は長らく休眠状態にあったが今は盛んに研究が行われて、他の実験手法もおそらくすぐ出てくることだろう。この問題に関する今日的な総合報告としては、次の文献を参照されたい。L. I. Schiff, "A Report on the NASA Conference on Experimental Tests of Theories of Relativity," *Physics Today*, XIV (1961), 42-48.

*2　二つの星が共通の中心のまわりを回ることで互いの光を遮蔽し、見かけの明るさが周期的に変化するタイプの変光星。

*3　化学元素が他の元素と結合するときの質量比。つまり、原子量を原子値で割ったものの比。ドルトンの研究において重要な役割を果たした。

*4　E・O・ローレンス（一九〇一－一九五八）　サイクロトロンを発明したアメリカの物理学者。一九三〇年ノーベル物理学賞受賞。

ために開発された特殊な望遠鏡や、ニュートンの第二法則［後世の表記では $f = ma$］の正しさを決定的に示すために、『プリンキピア』から一世紀後に発明されたアトウッドの器械［二つの質量を、伸縮しない軽いひもで理想的な滑車にかけたもの］や、光の速度は水中より空気中でのほうが大きいことを示すために工夫されたフーコーの装置［鏡と歯車を使った装置で、光の波動説に最終的勝利をもたらした］や、ニュートリノの存在を証明するために開発された巨大なシンチレーション計数管――こうした特殊な装置や、これらに類する多くの装置は、自然と理論の一致の程度をより良いものにするために費やされた莫大な努力と創意を例証するものだ。(3) 理論と自然の一致を示そうという試みは、通常の実験的な仕事のふたつ目のタイプであり、ひとつ目のタイプよりもさらに明白にパラダイムに依存している。パラダイムの存在は、解決すべき問題を設定し、パラダイム理論は、問題を解決できる装置の設計にしばしば直接的に影響を及ぼす。たとえば、『プリンキピア』なしには、アトウッドの器械を使って行われる測定には何の意味もなかっただろう。

実験と観測の第三のクラスを挙げれば、私の考えでは、通常科学で行われる事実収集のタイプは尽くされる。このクラスを構成するのは、パラダイム理論を明確化するために行われる経験的な仕事である――それらは、パラダイム理論に残されたあいまいな点のうちのいくつかを解消し、それまではパラダイム理論が注意を向けさせるだけだった問題を解決できるようにするための仕事である。実はこのクラスがもっとも重要で、これについて詳しく説明するためには、さらなる細分化が必要だ。科学の中でもより数理的な分野で、［理論の］精密化を目的として行われる実験の中には、物理定数の決定を目指すものがある。たとえばニュートンの仕事は、一単位の質量を持つふたつの物体が一単位の距離だけ離れているとき、それらの物体が何であるかによらず、両者のあいだに作用する重力は宇宙空間のいたるところで同じであることを示唆した。しかしニュートン自身が立てた問題は、その引力の大きさ、つまり万有引力定数［重力定数］の値を見積もることさえしなくても解決することができた。また、その定数を測定できる装置を考えついた者は、『プリンキピア』から一世紀のあいだひとりもいなかった。一七九〇年代にキャヴェンディッシュが行った有名な［重力定数の］決定も、それが最後とはならなかった。物理理論において重力定数の位置づけはきわめて高く、その値を改良することが、それ以降、何人もの傑出した実験家たちが繰り返し挑戦する目標になった。(4) 継続して行われる同様の仕事としては、天文単位［太陽と地球の平均距離］、アヴォガドロ数、ジュール係数、電子の電荷の測定を例に挙げることができよう。問題を定義し、安定的な答えの存在を保証するパラダイム理論なしには、これら込み入った測定の努力のうち、思いつくことができたものはわずかだったろうし、実際に測定が行われるものはひとつもなかっただろう。

（3）視差望遠鏡のうちのふたつについては次の文献を参照のこと。Abraham Wolf, *A History of Science, Technology, and Philosophy in the Eighteenth Century* (2d ed.; London, 1952), pp. 103–5. アトウッドの器械については、N. R. Hanson, *Patterns of Discovery* (Cambridge, 1958)［村上陽一郎訳『科学的発見のパターン』講談社］, pp. 100–102, 207–8. 最後のふたつの装置については、M. L. Foucault, "Méthode générale pour mesurer la vitesse de la lumière dans l'air et les milieux transparants. Vitesses relatives de la lumière dans l'air et dans l'eau . . . ," *Comptes rendus de l'Académie des sciences*, XXX (1850), 551–60; C. L. Cowan, Jr., *et al.*, "Detection of the Free Neutrino: A Confirmation," *Science*, CXXIV (1956), 103–4を参照のこと。

（4）J・H・P（ポインティング）は、*Encyclopaedia Britannica* (11th ed.; Cambridge, 1910–11), XII, 385–89 の項目 "Gravitation Constant and Mean Density of the Earth"［「重力定数と地球の平均密度」］において、一七四一年から一九〇一年までのあいだに行われた二十件あまりの重力定数の測定を取り上げて論じている。

とはいえ、パラダイムを明確化しようという努力は、普遍定数〔物理定数〕の決定だけに限られるものではない。たとえば、その努力が定量的な法則に向けられることもある。気体の圧力と体積に関するボイルの法則、電気的な引力に関するクーロンの法則、電気抵抗によって生じる熱と電流を結びつけるジュールの式はすべて、そのカテゴリーに入る。こうした法則を発見するためにパラダイムが必要不可欠であることは、一見したぐらいでは明らかではないかもしれない。これらの法則は、測定のための測定で得られた結果を吟味すれば、理論へのコミットメントがなくても見出されるというのは、しばしば耳にする意見だ。しかし、歴史には、そこまで過剰なベーコン主義的方法論を支持する証拠はないのである。ボイルの実験は、空気とは、洗練された流体静力学の概念のすべてが当てはまる弾性流体だと認知されないうちは思いつけないようなものだった（たとえ思いついたとしても、別の解釈をされたか、あるいは何の解釈もされなかっただろう）[5]。クーロンが成功したのは、点電荷間に作用する力を測定するための特殊な装置を組み立てたおかげだった（それ以前に普通の天秤などで電気力を測定した人たちは、一貫した規則性や単純な規則性はまったく見出さなかった）。しかしその装置は、電気流体を構成するあらゆる粒子が、他のあらゆる粒子に遠隔作用を及ぼすということを、あらかじめ認めていなければできない設計になっていた。クーロンが探していたのは、まさしくそういう粒子間力——距離の簡単な関数になると仮定しても差し支えないと思われる唯一の力——だったのだ[6]。ジュールの実験もまた、パラダイムを明確化しようとするうちに、定量的な法則が出現するという証になりうるだろう。実際、定性的なパラダイムと定量的な法則との関係は、きわめて一般的かつ密接なので、ガリレオ以来、定量的な法則は、しばしばそれらを実験で確定するために必要な装置が設計されるより

何年も早く、パラダイムの助けを借りて正しく推測されていたのである。(7)

最後に、パラダイムの明確化を目的とする、第三の種類の実験がある。この種類の実験は、ほかのもの以上に探検に似たものになることがあり、自然の規則性の定量的な側面よりも定性的な側面が扱われる時期と分野において、とくに広く行われる。現象のある集合を理解するために発展させられたパラダイムは、その集合と密接に関係する他の集合に応用するときには、しばしば解釈があいまいになる。そうなると、そのパラダイムを新しい関心領域に応用する方法のうちどれかを選択するために実験が必要になる。たとえば、熱素（カロリック）説のパラダイムを応用する現象として、混合による発熱、状態変化による発熱、そして冷却があった。しかしこれら以外にも、熱はさまざまなかたちで放出されたり吸収されたりする——たとえば、化合、摩擦、気体の圧縮や吸収などによっても熱の出入りが起こる。これらさまざまな現象のどれに［パラダイム理論としての熱素説を］当てはめるにせよ、当てはめ方は一通りではなかった。たとえば、もしも真空に熱容量があるなら、圧縮による発熱は、ガスを真空に

（5）静止流体の概念の、空気力学への完全翻訳については、F・バリーによる序文と注を持つ以下の文献を参照されたい。*The Physical Treatises of Pascal*, trans. I. H. B. Spiers and A. G. H. Spiers (New York, 1937). トリチェリによる、この平衡関係の最初の導入（「われわれは空気という元素の海の、海底に沈みながら生きている」）は、p. 164にある［大気圧に関するトリチェリの書簡が、付録として収録されている］。この本に収められたパスカルのふたつの主要論考には、急速な進展の様子がはっきりと見て取れる。

（6）Duane Roller and Duane H. D. Roller, *The Development of the Concept of Electric Charge: Electricity from the Greeks to Coulomb* ("Harvard Case Histories in Experimental Science," Case 8, Cambridge, Mass., 1954), pp. 66–80.

（7）たとえばT. S. Kuhn, "The Function of Measurement in Modern Physical Science," *Isis*, LII (1961), 161–93.［「近代物理科学における測定の機能」、『科学革命における本質的緊張』］

混合した結果として説明することができた。あるいは、圧力が変わるにつれてガスの比熱が変わるために発熱するのかもしれない。ほかにも説明の仕方はあった。これらさまざまな可能性を詳しく記述して区別するために、多くの実験が行われた。それらの実験はどれも、パラダイムとしての熱素説から生じ、実験をデザインするためにも、実験結果を解釈するためにも、熱素説が用いられた。(8) 圧縮による発熱の現象が確立されてからは、この領域で行われる実験はすべて、このようなかたちでパラダイムに依存していたのである。これらの現象を解明するための実験を選ぶ方法として、それ以外に何がありえただろうか？

さて、通常科学の理論的な課題に話を移すと、それもまた、実験および観測の課題とほぼ同じクラスに分類される。通常科学で行われる理論的な仕事の一部に——ごく小さな一部ではあるが——、すでに得られている理論を使って、それ自体として価値がある事実を予測するだけというものがある。天体暦の作成、レンズの特性の計算、電波の伝播曲線の作成などは、このクラスの理論的な課題だ。しかし、科学者たちは普通、こうした課題を、エンジニアやテクニシャンに任せるべきつまらない仕事だと考える。いつの時代も、こうした仕事が重要な科学雑誌に掲載されることはそれほど多くない。ところが、その同じ一流誌に、素人目にはほとんど同じに見えるに違いない理論的な議論が、実にたくさん掲載されるのである。そういう議論は、使う理論をあれこれいじってみたというもので、そういう理論操作をするのは、結果として得られる予測にそれ自体としての価値があるからではなく、直接的に実験と突き合わせることができるからだ。その目的は、パラダイムの新しい応用をはっきりと示すか、またはすでになされた応用の精度を上げることにある。

この種の仕事が必要になるのは、理論と自然との接点を新たに作るときには、しばしばとてつもなく大きな困難にぶつかるためだ。ニュートン以降の力学の歴史を簡単に調べれば、そんな困難の例を示すことができる。『プリンキピア』にパラダイムを見出した科学者たちは、十八世紀初頭までには、そこに示された結論の普遍性を当然のことと受け止めるようになっていたし、そうするのには十分な理由があった。科学史上、研究の適用範囲を広げ、その精度を上げることにかけて、『プリンキピア』に比肩する仕事はない。ニュートンは、天上については、惑星運動に関するケプラーの法則を導き、月の観測結果がそれらの法則に従わない理由を説明した。地上については、振り子と潮汐について散発的に得られていた観測結果を〔理論的に〕導き出した。またニュートンは、ボイルの法則と、空気中の音速についての重要な公式を、アドホックなやり方ではあるが、付加的な仮定の助けを借りて導くことができた。当時の科学が置かれていた状態からすれば、これらはみごとな成功である。しかし、ニュートンの法則が持つとされた一般性からすると、これらの応用は数の上でそれほど多くなく、ニュートンはこれら以外の応用をほとんど開発しなかった。さらに言えば、今日、物理の大学院生が同じ法則を使ってできることに比べると、ニュートンが開発したわずかばかりの応用は精度さえも低かった。最後に、『プリンキピア』は、主として天体力学の問題に応用するために設計されていた。地上の問題、とくに拘束条件のある運動という問題にどう応用すればよいかは、けっして明らかではなかったのである。いずれにせよ、地上の問題は、ニュートンのものとはかなり異なるテクニックの集

(8) T. S. Kuhn, "The Caloric Theory of Adiabatic Compression," *Isis*, XLIX (1958), 132–40.

合――ガリレオとホイヘンスにより創始され、十八世紀にはベルヌーイ一族とダランベール、その他大勢の人たちにより大陸で拡張された一群のテクニック――を使った取り組みがすでに行われて、絶大な成功を収めていた。それら大陸の人たちのテクニックと、『プリンキピア』のそれは、より一般的な定式化のふたつの特殊ケースであることは示せたかもしれないが、しばらくのあいだ、どうすればそれができるのかは誰にもわからなかった。(9)

当面、精度の問題だけに注目しよう。この問題の経験的な側面は、すでに例を挙げて示した。ニュートンのパラダイムの具体的な応用が要請する特殊なデータを提供するためには、特殊な装置――キャヴェンディッシュの装置や、アトウッドの器械、改良された望遠鏡など――が必要だった。〔理論と、実験や観測との〕一致を得る際、同様の困難は理論サイドにもあった。たとえば、ニュートンの法則を振り子に応用するとき、ニュートンは、振り子の長さを一意的に定義するために、おもりを質点として扱わなければならなかった。また、ニュートンの定理のほとんどは、仮想的なものや予備的なものなどわずかな例外を別にして、空気抵抗の影響を無視してもいた。これらは健全な物理的近似だった。それにもかかわらず、近似である以上、ニュートンの予測と実際の実験とのあいだに期待される一致を制限したのである。ニュートンの理論を天に応用する場合、その同じ〔近似による〕困難はいっそう明瞭ですらある。簡単で定量的な望遠鏡の観測でも、惑星はケプラーの法則に完全には従わないことが示され、ニュートンの理論は、惑星はケプラーの法則に従わないはずであることを示唆するのである。ケプラーの法則を導くために、ニュートンはそれぞれの惑星と太陽とのあいだに働く重力以外のすべての重力を無視せざるをえなかった。しかし、惑星たちはお互いのあいだでも引力を及ぼし合っ

ているのだから、応用された理論と望遠鏡による観測とのあいだには、近似的な一致しか期待できなかったのだ。(10)

そうして得られた一致は、もちろん、それを得た人たちにとっては十分に満足のいくものだった。地上のいくつかの問題を別にすれば、ほかのどの理論も、それに匹敵する成功を収めることはできなかった。ニュートンの仕事の有効性に疑問を投げかけた人たちの中で、実験および観測との一致の悪さをその理由に挙げた者はひとりもいない。それにもかかわらず、これら〔理論と実験や観測との一致〕に限界があったことで、ニュートンの後継者たちに魅力的な理論的課題がたくさん残された。たとえば、三つ以上の天体が同時に引力を及ぼし合うときの各天体の運動を扱おうとしたり、摂動を受けた軌道の安定性を詳しく調べようとしたりすれば、そのための理論的テクニックが必要だった。こうした問題が、十八世紀から十九世紀初期にかけて、ヨーロッパでもっとも優れた数学者たちの多くの頭を占めた。オイラー、ラグランジュ、ラプラス、ガウスらはみな、それぞれがなしたもっともすばらしい仕事のいくつかを、ニュートンのパラダイムと天体を観測した結果の一致の精度を上げることを目指す課題をやり遂げようとする中で成し遂げている。それと同時にこの人たちの多くは、ニュートンその人も、ニュートンと同時代の大陸の学者たちも試みることさえしなかった応用のために必要な

(9) C. Truesdell, "A Program toward Rediscovering the Rational Mechanics of the Age of Reason," *Archive for History of the Exact Sciences*, I (1960), 3–36; Truesdell, "Reactions of Late Baroque Mechanics to Success, Conjecture, Error, and Failure in Newton's *Principia*," *Texas Quarterly*, X (1967), 281–97; T. L. Hankins, "The Reception of Newton's Second Law of Motion in the Eighteenth Century," *Archives internationales d'histoire des sciences*, XX (1967), 42–65.

(10) Wolf, *op. cit.*, pp. 75–81, 96–101; William Whewell, *History of the Inductive Sciences* (rev. ed.; London, 1847), II, 213–71.

数学を開発するという仕事にも取り組んだ。この人たちは、たとえば流体動力学や振動する弦の問題を解くために膨大な量の文献を生み出し、その目的のために、きわめて強力な数学をいくつか作り出しもした。応用のためのそういう課題は、おそらくは十八世紀の科学上の仕事の中でも、もっとも輝しく、もっとも気骨の折れる仕事の源泉だったろう。熱力学、光の波動説、電磁理論、その他、基本法則が完全に定量的になった分野の発展におけるパラダイム成立後の時期を調べれば、これら以外にも同様の例が見つかるだろう。少なくとも、より数理的な分野においては、理論的な仕事のほとんどは、この種のものである。

しかし理論的な仕事のすべてがそうだというわけではない。数理的な分野においてさえ、パラダイムの明確化という理論的な課題もある。そして科学の発展が主として定性的である時期には、そういう課題が支配的だ。より定量的な分野と、より定性的な分野のどちらにおいても、再定式化することによってパラダイムをはっきりさせることを目指すだけの研究課題もある。たとえば、『プリンキピア』を応用するのは、必ずしも容易ではないことが明らかになった。その理由は、一部には、『プリンキピア』には最初の試みにはつきものの一種のぎこちなさがあったためであり、また一部には、この仕事の意味の多くが、かなりのところまで単にほのめかされているだけだったからである。いずれにせよ、地上の問題への応用の多くについては、一見するとバラバラな大陸派のさまざまなテクニックのほうが強力そうに見えた。そのため、十八世紀のベルヌーイ一族、ダランベール、ラグランジュから、十九世紀のハミルトン、ヤコビ、ヘルツに至るヨーロッパ最高の数理物理学者たちが、繰り返し力学理論の再定式化を試み、内容的には等価だが、論理的、審美的には、より満足のいく形式にしようとした。つまりこの人たちは、『プリンキピア』と大陸派の力学の暗黙的・明示的な教訓を、論理的調和性の高いかたちで提示し、そしてそれらを、新たに詳しく記述された力学の諸問題に、より統一的に、そしてよりあいまいさがないように応用できるようにしたいと考えたのである。(11)

それと同様のパラダイムの再定式化は、科学のあらゆる分野で繰り返し起こってきたが、そのほとんどは、右に例証した『プリンキピア』の再定式化よりも実質的な変化をパラダイムに引き起こした。そんな変化が起こるのは、前にパラダイムの明確化を目的とするものとして記述した経験的な仕事の結果としてである。実は、その種の仕事を経験的なものに分類したことにとくに意味はない。パラダイムの明確化は、通常科学で行われる他のどんな研究よりも、理論的な課題であると同時に、実験的な課題でもある。これまで［実験的な仕事として］挙げた例は、［理論的な仕事の例としても］同様に使えるだろう。クーロンは、装置を作って測定を行うに先立ち、装置の作り方を決定するために電気の理論を使わなければならなかった。そして測定を行った結果として、彼は自分の使った理論を精緻化することになった。また、圧縮による発熱についてのさまざまな理論に優劣をつけるための実験をデザインした人たちは、しばしばその実験で比較されるバージョンの理論を作った人たち自身だった。その人たちは、事実と理論の両面で仕事をしたのであり、単に［実験を行うことで］新しい情報を生み出したのではなく、自分たちの仕事の基礎となったパラダイムに残されていたあいまいさを取り除くことにより、いっそう厳密なパラダイムを手に入れたのである。科学の多くの分野において、通常科学の仕

(11) René Dugas, *Histoire de la mécanique* (Neuchatel, 1950), Books IV–V.

事の大半はこの種のものである。

経験的なものであれ理論的なものであれ、通常科学の文献は、これら三つのクラスの研究課題——重要な事実を決定すること、事実を理論と一致させること、理論の明確化——で尽くされるというのが私の考えだ。もちろん、これらだけで科学文献のすべてが尽くされるわけではない。このほかにも、通常科学の枠に収まらない［extraordinary］研究課題があり、そういう課題を解決することが、全体としての科学の営みを、かくもやりがいのあるものにしているのかもしれない。とはいえ、通常科学の枠に収まらない課題は求めて得られるものではない。それが現れるのは、通常科学の進展によって用意される特殊な機会に限られる。したがって、第一級の科学者たちが取り組む課題であっても、そのほとんどは、これまで述べた三つのカテゴリーに入る。パラダイムのもとで行われる仕事にそれ以外のやり方はなく、パラダイムを棄てるということは、そのパラダイムにより定義された科学の実践をやめることなのだ。このすぐ後で、そういうパラダイムの放棄が実際に起こる様子を見ていこう。パラダイムの放棄は、科学革命の転回点なのである。しかし革命の研究に取り掛かる前に、まずは革命を準備する通常科学の探究を概観しておく必要がある。

第IV節　パズル解きとしての通常科学

前節で出会った通常科学の研究課題のもっとも顕著な特徴は、概念についてであれ現象についてであれ、根本的に新奇なものを生み出すことはほとんど目指していないことだろう。波長の測定のように、きわめて専門的な細部を別にすれば、結果のすべてが事前にわかっている場合もあるし、典型的な場合でも、予想の範囲はそれより多少広い程度でしかない。クーロンの測定〔帯電した二個の小球のあいだに働く引力および斥力を、自ら発明したねじれ秤（トーション・バランス）を用いて測定した〕は、おそらく逆二乗則に合わなくともよかっただろうし、圧縮による発熱について調べていた人たちはしばしば、いくつかありうる結果のどれになってもおかしくないと考えていた。しかしそういう場合でさえ、予測される結果の範囲、それゆえ同化できる結果の範囲は、人間の想像力が及びうる範囲よりもつねに狭いのである。そして、その狭い範囲に入らない結果を出した研究プロジェクトは、普通は単なる失敗であり、それによって貶められるのは自然ではなく、その研究を行った科学者なのだ。

たとえば十八世紀には、上皿秤（パン・バランス）のような装置を使って電気的な引力を測定する実験は、ほとんど注目されなかった。そういう実験は、整合性のある結果も、簡単な結果も出さなかったため、それらが考案されるもとになったパラダイムの明確化には使えなかったのだ。そのため、そういう実験は、電気研究のさらなる発展には関係のない、そして関係のつけようもない、単なる事実であり続けた。その後パラダイムを得た目で振り返ってはじめて、われわれはそれらの実験が示している電気現象としての特徴を見ることができるのである。もちろん、クーロンと彼の同時代人たちも、のちに現れたそのパラダイムか、または、電気的な引力の問題に当てはめたときに同じ予想を与えるパラダイムを得ていた。だからこそクーロンは、パラダイムを明確化することで同化できるような結果を出す装置をデザインすることができたのだ。しかしまたそれだからこそ、クーロンの結果にはもはや誰も驚かず、同時代の数名の人たちは、その結果を予想することができたのだった。パラダイムの明確化を目標とする研究プロジェクトでさえ、予想もしなかった新奇なものを見出そうとしているわけではないのである。

しかし、もしも通常科学の目標が、実質的な内容のある根本的に新奇なものを見出すことでないのなら——予想されたものに近い結果が得られないのは、科学者の失敗ということになるのが普通なら——そもそもなぜ、そんな研究課題に取り組むのだろうか？　この問いに対する答えの一部についてては、すでに詳しく説明した。少なくとも科学者にとって、通常科学の研究で得られた結果が重要なのは、それらの結果が、パラダイムを応用できる対象の範囲を広げ、その精度を高めるからだ。しかしこの答えでは、科学者たちが通常科学の研究課題に対して示す情熱と献身を説明することはできない。その課題に取り組むことで得られるであろう情報が重要だからというだけでは、たとえば、より良い分光器を開発したり、弦の振動の問題への答えを改良したりすることに、何年もの時間を捧げる者はいない。天体暦を計算したり、既存の装置でさらなる測定を行ったりすることで得られるデータは、しばしば重要さという点では、［装置の開発や、答えの改良に］なんら劣らないが、そういう活動はたいてい、すでに成し遂げられた手続きをほぼそのまま繰り返すだけなので、科学者たちは普通、そういう仕事を見下してやりたがらない。その否定的な態度が、通常科学の研究課題の魅力を知るための手がかりになるのだ。通常科学の研究で得られる結果は、知るべきことそれ自体には面白みがなくなるほど詳細に予測できることが多いにもかかわらず、それを成し遂げるための方法には、かなりの不確実性がある。通常科学の研究課題を結論が出るまでやり抜くということは、すでに予想されている結果を新しいやり方で出すことであり、そのためには装置、概念、数学のすべての面で、ありとあらゆる複雑なパズルを解決しなければならない。それらを首尾よく解決した者は、パズル解きのエキスパートであることを自ら立証することになり、難しいパズルの手ごたえは、日頃その人を研究に駆り立てているものの重要な一部なのである。

「パズル」や「パズル解き」という言葉は、これまでのページで徐々に目立ちはじめたいくつかのテーマに強い光を当てる。パズルとは、ここで採用しているごく標準的な意味において、それを解く者の独創性と技能をテストするために使うことのできる特殊なカテゴリーの問題である。辞書を引けば「ジグソーパズル」や「クロスワードパズル」の例が挙げられており、ここでわれわれがやらなければならないのは、これら辞書上の例と、通常科学の研究課題に共通する特徴を取り出すことだ。少し前にそんな特徴のひとつを挙げた。すなわち、パズルを解いて得られる結果に、それ自体としての興味深さがあるかどうかや、その結果が重要かどうかは、パズルの良し悪しには関係ないということだ。むしろ、真に喫緊の重要な課題、たとえばがんの治療法を見出すことや、恒久的な平和を構想することなどは、およそパズルとは言えないことが多い。その主な理由は、そうした課題には答えがないかもしれないということだ。ふたつの異なるジグソーパズルの箱からランダムにピースを選んで作ったジグソーパズルを考えよう。その新しいパズルを完成させるという課題は、いちばん頭の良い人でもできそうにないため（絶対にできないとは言えないが）、パズルを解く能力をテストするためには使えない。パズルという言葉が普通に用いられるときのいかなる意味においても、それはパズルではないのだ。得られた答えに、それ自体としての価値があるかどうかは、パズルかどうかの判定規準にならないが、答えがたしかに存在すると保証されていることは判定規準になるのである。

しかしながら、科学コミュニティーがパラダイムとともに手に入れるもののひとつが、そのパラダイムが自明の前提とされているうちは答えが存在すると仮定できる研究課題を選ぶための判定規準であることはすでに見た。コミュニティーが科学的だと認めたり、コミュニティーのメンバーに取り組みを奨励したりするであろう研究課題は、かなりの程度まで、そういうものだけなのだ。その他の課題は、かつては標準的だとみなされていた多くの課題まで含めて、形而上学的だとか、他分野の問題だとか、不確かな要素が多すぎるため時間をかけるに値しないといった理由により棄てられる。さらに言えば、パラダイムが提供する概念的道具と装置類の言葉できちんと述べることができないために、パズルというかたちに還元できない研究課題については、たとえそれが社会的に重要なものであっても、パラダイムはコミュニティーをそれらの課題から隔離することさえできる。パズルに還元できない課題に取り組むことが進歩の妨げになりうることは、十七世紀のベーコン主義のいくつかの側面や、今日の社会科学のいくつかの領域がみごとに例示している。通常科学がかくもすみやかに進歩するように見える理由のひとつは、個人として創意工夫が欠けているのでもない限りかならず解決できるような研究課題に、現場の研究者たちが専念するからなのだ。

しかし、もしも通常科学の研究課題がこの意味でのパズルなら、科学者たちが莫大な情熱と献身でそれらに取り組む理由は、もはや問うまでもない。人が科学に引きつけられる理由はさまざまだろう。役に立つことをしたいという思いや、誰も足を踏み入れたことのない新しい領域を探索する高揚感や、自然界の秩序を発見することへの期待や、定説を検証しようという使命感などが、その理由として挙げられよう。これらの動機や、その他さまざまな動機が、のちにその人が興味を持つことになる特定の研究課題を決める際にも役に立つ。のみならず、ときとして思うにまかせぬ結果にいらだたせられるにもかかわらず、そういう動機が最初にその人を研究に向かわせ、その後も研究を続けさせるのには十分な理由があるのだ。[1] 全体としての科学という事業は、折に触れて、科学は役に立つということを示し、新たな分野を切り開き、秩序の存在をはっきりと示し、長く受け入れられてきた信念の当否を検証しているのは間違いない。それにもかかわらず、通常科学の課題に取り組む個人が、それらのうちのどれかひとつでも成し遂げることはほとんどないのである。いったん研究を始めてしまえば、その人の動機はかなり種類の違ったものになる。今やその人を奮い立たせるのは、その人以前には誰

(1) そうは言っても、個人の役割と、全体としての科学の発展のパターンのあいだの軋轢ゆえに生じる不満は、ときにかなり深刻なものになる。このテーマについては次の文献を参照のこと。Lawrence S. Kubie, "Some Unsolved Problems of the Scientific Career," *American Scientist*, XLI (1953), 596–613; XLII (1954), 104–12.

も解いたことのない、あるいはそれほど巧みには解いたことのないパズルを、十分な技量がありさえすれば解くことができるという確信なのだ。偉大な科学者たちの多くも、多大な労力を要するこの種のパズルを解くことに、専門家としての関心のすべてを振り向けてきた。たいていの場合、どんな専門分野もパズル解き以外にやるべきことを与えないという事実は、その種のパズル解きにまさに中毒している者にとって、分野の魅力をなんら損なうものではないのである。

ここで、パズルと通常科学の研究課題との平行関係が持つ、もうひとつの側面に目を向けよう。その側面は、よりわかりにくいが、いっそう示唆的だ。もしもある研究課題がパズルに分類されるべきものなら、解の存在が保証されていることのほかにも、パズルとしての特徴があるはずだ。どういう解なら受け入れ可能なのか、その解を得るためにはどういうステップを踏むべきなのか、その両方を制約するルールもあるに違いない。たとえば、ジグソーパズルを解くということは、単に「絵を作る」ことではない。子どもであれ現代美術家であれ、選ばれたピースを抽象的な形として使い、無色の画面にばら撒いて絵を作ることもできるだろう。そうして作られた絵は、そのジグソーパズルのもとになった絵よりずっと出来が良いこともあるかもしれないし、オリジナリティーの点で、もとの絵の再現よりも上を行くのは間違いないだろう。それにもかかわらず、そういう絵はジグソーパズルの解ではない。ジグソーパズルを解くためには、すべてのピースを使って、それぞれのピースの何も描かれていない面を下に向け、無理な力を加えずに隙間がなくなるまで互いを組み合わせなければならない。これらはいずれも、ジグソーパズルの解に課されるルールである。クロスワードパズルやなぞなぞ、チェス・プロブレム［詰め将棋のようなもの］等々の解として許容できるものにも、これらと同様の制限が課されており、そういうルールは容易に見つかる。

もしも「ルール」という用語の大幅に拡張された用法――「ルール」を、ときに「確立されたものの見方」や「先入観」と等置するような用法――を受け入れることができるなら、ある研究伝統の内部でアクセスできる研究課題は、パズルの特徴として今挙げたものとよく似た一組の特徴を示すのである。光学の波長を決定するための機械を作る人は、特定のスペクトル線に特定の数値を割り当てるだけの装置で満足してはならない。その人は、単なる探検家や測定者ではない。それどころかその人は、確立された光学理論に立脚して自分の機械を分析することにより、その機械から生じる数値は、その理論に波長として入っているものであることを示さなければならない。もしも理論に何かあいまいな点が残っていたり、機械に何か検討されていない部品があったりしたせいで、それを示すことができなければ、同じ分野の研究者たちから、その人は何も測定していないと結論されても仕方がない。たとえば、電子散乱の［散乱角に対する強度分布の］最大値から、電子の波長を計算できることがのちに明らかになったが、最初にその最大値が観測されて記録されたときには、その値にこれといった意味はなかった。その値がなんらかの測定値になるためには、まず、運動している物質は波のように振舞うと予測する理論と関係づけられなければならなかった。そしてその関係が指摘されてからでさえ、実験結果が疑問の余地なく理論と関係づけられるように、装置の設計を改定しなければならなかった。(2) これらの条件が満たされるまでは、研究課題はただのひとつも解決されなかったのだ。

（2）*Les prix Nobel en 1937* (Stockholm, 1938) に所収のクリントン・J・デイヴィソンによるノーベル賞受賞講演には、この一連の事件に関する歴史的な経緯が簡潔に述べられている。

同様の制約が、理論的な研究課題への答えとして許容されるものにも課される。十八世紀を通じて、観測される月の運動を、ニュートンの運動法則と重力法則から導き出すことを試みた科学者たちはことごとく失敗していた。その結果として、そういう科学者たちの中に、逆二乗則を、距離が小さいところではそれからズレる法則で置き換えることを提案した人たちがいた。しかしそれをすることは、パラダイムを変更して新しいパズルをひとつ定義し、古いパズルは解決しないということだろう。結局、科学者たちはもとのルールを保持し、ようやく一七五〇年になって彼らのうちのひとりが、そのルールをどのように当てはめればうまくいくかを見出した。(3) 別の路線を取ろうとすれば、ゲームのルールを変更するしかなかったのである。

通常科学の研究伝統を調べればさらに多くのルールが見つかり、それらのルールは、科学者が自分のパラダイムから引き出すコミットメントについて、多くの情報を与えてくれる。(4) そういうルールを分類する主なカテゴリーには、どういうものがあると言えるだろうか？　誰の目にも明らかで、おそらくはもっとも拘束力の強いカテゴリーの典型例は、まさしく今述べたような［ニュートンの運動法則および重力法則のような］一般化だろう。それらは科学法則をあらわに述べた言明であり、科学上の概念と理論に関するものである。そういう言明は、大切にされている限りは、解くべきパズルを設定し、許容できる答えに制限を課すのに役立つ。たとえばニュートンの法則は、十八世紀から十九世紀にかけて、その機能を果たしていた。ニュートンの法則がその機能を果たしているうちは、物質量［quantity-of-matter. 力学の文脈ではニュートンの第二法則に現れる質量に等しい］は、物理科学の研究者にとって基本的な存在論的カテゴリーだったし、物質のかたまり同士のあいだで作用する力は、主要な研究のテーマだった。(5) 化学の分野では、定比例と倍数比例の法則が、[*1] それと同様の影響力を長らく持っていた――これらの法則は、原子量を求めることを研究課題として設定し、化学分析の結果として許容できるものに制限を課し、原子と分子、化合物と混合物は、それぞれどこが違うのかを化学者に教えていた。(6) 今日ではマクスウェルの方程式と熱力学の法則が、それらと同じ位置づけを与えられ、同じ役割を果たしている。

しかし、これが歴史研究が示す唯一の種類のルールではないし、いちばん興味深いルールですらない。法則や理論よりも一段低い、つまりはより具体的なレベルにも、多くのコミットメントがある。たとえば、どんなタイプの装置を用いるのが望ましいのか、受容された装置をどんな方法で用いるのが正統かといったことへのコミットメントなどがそれだ。十七世紀には、化学分析における火の役割に対する態度を変えることが、化学の発展に決定的な役割を果たした。(7) 十九世紀にはヘルムホルツが、

(3) W. Whewell, *History of the Inductive Sciences* (rev. ed.; London, 1847), II, 101–5, 220–22.

(4) この問題を私に教えてくれたのは、W. O. Hagstrom である。科学の社会学に関する彼の仕事は、ときに私のものと重なる。

(5) ニュートン主義のこの面については次の文献を参照のこと。I. B. Cohen, *Franklin and Newton: An Inquiry into Speculative Newtonian Experimental Science and Franklin's Work in Electricity as an Example Thereof* (Philadelphia, 1956), chap. vii, esp. pp. 255–57, 275–77.

(6) この例については第X節の終わりのほうで、ある程度紙幅を割いて論じる。

(7) H. Metzger, *Les doctrines chimiques en France du début du XVIIe siècle à la fin du XVIIIe siècle* (Paris, 1923), pp. 359–61; Marie Boas, *Robert Boyle and Seventeenth-Century Chemistry* (Cambridge, 1958), pp. 112–15.

*1　原文は the laws of fixed and definite proportions で、どちらの law も定比例の法則を表すが、この部分の趣旨としては「定比例の法則と倍数比例の法則」を意図していたものと思われるので、そのように訳出した。

物理学の実験は生理学分野に新たな知識をもたらしうるという考えを示し、生理学者たちから強い抵抗を受けた。[8] 今世紀［二十世紀］では、化学クロマトグラフィーの興味深い歴史から、装置に関する根強いコミットメントは、法則と理論に関するものと同様、化学者たちにゲームのルールを与えることがわかる。[9] のちほどX線の発見を詳しく分析する際に、こうしたコミットメントの理由を見ることになるだろう。

不変とまではまだいかないが、前述のものほど時代と場所に制約されない科学の特徴が、より高いレベルの準形而上学的なコミットメントだ。このタイプのコミットメントは、歴史研究をすれば毎度のように現れる。たとえば、絶大な影響力を振るったデカルトの科学的著作が登場した一六三〇年頃以降、ほとんどの物理科学者は、宇宙は微粒子でできており、すべての自然現象は、粒子の形、大きさ、運動、相互作用という観点から説明できるものと考えた。結局、それら一組のコミットメントは、形而上学的であると同時に、方法論的でもあることが明らかになった。形而上学的なコミットメントとしては、宇宙には何が含まれ、何が含まれないかを科学者たちに教えた。つまり、宇宙には、形ある物質が動きまわっているだけだということだ。方法論的なものとしては、究極の法則と根本的な説明はどのようなものでなければならないかを科学者たちに教えた。つまり、法則は、微粒子の運動とそれら同士の相互作用の性質を特定するようなものでなければならず、説明は、任意の自然現象を、法則に従う微粒子の相互作用に還元するようなものでなければならないということだ。いっそう重要なのは、粒子説による宇宙の捉え方は、科学者たちの研究課題の多くについて、それがどのようなものであるべきかを教えたことである。たとえば、ボイルのように新しい哲学［粒子説］[*2] を受け入れた化学者は、錬金術師ならば卑金属から貴金属への転換とみなしたであろう反応にとくに注目した。そういう現象は、他のどんな現象よりも、あらゆる化学変化の基礎であるべき粒子の組み替えが起こっていることを示すものだったからである。[10] これと同様の粒子説の影響は、力学、光学、熱の研究にも見ることができる。

最後に、それに従わない者は科学者ではないという、さらに高いレベルのコミットメントがある。たとえば、科学者は、世界を理解することと、世界の秩序の精度と範囲を拡大することに関心がなければならない。ひるがえってそのコミットメントが、科学者を導き、本人自身に、あるいは同じ分野の研究者を通して、自然のある側面を経験的に精査させなければならない。そして、もしもその精査によって秩序がないように見える領域の存在が示されたなら、科学者はその領域の存在に触発されて、観測のための新しいテクニックを開発したり、自分が使っている理論に磨きをかけたりしなければならない。ほかにもこうしたルールが存在して、いつの時代も科学者たちを支配してきたことは疑いない。

(8) Leo Königsberger, *Hermann von Helmholtz*, trans. Francis A. Welby (Oxford, 1906), pp. 65–66.
(9) James E. Meinhard, "Chromatography: A Perspective," *Science*, CX (1949), 387–92.
(10) 粒子説一般については次の文献を参照のこと。Marie Boas, "The Establishment of the Mechanical Philosophy," *Osiris*, X (1952), 412–541. ボイルの科学に及ぼしたその影響については次の文献を参照のこと。T. S. Kuhn, "Robert Boyle and Structural Chemistry in the Seventeenth Century," *Isis*, XLIII (1952), 12–36.
*2　あらゆる物質は微粒子からできているとする考え方で、十七世紀にとくに重要になった。デカルト、ニュートン、ボイルらと結びつけられることが多い。

こういうさまざまなコミットメント——概念、理論、装置、方法論に関するもの——の強力なネットワークの存在が、通常科学をパズル解きに結びつけるメタファーの主要な出所である。そのネットワークが、成熟した科学分野の現場で研究をする人たちに、世界はどんな場所で、その専門分野は何をするものかを教えるルールを与えるから、その分野の科学者は、それらのルールと既存の知識がその人のために定める、一部の人にしか近づきがたい研究課題に自信を持って専念できるのである。そうなると、その人個人にとってやりがいのある課題は、残るパズルをいかにして解決にまで至らせるかということになる。パズルとルールに関する議論のこうした側面やその他の側面は、通常科学の実践の性質に光を投げかける。しかしその光はまた別のやり方で、大きな誤解をまねくかもしれない。ある時期に、ある分野の専門家全員が従うルールが存在することは明らかだが、専門家が共有する実践のすべてが、そういうルールだけによって指定されるわけではないのかもしれない。通常科学は高度に決定された活動だが、ルールによって全面的に決定される必要はないのだ。それが、私がこの小論の冒頭で、通常科学の伝統にある種の調和をもたらすものの出所として、共有されるルール、仮定、見解ではなく、むしろ共有されるパラダイムを導入した理由である。ルールはパラダイムから導かれるが、パラダイムはルールがなくても研究を導くことができるというのが、私の提唱する考えなのだ。

第V節　パラダイムの優位性

ルール、パラダイム、通常科学のあいだの関係を見出すために、最初に次のことを考えよう。前節でとくに「受容されたルール」として記述したコミットメントのありかを、歴史家はどのようにして他から切り離して取り出すのだろうか。検討対象となっている時期および専門分野を歴史的に詳しく調べてみると、さまざまな理論の、概念、観測、装置への応用を示すために、ほとんど標準的と言ってよいほど繰り返し用いられる一組の例があることがわかる。それらの例が、教科書、講義、実習の中であらわになる、そのコミュニティーのパラダイムだ。それらの例を学んで実践することにより、そのコミュニティーのメンバーたちは仕事のやり方を身につける。歴史家は、当然ながら、位置づけのまだ定まらない業績が占める周辺的な領域も見出すだろうが、すでに解決された問題とテクニックからなる中核部分は、普通は、見ればそれとわかるほど鮮明だ。ときにあいまいな部分もあるにせよ、成熟した分野の科学コミュニティーのパラダイムは、比較的容易に特定することができる。

しかしながら、共有されているパラダイムを特定することは、共有されているルールを特定することではない。共有されているルールを特定するためには、いくぶん種類の異なる第二のステップを踏まなければならない。その仕事に取り組む歴史家は、コミュニティーのパラダイム同士を相互に比較するとともに、それらのパラダイムを、その時期にそのコミュニティーが発表した研究レポートと比較しなければならない。その目標は、コミュニティーのメンバーたちが、より包括的なパラダイムから抽出して、研究を行うためのルールとして採用しているかもしれない、他から切り離して取り出すことのできる——明示的または暗黙的な——要素を見出すことだ。科学の特定の研究伝統の進展を記述したり分析したりしようとしたことのある者なら、この種の受容された原理とルールを探さざるをえなかっただろう。前節での話から示唆されるように、その歴史家はほぼ間違いなく、少なくともある程度はそれに成功しただろう。しかし、もしもその歴史家が多少とも私自身と似た経験をしたのなら、ルール探しはパラダイム探しよりも難しく、パラダイムの場合ほど満足のいく結果は得られないことを思い知っただろう。コミュニティーに共有される信念を記述するために歴史家が採用する一般化の中には、問題のないものもあるだろう。一方で、少し前［前節の最後の数パラグラフ］に挙げた例のうちのいくつかを含めて、規範としていくぶんはっきりしすぎるように見えるものもあるだろう。そこで述べたような言い方をすると、あるいは、その歴史家に考えつくかぎりのどんな言い方をしても、歴史家が研究対象とする科学者グループのメンバーの中には、それを否定する人がほぼ間違いなくいただろう。それにもかかわらず、もしもその研究伝統の全体として調和が、ルールという観点から理解されるべきものなら、その研究伝統に対応する分野の共通基盤を、なんらかのかたちで特定する必要がある。その結果として、通常科学の研究伝統を構成できるほどのルールの集合を探し出そうとすると、思うに任せぬ深い苛立ちにつきまとわれることになる。

　しかし、その苛立ちを認めれば、苛立ちの原因を突き止めることができる。科学者たちは、ニュートン、ラヴォアジエ、マクスウェル、アインシュタインのような人たちは長らく未解決だった一群の問題を永久に解決したように見える答えを与えたという点では合意しつつも、それらの答えを永久的なものにしている独特の抽象的な特徴については意見が一致せず、ときには意見が一致していないことに気づいていないこともありうる。つまり科学者たちは、あるパラダイムに関する十分な解釈や合理的説明については意見が一致しないまま、さらには解釈や合理的説明を与えようとすらしないまま、それをパラダイムと認定するという点では合意できるのだ。パラダイムの標準的な解釈や、パラダイムをルールに還元するための合意された方法が存在しないことは、そのパラダイムが研究を導く妨げにはならないだろう。通常科学は、パラダイムを直接的に調べれば部分的に確定することができる。パラダイムを直接的に調べるそのプロセスは、ルールと仮定を定式化することでしばしば促進されるが、その定式化に依存するわけではない。実際、パラダイムの存在は、なんであれ完全なルールの集合がひとつでも存在することを、必ずしも含意する必要すらないのである(1)。

　このように述べることの最初の影響は、いくつか問題を提起せずにはすまなくなることだ。ルールの体系が存在しないという状況で、何が通常科学の研究伝統に科学者たちを縛りつけておくのだろう

（1）マイケル・ポランニーは、これと非常によく似たテーマをみごとに発展させ、科学者の成功の少なからぬ部分は、「暗黙知」、すなわち実践によって得られた知識と、明示的に文章で記述しえない知識によって成し遂げられたと論じた。彼の *Personal Knowledge* (Chicago, 1958)［長尾史郎訳『個人的知識——脱批判哲学をめざして』地方・小出版流通センター］、とりわけ chaps. v, vi を参照のこと。

か？「パラダイムを直接的に調べる」とはどういう意味だろうか？ 故ルートヴィヒ・ウィトゲンシュタインは晩年になって、大きく異なる文脈においてではあるが、これらと似た問いに対して部分的な答えを与えた。ウィトゲンシュタインが依拠した文脈のほうが初歩的でなじみ深いので、最初にそちらから考えるほうが理解しやすいだろう。「椅子」「木の葉」「ゲーム」などの言葉を、議論の余地がないほど明確に使うためには、われわれは何を知らなければならないだろうか、とウィトゲンシュタインは問うた。(2)

これは非常に古くからある問いで、一般には次のような答えが与えられてきた。われわれは、意識的にであれ直観的にであれ、椅子、葉、ゲームが何であるかを知らなければならない。つまりわれわれは、すべてのゲームに、そしてただゲームだけに共通する何らかの属性の集合を把握しなければならないということだ。ところがウィトゲンシュタインは、われわれの言語の使い方と、言語を当てはめる対象である世界がどんな場所かが与えられれば、そんな特徴［属性］の集合は必要ないと結論したのである。いくつかのゲームが、あるいは椅子が、または葉が共通にもっている属性のいくつかについて論じることは、しばしば［論じている属性に］対応する言葉の使い方を学ぶための助けにはなるが、そのクラス［たとえばゲーム］のすべてのメンバーに、そしてそれらだけに同時に当てはまる特徴の集合というものは存在しない。むしろ、われわれがそれまで見たことのない活動に出会って、その活動に「ゲーム」という用語を当てはめるのは、今見ている活動と、それまで「ゲーム」の名で呼ぶことを学んできたいくつもの活動とのあいだに、密接な「家族的類似」があると考えるからだ、というのである。要するに、ウィトゲンシュタインにとって、ゲーム、椅子、木の葉は、自然な家族なのであって、それぞれの家族は、重なり合ったり交差したりする類似性のネットワークによって構成されている。そんなネットワークが存在すれば、それに対応する物体〔椅子や葉〕や活動〔ゲーム〕をわれわれがうまく同定できる理由を説明するには十分だ。われわれが〔物体や活動を〕うまく同定してそれを名指しできることが、われわれが採用するクラスの名前〔たとえば「ゲーム」〕に対応する共通の特徴があることの証拠になるのは、われわれが名前を与えた家族同士が互いに重なり合い、境界がぼやけて融合しているような場合――つまり自然な家族が存在しない場合――だけなのである。

何かそれと同じようなことが、通常科学のひとつの研究伝統の内部に生じるさまざまな研究課題とテクニックに関しても成り立っていることは十分に考えられる。これら〔研究課題やテクニック〕に共通するのは、何らかの明示的な、あるいは完全に見出すことのできる、一組のルールと仮定――その研究伝統に、それが現に持っている特徴と、科学者に対する影響力を与えているもの――を満たすことではない。むしろそれら〔研究課題とテクニック〕は、そのコミュニティーが自分たちの仕事に含まれると認識している科学的成果の総体の一部に、類似性とモデル化によって結びつけられているのかもしれない。科学者たちは、はじめは教育によって、そしてその後は先行研究を読むことによって手に入れたモデルから出発して仕事をするが、それらのモデルにコミュニティーのパラダイムとしての地位

（2） Ludwig Wittgenstein, *Philosophical Investigations*, trans. G. E. M. Anscombe (New York, 1953)〔鬼界彰夫訳『哲学探究』講談社、ほか邦訳あり〕, pp. 31-36. しかしウィトゲンシュタインは、彼が概略を説明した名前をつけるプロセスを支えるためにはいかなる世界が必要かという点については、ほとんど何も語っていない。それゆえ以下で述べることの一部は、彼に帰することができない。

を与えているのがどんな特徴なのかを、完全には知らないか、または知る必要がないこともしばしばである。そして、そういう仕事の仕方をしているために、科学者たちは完全な一揃いのルールを必要としない。彼らが参加している研究伝統が全体として調和しているように見えるからといって、そのことは、この先さらに行われる歴史的、哲学的な研究によって明らかになるかもしれない基礎的なルールと仮定の総体が［なんらかの役割を果たしているどころか、ただ単に］存在することさえ含意してはいないのかもしれない。科学者たちは、ある問題とその答えに正統性を与えているのは何かを問うたり、それについて論じたりしないのが普通なので、その問いに対する答えを、少なくとも直観的には知っているのではないかと考えてみたくなる。しかしそれはただ単に、科学者たちはそのような問いも、またそれらの問いへの答えも、自分の研究には関係がないと思っているということを示唆しているだけなのかもしれない。パラダイムは、そのパラダイムから明確なやり方で抽出することができる、いかなる研究ルールの集合よりも上位にあり、コミュニティーを結束させる力がより強く、いっそう完備したものであるのかもしれない。

これまでのところ、この論点は完全に理論上の話だった。つまり、発見可能なルールの介入なしに、パラダイムは通常科学を確定できるのではないかという話だった。そこで今から、パラダイムは実際にそのように働いていると考える理由をいくつか示すことにより、この論点を明確にするとともに、それが切迫した問題であることを強調させてもらいたい。ひとつ目の理由は、すでにひと通り論じたことだが、通常科学の研究伝統を導くルールを見出すのは、ひどく難しいということだ。その難しさは、あらゆるゲームに共通する特徴を見出そうとする哲学者が直面する難しさとほとんど違わない。

ふたつ目は、科学教育の性質に根ざした理由であり、実はひとつ目の理由はこちらから自然に導かれる帰結なのである。すでに明らかになっているはずだが、科学者たちが概念や法則や理論を学ぶ際に、それらを抽象的に学ぶことはけっしてなく、また、それらだけを単独で学ぶこともけっしてない。その代わりに科学者たちははじめから、応用例とともに、そして応用例を通して、そうした知的道具〔概念や法則や理論〕をわかりやすく示す、〔それぞれの知的道具と応用例が〕ひとまとまりになった単位としてそれらの道具に出会うのであり、そういう単位が、歴史的にも教育上も先行するのである。新しい理論はつねに、具体的なある範囲の自然現象への応用とともに提唱される。応用例がなかったなら、そもそも受け入れるべき理論の候補にさえならないだろう。いったんその理論が受け入れられてからは、最初に示された応用例やその他の応用例が理論とともに教科書に盛り込まれ、未来の研究者たちはそれらの例を通して自分たちの仕事の仕方を学ぶことになる。応用例が教科書に示されるのは単なる飾りとしてではないし、資料としてですらない。実際、理論を学ぶプロセスの成否は、紙と鉛筆、そして実験室の装置類を使って問題を解く練習をすることまで含めて、それらの応用例を身につけられるか否かにかかっている。たとえば、ニュートン力学を学ぶ者が、「力」「質量」「空間」「時間」のような用語の意味を発見することが仮にあったとして、その人は、教科書に書かれている、不完全ではあるがときには役に立つこともある定義からその意味を発見するよりも、これらの概念が問題と答えに応用されるのを観察し、その応用に参加することによって発見することのほうが多いのだ。

手を動かす練習による、あるいは実地作業による学習のプロセスは、専門家になるための訓練期間中ずっと続く。大学初年度の講義から博士論文の研究へと進み、さらにその研究が完了するまでの期間を通して、学生に与えられる課題はどんどん複雑になり、すでに完了した問題ばかりではなくなる。それでも、学生が取り組む課題は相変わらず、すでに成し遂げられた仕事を密接なモデルとしたものであり続けるし、一人前の科学者になってから取り組む課題も、普通はそのようなものだ。その道のりのどこか途中で、科学者は自力でゲームのルールを直観的に抽出したのだろうと考えてみるのはかまわないが、そうだと信じる理由はほとんどない。自分が取り組んでいる課題の基礎となる個々の仮説をきちんと説明できる科学者はたくさんいるが、自分の専門分野の確立された基礎と、その分野で正統だとされる研究課題、そしてその課題に取り組むための正統的な方法を特徴づけることとなると、科学者も門外漢とさして変わらない。そんな抽象的なあれこれを学んだことがあるとしても、科学者たちがそのことを示すのは、主として成功するような研究を行う能力を通してなのだ。しかしその能力があることは、ゲームのルールという仮説的なものに頼らなくても理解できるのである。

科学教育のこうした影響を逆から見れば、パラダイムは、そのパラダイムから抽出されるルールを介してだけなく、それ自身が直接的にモデルの役目を果たすことによっても研究を導いているのではないかと考える三つ目の理由が得られる。通常科学がルールなしに前進できるのは、関係する科学コミュニティーが、すでに成し遂げられた個々の問題解決を疑うことなく受け入れているあいだだけである。したがって、パラダイムないしモデルが頼りにならないと感じられるときにはつねに、ルールが重要になるはずであり、通常科学に特徴的なルールへの無関心という徴候は消滅するはずだ。さらに、まさにそれこそは現実に起こっていることなのである。とくに、パラダイム成立以前の時期には、方法、課題、答えが正統であるかどうかの判断基準について、深い論争がたびたび起こるという顕著な特徴がある——とはいえ、そのような論争は、合意を形成するためというよりはむしろ、学派を定義するために役立つのだが。光学や電気学の分野で起こったそうした論争のうちのいくつかについてはすでに述べたし、十七世紀に化学が、十八世紀初期に地質学が進展した際には、その種の論争がいっそう大きな役割を演じた。(3) さらに、そうした論争は、パラダイムの出現と同時に、きれいさっぱり消滅するわけではない。そういう論争は、通常科学の時期にはほとんど存在しないに等しいが、科学革命の直前や、その最中、つまり、まずはじめにパラダイムが攻撃され、その後パラダイムが変化する時期にはたびたび起こる。ニュートン力学から量子力学への転換は、物理学の性質と判断基準の両方について多くの論争を引き起こし、そういう論争のいくつかは今も続いている。(4) マクスウェルの電磁理論や統計力学の場合にも、同様の論争があったことを記憶している人は今も存命だ。(5) もっと昔では、ガリレオとニュートンの力学を同化するにあたっては、何が正統な科学なのかを判断するための

（3）化学については次の文献を参照のこと。H. Metzger, *Les doctrines chimiques en France du début du XVIIe à la fin du XVIIIe siècle* (Paris, 1923), pp. 24–27, 146–49; Marie Boas, *Robert Boyle and Seventeenth-Century Chemistry* (Cambridge, 1958), chap. ii. 地質学については次の文献を参照のこと。Walter F. Cannon, "The Uniformitarian-Catastrophist Debate," *Isis*, LI (1960), 38–55; C. C. Gillispie, *Genesis and Geology* (Cambridge, Mass., 1951), chaps. iv–v.

（4）量子力学をめぐる論争については次の文献を参照のこと。Jean Ullmo, *La crise de la physique quantique* (Paris, 1950), chap. ii.

（5）統計力学については、以下の文献を参照のこと。René Dugas, *La théorie physique au sens de Boltzmann et ses prolongements modernes* (Neuchatel, 1959), pp. 158–84, 206–19. マクスウェルの仕事の受容については、以下の文献を参照のこと。Max Planck, "Maxwell's Influence in Germany," in *James Clerk Maxwell: A Commemoration Volume, 1831–1931* (Cambridge, 1931), pp. 45–65, esp. pp. 58–63; Silvanus P. Thompson, *The Life of William Thomson Baron Kelvin of Largs* (London, 1910), II, 1021–27.

基準をめぐって、〔新しい力学の支持者たちと〕アリストテレス主義者、デカルト主義者、ライプニッツ主義者らとのあいだで、とりわけ有名な一連の論争が起こった。(6) ある分野の基本的な研究課題が解決されたのかどうかについて科学者の意見が食い違うときには、ルールの探索が、普段は持たない機能を獲得する。しかし、パラダイムが確立されているあいだは、その合理性について合意がなくても、あるいはそれを合理化しようとする試み自体がそれまでまったくなかったとしても、パラダイムは機能できるのである。

共有されるルールや仮定よりも高い地位づけをパラダイムに与える第四の理由を挙げれば、本節の締めくくりとすることができるだろう。この小論の導入部にあたる「序論」では、大きな革命のほかに小さな革命もあることや、細かく専門化されたサブグループのメンバーにしか影響を及ぼさない革命もあること、そういう研究者たちのグループにとっては、予想外の新しい現象がひとつ見つかっただけでも革命的な影響が及びかねないことを指摘した。次節では、その種の革命からいくつか選んで紹介するが、そういう革命がいったいどうして存在できるのかは、これまでの話ではおよそ明らかではない。これまでの説明が示唆するように、もしも通常科学がきわめて堅固で、科学コミュニティーが緊密な関係で結ばれているのなら、パラダイムの変化が小さなサブグループにしか影響を及ぼさないなどということがありうるものだろうか？　これまで述べたことからすると、通常科学は一枚岩の統一された事業であって、パラダイムの総体とだけでなく、どれかひとつのパラダイムとさえ生死をともにしそうだと思われたかもしれない。だが、科学がそのようなものであることはまずないか、けっしてないのは明らかなのだ。むしろ科学の全領域を見渡せば、互いにあまり調和していない、ぐらぐらした構造のように見えることが多い。しかしながら、よく知られたその知見と矛盾するものは、これまで述べたことの中にはひとつもないのである。むしろ、ルールをパラダイムに置き換えれば、科学分野と専門領域の多様性ははるかに理解しやすくなるはずだ。明示的なルールが存在するときには、そのルールは、きわめて幅広い科学者グループに共有されているのが普通だが、パラダイムはそうである必要はない。大きくかけ離れた分野、たとえば天文学と植物分類学の専門家たちは、まったく異なる本に書かれた、大きく異なる科学的成果を学ぶことで教育される。そして、同じ分野、または密接に関係する分野にいて、同じ本、同じ科学的成果をたくさん学んで科学者への道を踏み出した人たちでさえ、プロの研究者として専門分化していく過程で、大きく異なるパラダイムを獲得することもあるかもしれない。

一例として、すべての物理科学者から構成される、かなり大きくて多様性のあるコミュニティーを考えよう。そのグループの各メンバーは、今日たとえば量子力学の法則を教えられ、ほとんどのメンバーは研究や教育のどれかの時点でそれらの法則を使う。しかし、量子力学の法則の応用例として、メンバー全員が完全に同じものを学ぶわけではないため、量子力学の実践に変化があっても、全員が同じ影響を受けることはない。プロの研究者として専門分化していく過程で、量子力学の基本原理だ

（6）アリストテレス主義者との論争については次の文献を参照のこと。A. Koyré, "A Documentary History of the Problem of Fall from Kepler to Newton," *Transactions of the American Philosophical Society*, XLV (1955), 329–95. デカルト主義者およびライプニッツ主義者との論争については以下の文献を参照されたい。Pierre Brunet, *L'introduction des théories de Newton en France au XVIIIe siècle* (Paris, 1931); A. Koyré, *From the Closed World to the Infinite Universe* (Baltimore, 1957)［野沢協訳『コスモスの崩壊』白水社、ほか邦訳あり］, chap. xi.

けにしか出会わない物理科学者もわずかながらいる。それらの基本原理を化学に応用するパラダイムに沿った方法を詳しく研究する人たちもいれば、それらの原理を固体物理学に応用する方法を研究する人たちもいるし、それ以外にもさまざまなものに応用するための研究をする人たちがいる。それら個々の研究者にとって量子力学が何を意味するかは、その人がどんな講義を受け、どんな教科書を読み、どんな専門雑誌で学んだかによる。したがって、量子力学の法則に何か変化があれば、グループのメンバー全員にとって革命的だが、量子力学のパラダイム的応用のいずれかにしか影響しない変化が革命的でなければならないのは、特定の狭い専門分野の人たちにとってだけである。その他の分野の専門家や、別の物理科学を実践する人たちにとっては、その変化が革命的である必要はない。要するに、量子力学（あるいはニュートン力学であれ電磁気理論であれ）は、多くの科学者グループにとってパラダイムだが、すべてのグループにとって同じパラダイムではないということだ。それゆえ量子力学は、重複はあっても同じ領域をカバーすることはない、通常科学のいくつかの研究伝統を同時に規定することができる。それらの伝統のどれかひとつの内部で生み出された革命は、必ずしも他の伝統にまでは広がらないだろう。

専門分化の影響の一例を手短に示せば、今挙げた一連の論点の説得力が増すかもしれない。科学者たちが原子論をどのように受け止めているかを知りたいと思ったひとりの研究者が、著名な物理学者と化学者に、一個のヘリウム原子は分子なのかそうでないのかを尋ねた。両者は即座にその質問に答えたが、答えは同じではなかった。化学者にとってヘリウム原子は、気体分子運動論における分子のように振る舞うから分子だった。一方、物理学者にとってヘリウム原子は、分子としてのスペクトルを示さないから分子ではなかった。[7] おそらく両者は同じ粒子について語ったのだろうが、それぞれが自分の分野の訓練と実践を通してその粒子を見ていたのだ。彼らは問題解決の経験を通して、分子とはどういったものでなければならないかを知った。彼らの専門家としての経験には共通するものが多かったことに疑問の余地はないが、この場合には、経験は彼らに同じことを教えなかったのだ。この小論の先に進むにつれ、こうしたパラダイムの違いが、ときにどれほど大きな帰結を生むかを見出すことになるだろう。

（7）その研究者はJames K. Seniorで、彼には口頭でこの件を報告してもらった。関係するいくつかの問題は、彼の論文で扱われている。"The Vernacular of the Laboratory," *Philosophy of Science*, XXV (1958), 163–68.

第VI節　アノマリーと科学的発見の出現

Anomaly and the Emergence of Scientific Discoveries

通常科学、すなわち前節で考察したパズル解きの活動は、科学知識の視野を着実に広げ、精度を高めるというその目的を達成するという点において、傑出した成功を収めている高度に累積的な事業である。これらすべての点において、通常科学は、科学という事業のごく普通のイメージに高い精度でぴったりと合っている。それにもかかわらず、科学という事業の標準的な成果がそこには見当たらない。通常科学は、事実や理論が新奇であることを目指してはおらず、順調に進展しているうちは、新奇なものは何ひとつ見出さない。しかし、科学研究は、新しくて思いもよらなかった現象をたびたび暴いてきたし、科学者たちは、根本的に新しい理論を繰り返し発明してきたのである。歴史が指し示すところによれば、科学という事業は、こうした予期せぬことを生み出すための強力なテクニックを独自に開発したようでさえある。もしも科学のこの特徴が、すでに述べたことと調和すべきものなら、パラダイムのもとで行われる研究は、非常に効果的にパラダイムの変化を引き起こす方法になっていなければならない。その変化を引き起こしているのが、根本的に新奇な事実や理論だ。一組のルールのもとで行われるゲームによって、図らずも生み出された新奇な事実や理論を同化するためには、新たな一組のルールを工夫しなければならない。それら新奇なものが科学の一部になった後では、その［科学という］事業、少なくともそれら新奇なものが生み出された特定分野の専門家たちが行う事業は、それ以前のものと完全に同じであることはけっしてないのである。

今やわれわれは、その種の変化はいかにして起こるのかを問わなければならない。そこで最初に、発見、すなわち事実が新奇である場合について考え、続いて、発明、すなわち理論が新奇である場合について考えよう。しかし、発見と発明、事実と理論のあいだの線引きは、きわめて人為的なものであることがすぐにわかるだろう。その人為性が、この小論の主要ないくつかのテーゼへの重要な手がかりになるのである。これから本節の終わりまで、選ばれたいくつかの発見について見ていくが、すぐに明らかになるように、それらの発見は単発的な出来事（イベント）ではなく、毎度繰り返されるひとつの構造を持つ、時間のかかるエピソードなのだ。発見は、アノマリーに気づくこと、すなわち通常科学を支配するパラダイムから導き出された予想を、自然がどういうわけか裏切っているらしいと気づくことで始まる。その後、アノマリーが現れる領域をある程度広げながら調査が行われるにともない、発見は続いていく。そしてパラダイムだった学説が修正され、アノマリーが予想される出来事になったときに、発見は終わる。新しい種類の事実を同化するためには、累積的な理論の修正に留まらないものが必要になり、その修正が完了するまでは――科学者が新たな目で自然を見るようになるまでは――新しい事実はそもそも科学的な事実ではないのだ。

科学的な発見において、事実の新奇さと理論の新奇さがどれほど密接に絡み合っているかを見るために、酸素の発見という、とくに有名な例を吟味しよう。一七七〇年代のはじめの時点で、酸素を発見したと主張する資格のある人物は少なくとも三人おり、そのほかにも数人の科学者が、そうとは知らずに酸素濃度の高い空気を実験室の容器に詰めていたと思われる。(1) 通常科学の進展、この場合は空気化学[*1]の進展が、ブレークスルーへの道をほぼ完璧に準備した。その気体の比較的純度の高いサンプルを調整したと主張する資格のある人たちのうち、時期的にもっとも早かったのは、スウェーデンの薬剤師C・W・シェーレである。しかし彼の仕事は、酸素の発見がよそで何度も発表されるまで公にされず、それゆえわれわれにとって興味のある歴史のパターンには影響を及ぼさなかったので、無視してもいいだろう。(2) 酸素を発見したと主張する資格を得た時期が二番目に早かったのは、イギリスの科学者で神学者でもあったジョゼフ・プリーストリーである。さまざまな固体物質から発生する「空気」に関する通常研究を長らく行っていたプリーストリーは、そんな空気のひとつとして、赤い酸化水銀［酸化第二水銀］を加熱したときに生じる気体を採集した。一七七四年に、彼はその気体を［今で言うところの］亜酸化窒素と同定し、一七七五年にはさらなる検証を行って、その気体はフロギストン（燃素）が普通よりも少ない単なる空気だとした。[*2] 酸素を発見したと主張する資格のある第三の人物、ラヴォアジエが、その発見につながる実験に着手したのは、一七七四年のプリーストリーの実験より後で、もしかするとプリーストリーからヒントを得たのかもしれない。ラヴォアジエは一七七五年のはじめに、赤い酸化水銀を加熱して得られる気体は、「より純粋で、より呼吸しやすい……（ということを除いては）変化のない、それ自体としてはもとのままの空気である」と報告した。(3) 一七七七年までには、おそらくはプリーストリーから得た第二のヒントの助けもあって、ラヴォアジエはその気体についいて、大気を構成するふたつの主要な要素のひとつであり、既知のものとは別の気体であるという結論に達していた。それは、プリーストリーにはけっして受け入れられない結論だった。

発見のこのパターンは、かつて科学者の意識に上ったどの新奇な現象についても問うことのできる、ひとつの問いを提起する。酸素を最初に発見したのがプリーストリーとラヴォアジエのどちらかだったとして、どちらだったのだろうか？　どちらだったにせよ、酸素はいつ発見されたのだろうか？　この［後者の］質問形式ならば、発見者を名乗る資格のある人物がひとりしかいない場合にも問うことができる。先取権（プライオリティー）と日付を決めるものとしての答えには、われわれはいっさい興味がない。それに

(1) 今日なお古典といえる、酸素の発見に関する解説についてはA. N. Meldrum, *The Eighteenth-Century Revolution in Science—the First Phase* (Calcutta, 1930), chap. v を参照されたい。省くことのできない最新のレビューのひとつには、先取権論争に関する記述が含まれているMaurice Daumas, *Lavoisier, théoricien et expérimentateur* (Paris, 1955), chaps. ii–iii がある。より充実した記述と書誌情報については、T. S. Kuhn, "The Historical Structure of Scientific Discovery," *Science*, CXXXVI (June 1, 1962), 760–64［「科学上の発見の歴史構造」、『科学革命における本質的緊張』］も参照のこと。

(2) シェーレの役割については、これとは別の評価としてUno Bocklund, "A Lost Letter from Scheele to Lavoisier," *Lychnos*, 1957–58, pp. 39–62 も参照されたい。

(3) J. B. Conant, *The Overthrow of the Phlogiston Theory: The Chemical Revolution of 1775–1789* ("Harvard Case Histories in Experimental Science," Case 2; Cambridge, Mass., 1950), p. 23. 関連する多くの文書を収録する非常に有用な小冊子。

*1　空気科学 (pneumatic chemistry) とは、十七世紀から十九世紀初頭まで続いた科学の一分野で、さまざまな空気の性質を調べ、それらの空気が化学反応にどう関与するのかを明らかにしようとするもの。古来、静的だとされていた空気が、それ以降、さまざまな反応に関与するものと考えられるようになった。

*2　燃焼の燃素説では、物質は可燃性のフロギストンと不燃性の灰からできている。金属を燃焼させるとフロギストンが金属を離れて空気に移る。つまり空気には、フロギストンを受け取る役目がある。フロギストンをそれ以上受け取れなくなった空気は、フロギストンが飽和した「フロギストン空気」であり、逆にフロギストンを受け取りやすい空気は、「脱フロギストン空気」である。

もかかわらず、この問いに答えを出そうという試みは、探しているような種類の答えは存在しないがゆえに、発見の性質に光を投げかけるのである。発見は、この問いが適切であるような種類のプロセスではないのだ。この問いが問われるという事実――酸素発見の先取権をめぐる論争は、一七八〇年代以降繰り返し起こってきた――は、発見に対してこれほどまでに基本的な役割を与える科学像はどこか歪んでいることの徴候なのだ。ここでもう一度、われわれの例［酸素の発見］に目を向けよう。プリーストリーが酸素の発見者を名乗る根拠は、のちに別個の気体として認められるようになるものを分離した時期が、他の人たちよりも早かったからだ。しかし、プリーストリーの試料は純粋ではなく、もしも不純物の混じった酸素を得て酸素を発見したことになるのなら、大気を瓶詰めにした者は誰でも酸素の発見者になれるだろう。さらに、仮にプリーストリーが酸素の発見者だったとして、その発見はいつなされたのだろうか？　一七七四年の彼は、自分が得たのは既知の気体、亜酸化窒素だと考えていた。一七七五年には、その気体を脱フロギストン空気とみなすようになったが、それはまだ酸素ではなく、フロギストン派の化学者にとってはとくにめずらしくもない気体だったのだ。ラヴォアジエが酸素の発見者を名乗る根拠は、プリーストリーのそれよりは強力かもしれないが、そこにはプリーストリーの場合と同じ問題がある。プリーストリーに勝者の栄誉を与えることを拒むのなら、その気体を、「それ自体としてはもとのままの空気」とした一七七五年のラヴォアジエの仕事に栄誉を与えることもできない。ラヴォアジエに発見の栄誉を与えるためには、彼に、その気体［の存在］だけでなく、その気体が何であるかも悟らせた、一七七六年と一七七七年の仕事まで待つことになるだろう。しかしその仕事でさえ、酸素の発見と言えるかどうかは疑わしい。彼は一七七七年になっても、さらに言えば一生涯を通じて、酸素とは「酸性の原質」であり、酸素ガスが形成されるのは、その「原質」がカロリック（熱素）と結びついたときだけだという考えに固執していたのだ。[4] では、一七七七年の段階では、酸素はまだ発見されていなかったと言えるだろうか。そう言いたい気持ちに傾く人もいるだろう。だが、酸性の原質という考えが科学から追放されたのは一八一〇年以降であり、熱素という考えは一八六〇年代になるまで廃れなかった。ところが、酸素はそれ以前に、すでに標準的な化学物質になっていたのである。

酸素の発見のような出来事を分析するためには、新しい語彙と概念が必要なのは明らかだ。「酸素が発見された」という文の正しさに疑問の余地はないが、この文は、何かを発見するということは、「見ること」という、通常の（そして疑わしい）概念にたとえられるひとつの単純な行為のように思わせることで、人を誤りに導く。われわれが、発見は見ることや触れることと同じく、ひとりの人間のある時点での行為に無条件に帰せられるはずだと容易に思い込むのはそのためだ。だが、発見をある時点の行為に帰すことはけっしてできないし、ひとりの人間に帰すこともしばしばできないのである。シェーレを考慮から外すなら、酸素は一七七四年以前には発見されておらず、一七七七年までに、あるいはその直後に発見されたとするのが妥当だろう。しかし、その間のどの時点で発見されたかを明らかにしようとすれば、恣意的な判断を下さざるをえない。なぜなら、何か新しいものを発見するということは、何か<u>が</u>存在<u>する</u>という認識と、それが何で<u>ある</u>かという認識の両方に関係する、必然的

（4）H. Metzger, *La philosophie de la matière chez Lavoisier* (Paris, 1935); Daumas, *op. cit.*, chap. vii.

に複雑な出来事だからだ。たとえば、もしもわれわれにとって酸素が脱フロギストン空気だとしたら、たとえ発見の時期はあいかわらず不明でも、酸素を発見したのはプリーストリーだと躊躇なく主張しなければならないという点に注意しよう。しかし、もしも観測と概念化、つまり事実と理論への同化の両方が、発見と分かち難く結びついているのなら、発見はひとつの過程（プロセス）であり、時間がかかるものでなければならない。「何か」を発見することと、それが「何であるか」を明らかにすることが、容易に、同時に、しかも瞬時に起こりうるのは、関係するすべての概念的道具があらかじめ用意されている場合だけであり、その場合、その現象は新しい種類のものではないだろう。

さて、発見は、必ずしも長くはなくても、ある程度は時間のかかる概念同化のプロセスをともなうと認めることにしよう。では、発見は、パラダイムの変化をともなうと言うこともできるだろうか？この問いへの一般的な答えはまだ与えることができないが、少なくともこの「酸素の発見の」場合には、答えはイエスでなければならない。一七七七年以降の論文でラヴォアジエが発表したのは、酸素の発見ではなく、むしろ燃焼の酸素説だった。それは化学の再定式化の要（かなめ）となった重要な学説で、あまりにも大きな広がりを持ったために、普通は化学革命と呼ばれている。実際、もしも酸素の発見が、化学の新しいパラダイムの出現の本質的な部分でなかったとしたら、酸素を発見したのは誰かという、われわれが出発点に取った問いも、そこまで重要に見えることはけっしてなかっただろう。この「酸素発見の」場合も、その他の場合と同じく、新しい現象に与えられる価値、それゆえその現象の発見者に与えられる価値の大きさは、その現象が、パラダイムに誘導された予想をどの程度裏切ったかに関するわれわれの評価に依存するのである。とはいえ、後で重要になるので注意しておくと、酸素の発見は、それ単独で、化学理論を変化させる原因になったわけではない。ラヴォアジエは、新しい気体の発見に一役買うずっと前から、フロギストン説には何かしら欠陥があることと、燃焼する物体は大気の一部を吸収することの両方について確信を得ていた。彼は一七七二年の時点で、そのことをフランス王立科学アカデミーの書記に宛てた封印文書に記録している。(5)[*3] 酸素に関するラヴォアジエの仕事がなしたことは、何かがおかしいという彼の感触に、形式と構造をたっぷりとつけ加えることだった。その仕事は彼に、あとは発見するばかりになっていた何かを――燃焼によって大気から奪い取られる物質の性質を――教えたのだ。何かがおかしいと事前に気づいていたことが、プリーストリーには見えなかった気体を、ラヴォアジエがプリーストリーその人の実験に見ることのできた大きな要因だったに違いない。逆に、ラヴォアジエが見たものを見るためには大規模なパラダイムの見直しが必要だったことが、プリーストリーがその長い生涯の終わりに至るまでそれを見ることができなかったもっとも大きな理由だったはずだ。

あとふたつの例をはるかに簡潔に示せば、これまでの話を補強すると同時に、発見の性質の解明から、科学において発見が出現する環境の解明へと、話を進めることができるだろう。発見の起こり方の主要なタイプを代表させるために、それらふたつの例は、互いに相異なるだけでなく、酸素の発見

(5) ラヴォアジエのフロギストン説に対する不満の起源についてもっとも権威ある文献はヘンリー・ガーラックによるものである。Henry Guerlac, *Lavoisier — the Crucial Year: The Background and Origin of His First Experiments on Combustion in 1772* (Ithaca, N.Y., 1961).

*3　十八世紀にフランス王立科学アカデミー規約第五条として定められたもので、科学的発見の先取権を証明する手段として封印した文書を提出するというもの。当時のフランスの科学者は先取権を主張するためにこれをさかんに利用した。

の起こり方とも異なるものを選んだ。最初の例となるX線の発見は、偶然による発見の典型であり、このタイプの発見は、そっけない科学レポートの標準的なスタイルから想像される以上に頻繁に起こっている。X線の発見の物語は、ある一日の出来事で幕を開ける。その日、物理学者レントゲンは、陰極線管で放電が起こっているときに、遮蔽された装置［真空管］から離れた場所に置かれたシアン化白金バリウムのスクリーンがぼんやり光っていることに気づいて、陰極線に関する通常の研究を中断した。彼がさらに調べてみると、次のことが明らかになった――それを明らかにするために、彼は七週間にわたりほとんど研究室を離れず、懸命の努力を続けなければならなかった。まず、スクリーンを光らせているのは、陰極線管からまっすぐ飛んでくる放射であること。その放射は影を作ること。そして、磁石によっては進路を曲げられないことだ。彼はそのほかにも多くの性質を確かめた。レントゲンはこの発見を公表する前に、自分が見た効果は陰極線によるものではなく、光とのあいだに、少なくともなんらかの類似性を持つ作用因（エージェント）によって引き起こされたものであることを自らに確信させたのだった。(6)

たったこれだけの短い要約にさえ、酸素の発見との顕著な類似性が見て取れる。ラヴォアジエは、赤い水銀酸化物を使った実験を行う前に、フロギストンのパラダイムのもとでは予想される結果が出ないような実験を行っていた。レントゲンの発見が始まったのは、スクリーンが光るはずのないときに光っていることに気づいたときだった。どちらの場合も、アノマリー――すなわち、その研究者のパラダイムが彼に心の準備をさせていなかった現象――に気づいたことが、新奇な何かを認知するために不可欠の役割を果たした。しかし、これもまたどちらの場合にも、何かがおかしいと気づくことは、発見の序奏にすぎなかった。酸素もX線も、さらなる実験と同化のプロセスを経てはじめて姿を現したのである。たとえば、X線は、レントゲンの研究のどの時点で発見されたと言うべきだろうか？とにかく、スクリーンの発光にしか気づいていなかった最初の時点ではない。彼のほかにも少なくともひとり、ぼんやりした光を見た研究者はいたが、その人物は何も発見せず、後で悔しがった。(7) また、レントゲンがすでに発見した新放射の特徴を探究していた最後の週にまで、発見の時点を遅らせることはできないのもほぼ明らかだろう。われわれに言えるのは、X線は、一八九五年十一月八日から十二月二十八日までのあいだのどこかの時点で、ヴュルツブルクに出現したということだけだ。

しかし、第三の領域では［第一の領域は、アノマリーの出現が発端になること。第二の領域は、時間のかかるプロセスを経ていること］、酸素の発見とX線の発見のあいだに存在する重要な類似性は、はるかに見えにくい。酸素の発見とは異なり、X線の発見は、その出来事から少なくとも十年間は、一見してそれとわかるような科学理論の大変動に関係することはなかった。だとすれば、いったいどういう意味で、この発見の同化は必然的にパラダイムの変化をともなっていたと言えるのだろうか？　パラダイムは変化しなかったという主張には、非常に強力な根拠がある。たしかに、レントゲンと彼の同時代人が支持していたパラダイムは、X線を予想するためには使えなかった。（マクスウェルの電磁理論はまだ広く受

(6) L. W. Taylor, *Physics, the Pioneer Science* (Boston, 1941), pp. 790–94; T. W. Chalmers, *Historic Researches* (London, 1949), pp. 218–19.

(7) E. T. Whittaker, *A History of the Theories of Aether and Electricity*, I (2d ed.; London, 1951)［霜田光一ほか訳『エーテルと電気の歴史』講談社］, 358, n. 1. サー・ジョージ・トムソンは、第二のニアミスについて私に教えてくださった。サー・ウィリアム・クルックスもまた、説明不能な霧がかかった写真に注意を促され、X線発見の路線をたどっていたのだ。

け入れられていなかったし、陰極線は粒子だとする説も、当時提唱されていた仮説のひとつにすぎなかった。）しかし、これらのパラダイムは、少なくともいかなる自明な意味においても、X線の存在をきっぱりとは否定するものではなく、その点において、フロギストン説がプリーストリーの気体に関するラヴォアジエの解釈を否定するものだったのとは事情が異なる。むしろ、一八九五年当時に受け入れられていた科学の理論と実践は、さまざまな放射線——可視光線、赤外線、紫外線——の存在を認めていた。では、なぜX線は、よく知られた自然現象の部類に属するものとして受け入れられなかったのだろうか？　たとえば、新しい化学元素が発見されて元素がひとつ増えるのと同じ扱いにならなかったのはなぜだろう？　周期表の穴を埋める新元素の探索と発見は、レントゲンの時代にはまだ続いていた。新元素を追い求めることは、通常科学の標準的な研究プロジェクトであって、それに成功することは、おめでとうと祝福されることではあっても、驚かれるようなことではなかったのだ。

ところがX線は、単に驚かれただけでなく、衝撃をもって受け止められた。ケルヴィン卿は最初、X線は手の込んだでっち上げだと公言した。(8)ほかの人たちも、証拠は疑いようがなかったにもかかわらず、明らかに動揺した。確立された理論によって禁止されてはいなかったものの、X線の存在は、深く浸透していた予想を裏切ったのである。それらの予想は、実験室で用いられる確立された手続きのデザインや解釈に、暗黙のうちに組み込まれていたと私は考えている。一八九〇年代までに、ヨーロッパでは多くの研究室に陰極線の発生装置が導入されていた。レントゲンの設備がX線を生じさせたのなら、ほかの実験家たちも、そうとは知らずに、かなり前からX線を生じさせていたはずだった。それまでX線を持ち出さずに説明されていた現象も、おそらくは他の放射線源から知らないうちに出ていたX線が、暗黙のうちに関与していただろう。最低でも、従来からよく利用されていた装置のいくつかは、鉛で遮蔽せざるをえなくなった。すでに完了していた通常研究のプロジェクトも、考慮に入れるべき変数を科学者が見落として、制御できていなかったのだから、やり直さざるをえなくなった。X線が新しい分野を切り開き、それによって通常科学で扱える領域を増やしたのは間違いない。しかしX線はそれだけでなく――ここでの議論にとってはこちらのほうが重要なのだが――既存の分野をも変化させたのだ。その過程でX線は、装置の扱い方のパラダイムだった一群の手続きから、パラダイムの資格（タイトル）を剝奪したのである。

要するに、意識していたかどうかによらず、なんらかの装置を採用するという判断と、その装置をある特定の方法で使用するという判断には、ある種の状況しか起こらないという仮定がともなっているということだ。予想には、理論的なものだけでなく装置に関するものもあり、そういう予想が、科学の進展においてしばしば決定的に重要な役割を演じてきた。たとえば、酸素の発見が遅れたいきさつの一部にも、そんな予想があった。「空気の良さ」[*4]をテストする標準的な方法として、プリーストリーもラヴォアジエも、自分たちの得た気体と一酸化窒素を二対一の体積比で混合したものに水を加えてよく攪拌し、水に溶けずに残った気体の体積を測定していた。この標準的な方法の基礎となった経験が保証するところによれば、テストする気体が普通の空気（大気）なら、残留気体は一の体積になり［今日的理解では一・八］、それ以外の気体（あるいは汚染された空気）なら、残留気体はそれよりも

（8）Silvanus P. Thompson, *The Life of Sir William Thomson Baron Kelvin of Largs* (London, 1910), II, 1125.

*4　空気の質は、十八世紀の科学者の関心を捉えた問題であり、呼吸を支える成分が多い空気は「良い」空気とされた。

増えるはずだった。〔大気ではなく〕酸素を使った実験では、プリーストリーもラヴォアジエも、残留気体は一の体積に近いという結果を得て〔今日的理解では一・五〕、その気体は普通の空気だと判断していたのだった。プリーストリーが、この標準的手続きを放棄して、一酸化窒素を自分の得た気体とさまざまな比率で混ぜてみたのは、だいぶ後のことであり、それもある意味では、たまたまやってみただけだった。そして彼は、一酸化窒素の体積を四倍にすれば残留気体はほぼなくなることに気づいた。彼が最初のテストで採用した手続きにコミットしたのは（それは多くの実験によって裏づけられた手続きだった）、同時に、酸素のように振る舞うことのできるガスは存在しないという前提にコミットすることでもあったのだ。(9)

この種の例を増やすには、たとえば、ウランの核分裂の同定が遅れたことを挙げればよい。その原子核反応〔核分裂〕を認知するのがとくに難しかった理由のひとつは、ウランに〔中性子を〕照射したときに何を予想すべきかを知っていた人たちが、周期表の一番上の行に並んでいる元素に狙いを定めた化学的な検証方法を選んだことだった。(10)*5 使うべき装置に固執することがしばしば人を誤りに導くことを踏まえて、科学は標準的なテスト方法や設備を放棄しなければならないと結論すべきだろうか？そう結論した結果としてもたらされる研究方法は、想像もできないようなものになるだろう。パラダイムになった手続きや応用は、パラダイムになった法則や理論と同じく、科学にとって必要であり、どちらも同じ効果を持つ。それらは、その時点で科学的に探究できる現象の範囲を制限せずにはおかないのである。そのことに気づけば、X線のようなものの発見は、科学コミュニティーの特定の一部にとって、本質的な意味でパラダイムを変化させずにはおかないこと——それゆえ、手続きと予測の両方を変化させずにはすまないこと——もわかるだろう。それがわかった結果として、X線の発見が多くの科学者にとって不思議な新世界への扉を開いたことや、二十世紀の物理学へとつながる危機にきわめて効果的に加担したように見える理由も理解できるだろう。

科学上の発見の最後の例となるライデン瓶は、理論誘導型と言ってよさそうな部類に属する発見である。理論誘導型という言葉は、はじめは逆説的に響くかもしれない。これまで述べたことの多くが示唆するのは、理論的に予想できる発見は通常科学の一部であって、その発見の結果は、新しい種類の事実にはならないということだ。たとえば私は少し前に、そのようにして［パラダイム理論から予測されて］、十九世紀後半に通常科学の手続きとして、新しい化学元素の発見が導き出されたことに触れた。

（9）Conant, *op. cit.*, pp. 18–20.

（10）K. K. Darrow, "Nuclear Fission," *Bell System Technical Journal*, XIX (1940), 267–89. 主要な核分裂生成物のひとつであるクリプトンは、この反応がよく理解されるまで、化学的な方法では同定されなかったようである。もう一方の分裂生成物であるバリウムは、この研究の最終段階になっておおむね化学的な方法で同定できたが、それができたのは、原子核化学者たちが調べていた重い元素を沈殿させる際に、［担体として］たまたまバリウムが使われていたためだった。ところが［結晶生成後］、添加されたバリウムを放射性生成物と分離して取り出すことができなかった［放射性生成物はバリウム同位体だったため］。この反応がほとんど五年ものあいだ繰り返し調べられた末に、次のような報告が出た。「化学者としてのわれわれは、この研究に導かれ、……これまでの［反応の］枠組みに含まれていたすべての元素の名前を、Ra、Ac、Th、からBa、La、Ceに書き換えなければならない。しかし、物理学の近接領域である「原子核化学者」としては、われわれは原子核物理学でこれまで行われてきたすべての実験と矛盾するこの大胆な一歩を自分自身で踏み出すことはできない。不思議な一連のアクシデントが、われわれを誤りに導いているかもしれないからである」(Otto Hahn and Fritz Strassman, "Über den Nachweis und das Verhalten der bei der Bestrahlung des Urans mittels Neutronen entstehenden Erdalkalimetalle," *Die Naturwissenschaften*, XXVII [1939], 15)。

*5　中性子を照射した結果として、水素原子核やヘリウム原子核のような軽い原子核が放出されるものと予想したため。

しかし、すべての理論がパラダイム理論なのではない。パラダイム成立以前の時期と、パラダイムの大きな変化につながる危機の時期には、科学者たちは普通、あまり明確化されていない思弁的な理論をたくさん作り出すもので、そういう理論にも、発見への道筋を示すことはできる。しかしその発見は、思弁的で暫定的な仮説から導かれた予想とは、完全には一致しないことがしばしばだ。実験と暫定的な理論の両方に、両者が一致するような明確化がほどこされてはじめて、発見が出現し、その理論はパラダイムになるのである。

ライデン瓶の発見は、先に述べた特徴［発見の三つの領域］に加え、これらの特色のすべてをはっきりと示している。ライデン瓶の発見が始まったとき、電気研究のためにひとつに決まったパラダイムはなかった。その代わりに、いくつもの理論が競争しており、どの理論も、比較的容易に引き起こせる現象から導き出されていた。それら理論のどれひとつとして、多種多様な電気現象のすべてに秩序を与えることはできなかった。それができなかったことで、ライデン瓶の発見に背景を提供することになったアノマリーのいくつかが生じた。競争するエレクトリシャンの学派のひとつは、電気は流体だと考え、何人かはその捉え方に導かれて、水を入れたガラスの容器を手に持ち、稼働している静電起電機からぶら下げた電導物質をその水に浸けて、電気流体を容器に溜めようとした。その後、ガラス容器を静電起電機から切り離し、空いているほうの手で容器内の水に（または水に接続した電導物質に）触れると、実験家たちは全員、強い［感電による］ショックを受けた。しかしこれら初期の実験が、ライデン瓶をエレクトリシャンにもたらしたのではなかった。ライデン瓶はもっとゆっくりと出現したのであり、この場合もやはり、この装置の発見がいつ完了したのかを明確に述べることはできない。

電気流体を溜めようという初期の試みがうまくいったのは、研究者たちは瓶を手で持っているときに、地面に立っていたからにすぎない。瓶の内側と外側の両方に誘電体の被覆を作らなければならないことや、実は電気流体が容器に溜まっているわけではないことを、エレクトリシャンたちはまだ知らなかった。彼らがそのことに気づき、ほかにもいくつかアノマラスな効果について調べるうちに、われわれがライデン瓶と呼ぶ装置が出現したのだ。さらに、ライデン瓶の出現につながった実験は（その多くはフランクリンによって行われた）、電気の流体説に大幅な見直しを迫った。そういう見直しを経て、電気研究に最初のパラダイムがもたらされたのである。(11)

右に挙げた三つの例に共通するのは、程度の差こそあれ（衝撃的な結果を出したものから、予想通りの結果を出したものまで、連続的にさまざまなものがある）、新しい種類の現象を出現させるあらゆる発見にそなわる特徴だ。たとえば、事前にアノマリーの存在に気づいていたこと、〔新発見の〕認知が、観測と概念の両面で、徐々に、そして同時に出現したこと、そしてその結果として、パラダイムだったカテゴリーと手続きが、しばしば抵抗を受けながらも変化したことなどがそれである。これらの特徴と同じものが、知覚のプロセスそれ自体の性質に、はじめから組み込まれていることを示す証拠さえある。心理学者のブルーナー[*6]とポストマン[*7]は、専門外の人たちに、もっとずっと知られてよい心理学実験を行った。彼らはその実験で、被験者にトランプのカードを、ごく短い時間だけ、制御された

(11)　ライデン瓶の発達のさまざまな段階については、次の文献を参照のこと。I. B. Cohen, *Franklin and Newton: An Inquiry into Speculative Newtonian Experimental Science and Franklin's Work in Electricity as an Example Thereof* (Philadelphia, 1956), pp. 385–86, 400–406, 452–67, 506–7. 最終段階は、次の文献に記述されている。Whittaker, *op. cit.*, pp. 50–52.

条件下で順次見せていき、見せられたカードが何だったかを答えてもらった。ほとんどのカードは普通のトランプ・カードだったが、スペードの6が赤で描かれていたり、ハートの4が黒で描かれていたりと、普通ではない絵柄のカードを少し混ぜておいた。[*8] それぞれの実験(ラン)では、一枚のカードを、見せる時間を少しずつ長くしながら被験者に示した。被験者はそのつど見たものを尋ねられる。二回続けて正答すると、その実験(ラン)は終了となる。[12]

見せる時間がいちばん短い場合でさえ、多くの被験者はほとんどのカードについて判定を下し、見せる時間が少し延びてからは、すべての被験者がすべてのカードについて判定を下した。見せられたのが正常なカードだった場合、被験者の判定はたいてい正しかったが、見せられたのが異常なカードだった場合には、被験者はそれとわかるような躊躇も困惑も示さず、ほとんどつねに正常なカードとして判定を下した。たとえば、ハートの4が黒で描かれたカードは、スペードの4かハートの4として判定された。被験者は、何かがおかしいと感じることすらなく、黒いハートの4を、それまでの経験により準備された概念のカテゴリーのひとつに即座に当てはめたのである。その様子を見れば、被験者が見たのは、回答したカードとは別だったとは伝えにくいほどだった。異常なカードを見せる時間をさらに延ばすと、被験者はためらいを見せはじめ、異常に気づいたようすだった。たとえば、スペードの6が赤で描かれたカードを見せられた被験者の中には、スペードの6だと思うのだが、ちょっとおかしい、黒い部分が赤で縁取られている、などと言う人もいた。見せる時間をさらに延ばすと、躊躇も混乱も増大し、ついにある時点で、場合によってはかなり突然に、ほとんどの被験者は躊躇なく正しい判定をするようになった。さらに、異常なカードについて、二、三度そういう経験をしてからは、ほとんど迷うことはなくなった。しかし被験者の中には、正しく回答するために必要な修正を、自分の中のカテゴリーに施すことがどうしてもできない人たちもいた。異常なカードを、正常なカードを認識するために必要な平均時間よりも四十倍も長く見せても、異常なカードの十パーセント以上がまだ正しく判定されなかった。正答できない人たちはひどく動揺し、「何の模様かわからないんだ。見せられたカードはトランプとは思えないぐらいだ。色もわからないし、スペードなのかハートなのかもわからなくなった。スペードってどんな形だっけ。もうたくさんだ！」と悲鳴を上げる者もいた。(13) 次節では、科学者もときに同じような振る舞いをするのを見ることになるだろう。

メタファーとしてか心の性質を反映しているからかはともかく、この心理学実験は科学的発見のプロセスに対し、すばらしく簡単かつ強力な図式を提供する。科学において新奇なものは、トランプ実験の場合と同様、期待によって与えられた背景のもとで、抵抗によって明らかになる困難と一緒にし

(12) J. S. Bruner and Leo Postman, "On the Perception of Incongruity: A Paradigm," *Journal of Personality,* XVIII (1949), 206–23.

(13) *Ibid.,* p. 218. 同僚のポストマンが教えてくれたところでは、その被験者は事前に装置とカードの提示の仕方についてすべて知っていたのだが、それでも異常なカードを目にするのはひどく不快だったという。

*6　ジェローム・シーモア・ブルーナー（一九一五－二〇一六）　認知心理学の生みの親でもあり、教育心理学に大きな足跡を残した。

*7　レオ・ジョーゼフ・ポストマン（一九一八－二〇〇四）　記憶と忘却に関する研究で知られるアメリカの心理学者で、一九六一年にはUCバークレーに教育研究所を創設。

*8　この実験におけるカードの提示は、具体的にはテキストスコープ（瞬間露出器）を使用。また、実際には、被験者に示されたトリックカードとノーマルカードは同数だった。

か出現しない。のちにアノマリーが観測されることになる環境下でさえ、はじめは予想される普通の現象が観測されるだけだ。しかし、さらにアノマリーに出会ううちに、何かがおかしいと気づくか、その［アノマラスな］効果を、かつて失敗した何かと結びつけるようになる。その気づきが、概念のカテゴリーが調整される時期の始まりであり、その調整は、最初はアノマリーだったものが予想される結果になるまで続く。そしてそうなったとき、発見は完了する。すでに力説したように、科学において根本的に新奇なものが出現する際にはつねに先述のプロセス、またはそれに非常によく似たプロセスが絡んでいる。ここで指摘させてもらうと、そのプロセスの存在に気づいたわれわれは、ついに、なぜ通常科学、すなわち新奇なものを探究するのではなく、はじめはむしろそういう新奇なものを抑圧する傾向を持つ活動が、これほどまでに効果的に新奇なものを生じさせるのかがわかりはじめるのである。

どんな科学分野でも、発展の過程で最初に受容されたパラダイムは、その分野の現場にいる人たちに容易に得られる観測や実験のほとんどを、ほぼ完璧に説明するように感じられるものだ。したがって、さらなる発展のためには、複雑な装置を作り、一部の人たちにしか近づきがたい語彙と技能を作り上げて、あれこれの概念を、それらの原型である日常的で常識的な概念との類似性がしだいに薄れるようなかたちで洗練させていく必要があるのが普通だ。一方で、そういう専門化は、科学者の視野を著しく狭め、パラダイムの変化に対する抵抗を増大させる。その分野は、どんどん硬直してくる。他方で、そのパラダイムが科学者グループに目を向けさせる領域の内部では、通常科学は、情報の詳細と、観測と理論との高い精度での一致をもたらす。その精度の高さたるや、それ以外のやり方ではけっして達成できないようなものだ。さらに、そうして得られる情報の詳細と、観測と理論との高い精度での一致は、それらが本来持っている、必ずしもそれほど高いわけではない意義を超越する価値を持つ。主として期待される機能のために作られる特殊な装置なしには、最終的に新奇な発見へとつながるような結果は生じようがない。また、たとえ特殊な装置が存在したとしても、何を予想すべきかを精確に知っていて、おかしなことが起これればすぐにそれに気づくことのできる人にしか、新奇な結果は普通は現れない。アノマリーは、パラダイムが与えてくれる背景のもとでしか現れないのだ。パラダイムが精確で適用範囲が広いほど、アノマリーの出現を——つまり、そのパラダイムが変化するきっかけを——検出するためにそのパラダイムが提供するインジケーターの感度は高くなる。発見の通常モードでは、変化への抵抗ですら役立つことがあるのだが、それについては次節でもう少しきちんと見ていくことにしよう。変化への抵抗は、パラダイムが容易には壊れないようにすることで、科学者たちを研究に専念させ、パラダイムを変化させるアノマリーが既存の知識の中核にまで入り込めるようにする。科学にとって大きな意味を持つ新奇な発見は、複数の研究室に同時に出現することがよくあるが、まさにその事実こそは、伝統にきわめて忠実だという通常科学の性質と、伝統的な追究には通常科学それ自体を変化させる方法が完璧に備わっていることの、両方を指し示しているのである。

第VII節　危機と科学理論の出現

第VI節で考察した発見はすべて、パラダイムを変化させる原因であるか、またはその一因だった。さらに、これらの発見が関与した変化はすべて、建設的であるだけでなく破壊的でもあった。その発見が同化されてからは、科学者たちはより広範な自然現象を説明できるようになったか、または既知の自然現象のいくつかを、以前よりずっと精確に説明できるようになった。しかしそれらの利点を手に入れるためには、それまで標準的だった信念または手続きのいくつかを棄てると同時に、それまでのパラダイムを構成していたそれらの要素〔信念や手続き〕を、別のもので置き換えるしかなかった。細部以外はすべてが事前に予想されていた意外性のない発見を別にすれば、通常科学の研究でなされるすべての発見にこの種のシフトがともなっている、と私は主張した。しかし、建設的であると同時に破壊的でもあるパラダイムの変化を引き起こす原因は、発見だけではない。本節では、新理論の発明の結果として起こる、発見の場合と似てはいるが普通はもっとずっと大きなパラダイム・シフトの考察に取り掛かろう。

科学において、事実と理論、発見と発明は、無条件かつ永続的に区別がつくわけではないということはすでに論じたので、本節と前節に重なりがあることはあらかじめ予想できる。(最初に酸素を発見したのはプリーストリーで、その後ラヴォアジエが発明したのだとするありえないような提案にも、それはそれとしての魅力がある。酸素にはすでに発見の文脈で出会ったが、このすぐ後に、発明の文脈でふたたび出会うことになるだろう。)新理論の出現を取り上げるにあたっては、発見に関するわれわれの理解をこちらにも広げるというやり方をせざるをえないだろう。それでも、重なりがあるからといって、まったく同じということではない。前節で考察したような種類の発見は、少なくともそれら単独では、コペルニクス革命、ニュートンの革命、化学革命、アインシュタインの革命のような［大きな］パラダイム・シフトの原因にはならなかった。また、それらは、光の波動説、熱の動力学理論[*1]、そしてマクスウェルの電磁気理論が引き起こしたような、専門分野がより限定されるためにいくぶん小さなパラダイムの変化を引き起こすことにもならなかった。これらのような理論が、通常科学から、すなわち新理論追求への志向性が発見への志向性よりもさらに弱い活動から、どうすれば生じうるのだろうか？

もしもアノマリーへの気づきが新種の現象の出現に一役買うのなら、それとよく似た、しかしより深い気づきが、受容可能なあらゆる理論変化の前提条件になっているとしても誰も驚きはしないだろう。私の見るところ、これに関して歴史上の証拠に疑問の余地はない。プトレマイオス天文学の惨憺たるありさまは、コペルニクスが自説を提唱する以前に周知の事実になっていた。(1) ガリレオが運動学

＊1　熱は物質ではなく力学的効果だとする立場で、一八五一年にウィリアム・トムソン（後のケルヴィン卿）により提唱された。

になした貢献は、スコラ学者の批判的検討によってアリストテレスの理論のうちに見出されていた困難に密接に関わっていた。[2] ニュートンによる光と色の新理論は、パラダイム成立以前の時期に現れた既存の学説の中に、光スペクトルの広がりを説明できるものがひとつもないという発見から生まれ、ニュートンの理論に取って代わった［光の］波動説が発表されたのは、回折および偏光の現象とニュートンの理論との関係におけるアノマリーへの懸念が膨らみつつあった時期だった。[3] 熱力学は、十九世紀のふたつの物理理論の衝突から生まれ、量子力学は、黒体放射、比熱、光電効果を取り巻くさまざまな困難から生まれた。[4] さらに、ニュートンのケースを別にすれば、今挙げたすべてのケースにおいて、アノマリーへの気づきはあまりにも長く続き、あまりにも深く浸透していたため、危機が大きく膨らんでいく状況のなか、当該の分野はさすがにその気づきの影響を受けていたと言っていいだろう。新理論が出現すれば、パラダイムは大規模に破壊され、通常科学の研究課題とテクニックに大きなシフトが起こらずにはすまないため、一般には、新理論が出現するに先立ち、当該分野の専門家たちが著しく不安になる時期がある。予想されるように、その不安を生んでいるのは、解決されるべき通常科学のパズルがなかなか解決されないことだ。既存のルールの機能不全が、新しいルールの探索のための序奏なのである。

　最初に、パラダイムが変化した例としてとくに有名な、コペルニクス天文学の出現に目を向けよう。コペルニクス天文学の先行理論であるプトレマイオスの体系は、紀元前二世紀から紀元後二世紀にかけて最初に作られたときには、恒星と惑星、両方の位置の変化を予測するという点でみごとな成功を収めた。これほどの成果を挙げた体系は、古代の天文学にはほかにない。プトレマイオスの天文学は、恒星については今も工学的近似として広く用いられているし、惑星についてのプトレマイオスの予測は、コペルニクスのそれに劣るものではなかった。しかし、科学理論にとって、みごとな成功を収めることが、完全な成功を収めることであったためしはない。惑星の位置と春分点の歳差の両方については、プトレマイオスの体系を使った予測が、当時得られた最高の観測によって完全に確証されたことは一度もなかった。そういう小さな不一致をさらに小さくしようとすることが、プトレマイオスの後継者の多くにとって、天文学の通常研究における主要な問題の多くを構成していた。それは、十八世紀におけるニュートンの後継者たちにとって、天体観測とニュートンの理論を一致させようとすることが通常科学の研究課題だったのと同じことである。そういう努力が、プトレマイオスの体系をもたらした仕事と同じぐらい成功するだろうと考えるだけの理由が、ある時期の天文学者にはあったの

（1）A. R. Hall, *The Scientific Revolution, 1500–1800* (London, 1954), p. 16.

（2）Marshall Clagett, *The Science of Mechanics in the Middle Ages* (Madison, Wis., 1959), Parts II–III. A. Koyré は *Etudes Galiléennes* (Paris, 1939)［菅谷暁訳『ガリレオ研究』法政大学出版局］のとくに vol. I の中で、ガリレオの思考の中には多くの中世的要素があることを示している。

（3）ニュートンについては次の文献を参照のこと。T. S. Kuhn, "Newton's Optical Papers," in *Isaac Newton's Papers and Letters in Natural Philosophy*, ed. I. B. Cohen (Cambridge, Mass., 1958), pp. 27–45. 光の波動説への序奏については次の文献を参照のこと。E. T. Whittaker, *A History of the Theories of Aether and Electricity*, I (2d ed.; London, 1951), 94–109; W. Whewell, *History of the Inductive Sciences* (rev. ed.; London, 1847), II, 396–466.

（4）熱力学については次の文献を参照のこと。Silvanus P. Thompson, *Life of William Thomson Baron Kelvin of Largs* (London, 1910), I, 266–81. 量子論については Fritz Reiche, *The Quantum Theory*, trans. H. S. Hatfield and H. L. Brose (London, 1922), chaps. i–ii を参照のこと。

だ。個々の不一致については、円の組み合わせからなるプトレマイオスの体系になんらかの特定の補正を行うことで消滅させられるのがつねだった。しかし時が経つにつれ、多くの天文学者による通常研究の総和としての成果に目を向ける者には、天文学の精度が向上するペースよりも複雑さが増大するペースのほうがずっと速いことや、ある箇所の不一致を修正すると別の箇所に不一致が生じることが目につくようになった。(5)

天文学の伝統が外部からたびたび中断されたためと、印刷術がなかったせいで天文学者間の情報交換に制約があったために、こうした困難に気づくまでには長い時間を要した。それでも気づきの時は訪れた。十三世紀には、アルフォンソ十世[*2]が、神が宇宙を造られたときに私に相談してくださっていたら良い助言を差し上げたのにと述べることができるまでになっていた。十六世紀にはコペルニクスの協力者だったドメニコ・ダ・ノヴァーラ[*3]が、プトレマイオスの体系のように複雑かつ不正確なものは、自然の真の姿ではありえないと考えていた。コペルニクスその人も、『天球の回転について』の序文で、彼が受け継いだ天文学の伝統は、今や化け物を作り出したと書いた。十六世紀に入る頃までには、ヨーロッパの最良の天文学者たちの中に、天文学のパラダイムはそれ自身が伝統的に取り組んできた問題にさえ対処できていないと考える者が増えた。その認識は、コペルニクスがプトレマイオスのパラダイムを棄てて、新しい体系を作るための研究に踏み出すためには不可欠なものだった。有名な彼の序文は今なお、危機の状態に関する第一級の記述のひとつである。(6)

もちろん、通常研究の専門的なパズル解きの活動が破綻したことだけが、コペルニクスが直面した天文学の危機の要因ではない。このことをより詳しく取り扱おうとすれば、歳差の謎(パズル)をとりわけ差し迫ったものにした、暦の改良を求める社会的な圧力についても論じることになるだろう。それに加えて、さらに十全な記述をしようとすれば、中世になされたアリストテレス批判や、ルネサンス期における新プラトン主義の興隆、その他歴史的に重要な要素も考慮することになるだろう。しかしそういう取り扱いをしたとしても、専門的な研究活動の破綻は、危機の中核であり続けるだろう。成熟した科学分野において――天文学は、古代にはすでに成熟した科学になっていた――、右に挙げたものと似たような外的要因は、破綻のタイミングや、破綻していることに容易に気づけるかどうか、そして最初に破綻するのはどの分野か――とくに注目されている分野で起こりやすい――といったことを決定するうえで第一義的な意味がある。このような問題の重要性は計り知れないほど大きいが、この小論の範囲を超えている。

コペルニクス革命のケースでは以上のことは明らかだとして、次に、それとは大きく異なる第二の事例、すなわち、ラヴォアジエの燃焼の酸素説の出現に先立つ危機に目を向けよう。一七七〇年代には、多くの要因が組み合わさって化学の分野に危機が生じ、歴史家たちは今も、それらの要因の性質や、要因同士の相対的な重要性について必ずしも意見が一致していない。しかし要因のうちのふたつ、空気化学の興隆と重量関係の問題は、第一級の重要性を持っていたことが広く認められている。空気

(5) J. L. E. Dreyer, *A History of Astronomy from Thales to Kepler* (2d ed.; New York, 1953), chaps. xi–xii.

(6) T. S. Kuhn, *The Copernican Revolution* (Cambridge, Mass., 1957) [『コペルニクス革命』], pp. 135–43.

*2　アルフォンソ十世（一二二一－一二八四）　カスティリアとレオンの王。

*3　ドメニコ・ダ・ノヴァーラ（一四五四－一五〇四）　二十一年にわたりボローニャ大学の教授を務めたイタリアの天文学者。

化学の歴史が始まったのは、十七世紀に空気ポンプが開発されて化学実験に用いられるようになったときのことだ。化学者たちは十八世紀を通じ、ポンプをはじめさまざまな空気化学の実験装置を使うことにより、空気は化学反応に積極的に関与していることに気づきはじめた。しかし、ごく一握りの研究者を例外として――これに関してはかなりあいまいなところがあり、実はその人たちも例外ではまったくなかったのかもしれない――化学者たちは相変わらず、気体はみな空気だと信じていた［空気は古代から元素のひとつとされていた］。一七五六年にジョゼフ・ブラックが、固定空気[*4]（CO_2）は明らかに普通の空気とは違うことを示すまで、気体の試料がふたつあるとき、それらを区別するのは純度だけだと思われていたのである。(7)

ブラックの仕事以降、さまざまな気体の研究が急速に進展したが、とくに注目に値するのは、キャヴェンディッシュ、プリーストリー、シェーレによって、気体試料を識別するための新たなテクニックがいくつも開発されたことだ。ブラックからシェーレまで、この人たちは全員がフロギストン説を信じ、実験のデザインと解釈のためにしばしばこの説を用いた。実際、シェーレがはじめて酸素を作ったのは、熱からフロギストンを取り除くためにデザインされた手の込んだ一連の実験を行っていたときのことだった。[*5]それにもかかわらず、この人たちの実験から総体としてもたらされたさまざまな気体の試料とその特性はあまりにも込み入っていて、フロギストン説の手には負えないことが徐々に明らかになっていった。これらの化学者たちは誰一人、フロギストン説はもう終わりだとは言わなかったが、フロギストン説を矛盾なく現象に当てはめることもできなかった。一七七〇年代になってラヴォアジエが空気実験に着手する頃には、フロギストン説には空気化学者の数と同じぐらいたくさんのバージョンがあった。[8] ひとつの学説に多くのバージョンが現れることは、ごく普通にみられる危機の徴候である。コペルニクスも『天球の回転について』の」序文で、そのことに不満を述べていた。

とはいえ、フロギストン説がどんどんあやふやになり、空気化学の研究に役立たなくなったことだけが、ラヴォアジエが直面した危機の原因ではなかった。彼はそれ以外にも、燃焼させたり高温にしたりすれば、ほとんどの物質は重くなるという事実をどう説明すべきかに大いに頭を悩ませたが、それもまた長い前史を持つ問題である。少なくとも何人かのイスラム科学者は、ある種の金属は加熱すると重くなることに気づいていた。十七世紀には何人かの研究者が、その同じ事実から、加熱された金属はなんらかの成分を大気から奪い取ると結論していた。しかし十七世紀の時点では、たいていの化学者にとって、その結論には必然性がないように思われたのだった。化学反応が起これば体積や色や質感が変わるのだから、重さが変わったところで何の不思議があるだろうか？　重さは、いつの時代も物質量の尺度と受け止められていたわけではなかったのだ。それに加えて、加熱された物質が重くなるのは、孤立した現象に留まっていた。天然に存在するもの（たとえば木）の多くは、のちにフ

（7）J. R. Partington, *A Short History of Chemistry* (2d ed.; London, 1951), pp. 48–51, 73–85, 90–120.

（8）次の本の著者たちの主な関心は、少し後の時代に置かれているが、かなり関係がある題材が本のあちこちにちりばめられている。J. R. Partington and Douglas McKie, "Historical Studies on the Phlogiston Theory," *Annals of Science*, II (1937), 361–404; III (1938), 1–58, 337–71; IV (1939), 337–71.

*4　一七五四年にブラック自身が石灰石を熱することで発生させた気体。固体中に固定されているという意味で固定空気と呼ばれた。

*5　シェーレは、熱は脱フロギストン空気がフロギストンと結びついたものだという仮説を立て、高温に熱した亜硝酸などの酸を使えば、熱からフロギストンを取り出せると考えていた。

ロギストン説がそうでなければならないと主張するように、熱せられれば軽くなったのである。

ところが、十八世紀が過ぎるうちに、重量の増加という問題への反応として当初は妥当だったものが、しだいに支持できなくなっていった。その理由のひとつは、天秤が標準的な化学装置として広く使われるようになったことだ。また別の理由として、空気化学が進展して、化学反応で発生する気体を貯蔵できるようになり、また貯蔵するのが望ましいとされるようになったことにより、加熱すると重くなる物質を化学者たちが次々と発見したことが挙げられる。同じ頃、ニュートンの重力理論がしだいに同化され、重量の増加は、物質量の増加を意味しているはずだと化学者たちが強く主張するようになった。こうした結論の結果として、フロギストン説が棄てられたのではない。なぜなら、フロギストン説にはさまざまに手を加えることができたからだ。フロギストンは負の重量を持つのかもしれないし、高温の物体からフロギストンが抜け出した後に、火［空気同様、古くからの元素のひとつ］の粒子か、あるいは何か別のものが入り込むのかもしれない。そのほかにもさまざまな説明の仕方があった。だが、仮に物体の重量増加の問題が直接的にフロギストン説の放棄にはつながらなかったとしても、この問題を大きく位置づける研究がしだいに増えることにはなった。一七七二年の初めには、そんな研究のひとつ、「重さのある実体としてのフロギストンと、それが一体化した物体に起こる重さの変化という観点から行われた分析について」と題する論文が、フランス王立科学アカデミーで読み上げられた。その年の末には、ラヴォアジエが、アカデミーの書記宛に有名な封印手稿を送った。その手稿が書かれたときにはすでに、長らく化学者ラヴォアジエの頭の片隅にあったひとつの問題が、顕著な未解決のパズルになっていた。(9) そのパズルに取り組むために、フロギストン説のさまざまなバージョンが細部まで作り込まれた。重量増加の問題のために、先に述べた空気化学の諸問題と同じく、フロギストン説とは何かがしだいにわかりにくくなっていった。フロギストン説は依然として役に立つと考えられていたし、信頼されてもいたが、十八世紀には化学のパラダイムだったこの説は、その特別な地位を徐々に失っていった。このパラダイムに導かれる研究はしだいに、競争するいくつもの学派によるパラダイム成立以前の時期の研究に似てきたが、それもまた典型的な危機の影響である。

さて、三番目にして最後の例として、相対性理論の出現のための地ならしをした十九世紀末の物理学の危機を考えよう。その危機のひとつのルーツは、十七世紀末にさかのぼることができる。当時、もっとも著名なところでライプニッツをはじめとする何人かの自然哲学者たちが、絶対空間という古い捉え方を改定しながらも保持しているとしてニュートンを批判した。[10] この人たちは、絶対的な位置と絶対的な運動はニュートンの体系においてほとんど何の役割も果たしていないことを、完璧にではけっしてなかったものの、ほぼ示すことができた。また、空間と運動の完全に相対的な捉え方がのちにはっきりと示すことになる少なからぬ審美的魅力をうかがわせることには、たしかに成功した。しかし、この人たちの批判は純粋に論理的なものだった。地球は動かないというアリストテレスの証明を批判した初期のコペルニクス主義者たちと同じく、この人たちもまた、相対的な系への移行が観察

(9) H. Guerlac, *Lavoisier — the Crucial Year* (Ithaca, N.Y., 1961). この本は、ひとつの危機の発展と、それが初めて認識されたときのことを記述することに費やされている。ラヴォアジエに関する状況を明瞭に述べた箇所として p. 35 を参照されたい。

(10) Max Jammer, *Concepts of Space: The History of Theories of Space in Physics* (Cambridge, Mass., 1954)［高橋毅ほか訳『空間の概念』講談社］, pp. 114–24.

上の帰結を持つかもしれないとは夢にも思わなかったし、自分たちの見解を、ニュートン派の理論を自然に当てはめたときに生じる問題に結びつけたことはただの一度もなかった。結果として、この人たちの考えは、十八世紀のはじめの数十年間に当人たちが死ぬとともに滅び、ようやく復活を遂げたのは、十九世紀の最後の数十年間に、物理学の実践と、かつてとは大きく異なる関係性を持ったときのことだった。

空間の相対論的哲学が最終的に結びつけられることになる専門的（テクニカル）な諸問題は、一八一五年頃以降に、光の波動説が受容されるとともに通常科学に進入しはじめたが、それらの問題が危機を引き起こしたのは、ようやく一八九〇年代になってからのことだった。もしも光が、ニュートンの法則に支配される力学的［機械論的］エーテルを伝搬する波動なら、天体観測と地上における実験の両方が、エーテルに対する地球の相対運動（エーテル・ドリフト）を検出できる可能性を持つことになる。天体観測の中でそれに関連する情報が得られるほど高い精度が出せそうなのは光行差の測定だけだったため、光行差を測定してエーテル・ドリフトを検出することが、通常科学で取り組むべき研究課題として認知されるようになった。その課題を解決すべく、特殊な装置がたくさん作られた。しかし、そうした装置では観測にかかるほどのドリフトは検出されなかったため、この課題は実験家と観測家の手を離れて、理論家の手に移った。十九世紀半ばの数十年間に、フレネル、ストークス、その他の理論家たちが、ドリフトの観測に失敗した理由を説明するためにデザインされたエーテル説の明確化を数限りなく考案した。それらの明確化はみな、運動物体［地球］はエーテルの一部を引きずるものと仮定していた。そしてどの説明も、天体観測ばかりか、マイケルソンとモーレーの有名な実験を含めて、地上のいかなる実験でもエーテル・ドリフトが検出されない理由を十分に説明することができたのである。[11] さまざまな説のあいだの不整合を別にすれば、まだこれといった衝突はなかった。この問題を扱える実験のテクニックがないという状況では、衝突は深刻なものにはならなかったのだ。

そんな状況がふたたび変化したのは、マクスウェルの電磁気理論が徐々に受容されはじめた十九世紀最後の二十年間のことだった。マクスウェル自身は、光と電磁気に関係する現象全般は、力学的エーテルの粒子が位置を変えることで生じると信じるニュートン主義者だった。電気と磁気を説明するために彼が作った理論のいちばん初期のバージョンでは、エーテルという媒質に彼が与えた仮想的な特性がそのまま用いられていた。それらの特性は最終バージョンでは省かれたものの、マクスウェルはそれでも、自分の電磁気理論は、ニュートン力学的な観点のなんらかの明確化と両立するものと信じていた。[12] それにふさわしい記述を作り上げることが、マクスウェルと彼に続く人たちの大きな努力目標となった。ところが、科学の進展には繰り返し起こることだが、その両立のために必要な明確化を考案するのは途方もなく難しいことがわかったのだ。コペルニクスの天文学上の提案が、当人は楽観視していたにもかかわらず、既存の運動理論を危機に陥れ、その危機がしだいに深刻化していったように、マクスウェルの理論は、ニュートン主義から出発したにもかかわらず、最終的にはその理論

(11) Joseph Larmor, *Aether and Matter ..., Including a Discussion of the Influence of the Earth's Motion on Optical Phenomena* (Cambridge, 1900), pp. 6–20, 320–22.

(12) R. T. Glazebrook, *James Clerk Maxwell and Modern Physics* (London, 1896), chap. ix. マクスウェルの最終的な態度については、彼自身の手になる次の書籍を参照されたい。*A Treatise on Electricity and Magnetism* (3d ed.; Oxford, 1892), p. 470.

を生み出したパラダイムを危機に陥れることになった。[13] その危機を嵩じさせたのが、先ほど考察したエーテルに対する運動についての諸問題だった。

運動物体の電磁気的な振る舞いに関するマクスウェルの議論は、エーテルの引きずりにはまったく触れておらず、そんな引きずりを彼の理論に持ち込むのは非常に難しいことが判明した。その結果として、エーテル・ドリフトを検出する目的で行われてきた初期の一連の観測はすべてアノマラスなものとなった。こうして一八九〇年以降、実験面ではエーテルに対する物体の運動を検出しようとする試みが、理論面ではエーテルの引きずりをマクスウェルの理論に組み込もうとする試みが、長く続けられることになった。エーテルに対する物体の運動を検出しようという試みはすべて失敗に終わったが、そうした実験的試みの結果には解釈の余地があると分析する人たちもいた。マクスウェルの理論にエーテルの引きずりを持ち込もうとする試み、とくにローレンツやフィッツジェラルドらによる初期の仕事は有望そうに思われたが、それらの仕事もまた新たなパズルの存在を明らかにし、最終的には理論の乱立状態を生んだが、それが危機の時期につきものであるのはすでに見た通りである。[14] これが、一九〇五年にアインシュタインの特殊相対性理論が出現する背景となった歴史的状況である。

これら三つの例は、ほぼすべての点で典型的だ。どの場合にも、新奇な理論が出現したのは、通常科学の問題解決活動が明確に失敗してからのことだった。それに加えて、科学の外側の状況がとりわけ大きな役割を演じたコペルニクスの場合を別にすれば、通常科学の破綻と、破綻のしるしである理論の増殖が起こってから、わずか十年から二十年のうちに新理論が公表されている。新理論の出現は、危機に対する直接的な応答のように見えるのだ。また、これはそれほど典型的とは言えないかもしれないが、破綻を引き起こした問題はみな、だいぶ前からその存在が認知されていた種類のものだったことにも注意しよう。それまで行われていた通常科学の実践から考えて、それらの問題は、すでに解決されていなければならないか、または解決されたも同然になっていなければならないと考えるだけの理由があり、一部にはそのせいもあって、解決できない挫折感が生まれたときに、それが大きく膨らんだ。新しい種類の問題を解決できないのなら、しばしばがっかりさせられはしても、驚くようなことではない。研究課題であれパズルであれ、最初の取り組みで解決することは多くないのだ。最後に、これらの例にはもうひとつ、危機が果たす重要な役割を伝えるために役立つかもしれない共通の特徴がある。どの場合にも、当該の科学分野がまだ危機に陥っていないうちから、解決策の少なくとも一部は先駆的に提案されていたこと、そして危機が存在しない状況では、先駆的な解決策は無視されたことだ。

唯一完全な先駆理論で、もっとも有名でもあるのは、紀元前三世紀のアリスタルコスによるコペルニクス説である。ギリシャの科学があれほど演繹的でドグマに縛られていなかったなら、太陽中心の天文学は、実際より千八百年も早くに進展しはじめていたかもしれないというのは、よく耳にする意見だ。[15]しかしその意見は、歴史的な文脈をいっさい無視している。アリスタルコスがその説を提唱し

(13) 力学の発展における天文学の役割については、次の本を参照されたい。Kuhn, *op. cit.*, chap. vii.

(14) Whittaker, *op. cit.*, I, 386–410; II (London, 1953), 27–40.

(15) アリスタルコスの著作については次の文献を参照のこと。T. L. Heath, *Aristarchus of Samos: The Ancient Copernicus* (Oxford, 1913), Part II. アリスタルコスの成果が無視されたことについて、従来の立場の中でも極端な主張については、次の文献を参照のこと。Arthur Koestler, *The Sleepwalkers: A History of Man's Changing Vision of the Universe* (London, 1959), p. 50.

た時点では、はるかに合理的だった地球中心説には、太陽中心説ならば解決できるかもしれないと考えてみるべき欠陥はひとつもなかった。プトレマイオス天文学の興亡は、その勝利も破綻も、すべてはアリスタルコスの提案から何世紀も後になって起こったことなのだ。さらに、アリスタルコスの提案を真面目に受け止めなければならないと考えるべき明白な理由はひとつもなかった。アリスタルコスの理論よりは精巧に作られたコペルニクスの理論でさえ、プトレマイオスの体系と比べて、簡単なわけでも精度が高いわけでもなかったのである。以下でもっと明確に見ていくように、コペルニクスの時代に利用できた観測面での検証は、コペルニクスの体系とプトレマイオスの体系のどちらを選ぶべきかを判定する根拠にはならなかった。こうした状況下で天文学者たちをコペルニクスに導いた理由のひとつは（それはアリスタルコスを支持する理由にはなりえなかったものである）、その革新をそもそも招いた危機自体が認知されていたことだった。プトレマイオスの天文学は、理論それ自体が課題として設定した問題を解決することができなかった。ライバル理論にチャンスを与えてみるべき時期が来ていたのだ。ほかのふたつの事例には、コペルニクスの場合ほど完全な先駆理論があったわけではない。それでも、燃焼は大気からの吸収によって起こるとするいくつかの理論――十七世紀の［ジャン・］レイ[*6]、［ロバート・］フック、［ジョン・］メイヨウらの理論――が十分な注目を受けなかったひとつの理由は、これらの理論には、通常科学の実践で問題になっていた部分と接点がなかったことだった。(16) 同様に、相対説の観点［空間と時間は関係性にすぎないという考え］からなされたニュートンへの批判が、十七世紀と十八世紀の科学者たちから長らく無視されたのも、同様の危機に直面していなかったことが大きな要因だったに違いない。

科学哲学者たちは、検討対象となっている一群のデータに対し、ふたつ以上の理論的構成を示すことはつねに可能であることを繰り返し示してきた。科学の歴史は、そんな代替理論を発明することが、とくに新しいパラダイムが発展する初期の段階には、ことさら難しいわけではないということを繰り返し示している。しかし、そういう代替理論の発明こそは、科学者たちが——その分野の発展段階における パラダイム成立前の段階と、それに続く進展の時期のきわめて特殊な場合を別にして——まずめったに取り組まない種類の仕事なのだ。パラダイムが与えてくれる道具が、そのパラダイムが定義する研究課題の解決に利用できる限り、それらの道具を自信を持って使うことで、科学はもっとも速やかに進展し、かつもっとも深く掘り下げることができる。その理由は明らかだ。製造業の場合と同じく科学の場合もまた、道具を取り替えることは、必要に迫られるまでは差し控えるべき浪費なのである。危機の重要性は、道具を取り替えるべき時期の到来を指し示すことにある。

(16) Partington, *op. cit.*, pp. 78–85.

*6　ジャン・レイ（一五八三頃–一六四五頃）　フランスの医師にして科学者。燃焼による重さの増加について正しい推測をした。

第VIII節 危機への応答

そこで、危機は、新奇な理論が出現するために必要不可欠な前提条件だと仮定したうえで、科学者たちは危機の存在にどのように応答するかを問うことにしよう。その答えの一部は、重要であると同時に明らかでもあって、その部分を見出すためには、長らく未解決だった重大なアノマリーに直面してさえ科学者たちがけっしてしないことに着目すればよい。科学者たちは信念を失いはじめ、その後別のやり方を考えはじめているかもしれないが、彼らを危機に導いたパラダイムを棄てることはしない。つまり、アノマリーは科学哲学で言うところの反例にあたるにもかかわらず、科学者たちはアノマリーを反例として扱わないのだ。このような一般化はある意味では、前節で取り上げたいくつかの例［プトレマイオス天文学、フロギストン説、エーテル説］や、以下でより詳しく説明する例にもとづく、歴史的事実を端的に言明しているにすぎない。これらの例からうかがえるのは、パラダイムの放棄についても以下で行う検証によってさらに十分に明らかになるであろうこと、すなわち、いったんパラダイムの地位に就いた科学理論が戦力外通告を受けるのは、それに取って代わるべき別の候補が得られている場合だけだということだ。科学の進展に関する歴史研究では、反証が自然との直接的比較によりなされるという〔科学的〕方法論のステレオタイプに多少とも似たプロセスはひとつも見つかっていないのである。しかしそのことは、科学者は科学理論を棄てないとか、科学者が理論を棄てるプロセスにおいて経験と実験は本質的ではないということを意味しない。だが、次のことはたしかに意味している――そして、最終的にはそれがきわめて重要になるのだ。それは、従来受容されていた理論の放棄へと科学者を導く判断はつねに、その理論と世界との比較以上のものにもとづいて下されているということだ。あるパラダイムを棄てるという決断はつねに、別のパラダイムを受け入れるという決断であり、その決断につながる判断には、ふたつのパラダイムをそれぞれ自然と比較することと、それらのパラダイム同士を比較することの、両方が関与しているのである。

それに加えて、科学者はアノマリーないし反例に直面したからパラダイムを棄てるのだとする説を疑う第二の理由がある。その理由を詳述するにあたって、私が論じていることそれ自体が、この小論のもうひとつの主要なテーゼを予示することになるだろう。私がその説を疑う理由として右に概略を示したものは、単純に事実を述べているにすぎない。つまりそれらの理由そのものが、認識論の主流の学説に対する反例になっているのだ。反例である以上、もしも私のここでの論点が正しければ、それらの理由はせいぜいのところ、危機を作り出すのに一役買うことしかできないだろう。より正確には、すでにほぼ存在している危機を、さらに大きくするために一役買うことしかできないだろう。それらの理由だけでは、その哲学的な学説を反証することはできないし、反証したことには実際ならないだろう。なぜなら、その学説を擁護する人たちは、アノマリーに直面した科学者たちが取る行動としてわれわれがすでに見たものと、まったく同じ行動を取るだろうからだ。彼らは、なんであれ自分たちの学説の中に明らかな不調和があれば、それを取り除くために、数限りない明確化やアドホックな修正をひねり出すだろう。実際、ここで考えている問題に関係する修正や制限の多くが、すでに文献に現れているのである。したがって、もしも認識論上のこれらの反例が、単なる些細な頭痛の種に留まらない何かになりうるとすれば、それはこれらの反例が、科学に関するまったく新しい分析——その分析の内部においては、これらの反例がトラブルメーカーではなくなるような分析——を出現させるために役立つからだろう。さらに、もしも以下で見ていく科学革命の成り行きに典型的なパターンが、この場合にも当てはまるなら、これらのアノマリーは、もはや単なる事実とは思えなくなるだろう。科学知識に関する新しい学説の内部から見れば、それらのアノマリーはほとんどトートロジーのように、つまり、それ以外には考えることのできない状況について述べただけのように見えるだろう。

たとえば、ニュートンによる運動の第二法則は、完成するまでには事実と理論の両面で、何世紀にも及ぶ困難な研究が必要だったにもかかわらず、その法則にコミットする者たちにとっては、どれだけ観測を重ねようと反証できるはずもない、純然たる論理的言明のように機能する様子がしばしば観察されてきた。(1) 第X節では、ドルトン以前は、一般性があるかどうかもわからない、ときおり実験で観察されるだけの現象だった定比例の法則が、ドルトン以降は、いかなる実験によっても否定されようのない化合物の定義の一部になったのを見るだろう。それとよく似たことが、科学者たちはアノマリーや反例に直面してもパラダイムを棄てることができないという一般化にも起こるだろう。彼らはパラダイムを棄ててもなお科学者であり続けることはできなかったのだ。

歴史がその名前を記録するとは思えないが、危機に耐えられず、科学の放棄に走った人たちがいたであろうことは疑いようがない。芸術家と同じく創造的な科学者たちもまた、ときには調子の狂った世界で生きることができなければならない――私は別の機会に、その必要性を、科学に内在する「本質的緊張」と表現した。(2) しかし私の見るところ、反例が単独で導くことのできるパラダイム放棄のやり方は、ほかの仕事を選んで科学自体を放棄することだけなのだ。自然を見るメガネとなる最初のパラダイムがひとたび見出されれば、パラダイムなしに行われる研究はなくなる。別のパラダイムを採用せずにパラダイムを棄てることは、科学そのものを棄てることなのだ。それをすると、パラダイムではなく、科学を棄てた者が評判を落とす。仲間たちの目には、その科学者は必然的に、「下手の道具調べ〔原文直訳は「道具に文句をつける大工」〕」のように見えるだろう。

これを逆転させた論点も、少なくとも同程度には説得的に主張することができる。その論点とはすなわち、反例のない研究はないということだ。通常科学を危機の状態にある科学と区別しているものは何だろうか？　通常科学は反例に直面しない、ということでないのは確かだ。むしろ、これまでパ

（1）とくに次の本の議論は参考になる。N. R. Hanson, *Patterns of Discovery* (Cambridge, 1958)〔村上陽一郎訳『科学的発見のパターン』講談社〕, pp. 99–105.

（2）T. S. Kuhn, "The Essential Tension: Tradition and Innovation in Scientific Research," in *The Third (1959) University of Utah Research Conference on the Identification of Creative Scientific Talent*, ed. Calvin W. Taylor (Salt Lake City, 1959), pp. 162–77.〔「本質的緊張――科学研究における伝統と革新」、『科学革命における本質的緊張』〕芸術家の身に起こるこれと類似の現象については、次の文献を参照のこと。Frank Barron, "The Psychology of Imagination," *Scientific American*, CXCIX (September, 1958), 151–66, esp. 160.

ズルと呼んできた通常科学の構成要素が存在するのは、科学研究に基礎を与えるパラダイムが、問題のすべてを完全に解決することはないからにほかならない。すべての問題を完全に解決したかに見えるごく少数のパラダイム（たとえば幾何光学）は、やがて新しい問題をまったく生み出さなくなり、むしろ工学の道具になった。目的達成の手段だけに関係する問題を別にすれば、通常科学がパズルとみなす問題はどれも、別の観点からは反例、それゆえ危機の源泉とみなすことができる。他のプトレマイオスの後継者たちのほとんど全員が、観測と理論をどう一致させるかのパズルとみなしたものを、コペルニクスは反例とみなした。プリーストリーがフロギストン説を修正すれば解決できるとみなしたパズルを、ラヴォアジエは反例とみなした。ローレンツやフィッツジェラルドらが、ニュートンの理論およびマクスウェルの理論の明確化に関係するパズルとみなしたものを、アインシュタインは反例とみなした。さらに、危機の存在さえ、それ単独でパズルを反例に変貌させることはない。そういうくっきりした境界線は存在しないのだ。むしろ危機は、パラダイムのバージョンを増殖させることで通常科学のパズル解きのルールを緩め、それが最終的には、新しいパラダイムの出現を可能にするのである。私の考えでは、可能性はふたつしかない。科学理論はけっして反例に直面しないか、すべての科学理論はつねに反例に直面しているかだ。

この状況がどうしてそれ以外のものに見えていたのだろうか？　この問いは必然的に、哲学を歴史的、批判的に調べることにつながり、そんなトピックをここで扱うことはできない。しかし少なくとも、科学が、「真理は、言明と事実とを突き合わせることにより、一意的かつ明確に決定される」という一般化の格好の例だと思われていた理由を、ふたつ示すことはできる。通常科学は、理論と事実の一致を向上させるためにたえず努力するものだし、そうでなければならないが、そういう活動はともすれば、理論をテストしているか、あるいは確証ないし反証を探究しているように見える。しかし、通常科学の目標は、パラダイムの正しさが仮定されていなければ存在するはずのないパズルを解くことにある。パズルが解けなくて評判を落とすのは科学者であって、理論ではないのだ。この場合には、前の場合よりもいっそう、「下手の道具調べ」という諺がぴったりと当てはまる。さらに、理論の説明に、その理論の模範的な応用例についての説明を絡ませる科学教育のやり方は、他の情報源からおおかた引き出された確証説をさらに強化してきた。科学の教科書を読む者は、そう受け取ってよいと思える理由を多少とも与えられさえすれば、教科書に示されている応用例は、その理論の正しさを示す証拠であり、理論を信じるべき理由なのだろうと思ってしまう。しかし、科学の学生が理論を受け入れるのは、証拠のためではなく、教師や教科書の権威のためなのだ。それ以外に、学生にどんな選択肢があるというのだろう？　そうする以外に、学生に何ができるというのだろう？　教科書に示される応用例は、証拠として与えられるのではなく、それを学ぶことが現行の研究実践の基礎をなすパラダイムを学ぶことでもあるから与えられているのである。もしも応用例が証拠として与えられているのなら、それ以外の解釈もありうることや、パラダイムに合う答えを得られずにいる問題もあることが示されていないことで、教科書の執筆者たちは、きわめて強いバイアスを持っているとして有罪を宣告されるだろう。だが、その告発は完全に的外れなのだ。

最初の問いに戻って、では、理論と自然の一致にアノマリーがあると気づいた科学者たちは、その気づきにどう応答するだろうか？　今述べたことが指し示すのは、たとえその不一致が、その理論を他の場合に当てはめたときに経験したことと比べて説明がつかないほど大きかったとしても、それほど深刻な応答は必ずしも起こらないということだ。多少の不一致はつねにあるものだ。しぶとく解消を拒む不一致でさえ、最終的には、通常科学の実践に屈するのが普通である。科学者たちはたいてい待つことを厭わないし、その分野の別の領域にやるべき課題がたくさんある場合はとくにそうだ。たとえば、すでに見たように、ニュートンの最初の計算が行われてから六十年ものあいだ、月の近地点移動に関する理論的な予測は、観測値の半分にしかならなかった。ヨーロッパ最高の数理物理学者たちが、よく知られたこの不一致の原因究明に取り組んでは失敗していたし、ニュートンの逆二乗法則の修正案が出されることもたびたびあった。しかし、そういう提案を真剣に受け止める者はおらず、実際、大きなアノマリーにも辛抱強く耐えるのが正しい態度であることが明らかになったのだ。一七五〇年にクレローが、数学的な処理に問題があっただけで、ニュートンの理論はそれまで通りに成り立つことを示したのである。(3)[*1] 単純なミスなど起こりそうにない場合でさえ（用いられる数学が比較的簡単だったり、すでに他の例に応用されて成功しているおなじみの手法だったりする場合など）、認知されて久しいアノマリーがしぶとく解決を拒んでいても、必ずしも危機は生じない。音速と水星の運動はどちらも、ニュートンの理論による予測との不一致が久しく認知されていたが、これらを理由にニュートンの理論を本気で疑った者はいなかった。第一の不一致［音速に関するもの］は、最終的には、まったく別の目的で行われた熱に関する実験によって、予想もしなかった方面から解決がもたらされた。[*2] 第二の不一致［水星の軌道運動］は、その問題が発生に一役買ったわけではない危機を経て、一般相対性理論の出現により解消した。(4) どちらの不一致も、危機にともなう不安を呼び覚ますほど根本的な問題に見えなかったのは明らかである。これらの不一致については、反例として認知されつつも、後でやるべき仕事として棚上げすることができたのだ。

そこから導かれるのは、もしもあるアノマリーが危機を生じさせるようなものなら、そのアノマリーは、普通は単なるアノマリーではないはずだということだ。パラダイムと自然との一致には、つねに何かしらの問題があるものだ。たいていの問題は早晩解消されるし、しばしば予想もできなかった成り行きで解消される。アノマリーに気づくたびにいちいち立ち止まって吟味しはじめる科学者には、重要な仕事はまず達成できないだろう。したがってわれわれは、何がアノマリーを、一致協力して精査するに値する問題と思わせるのかを問わなければならないが、この問いに対して、完全に一般的に当てはまる答えはおそらくないだろう。すでに検討した例は典型的だが、どうすればいいかはほとんど示してくれない。ときにはアノマリーが、ちょうどマクスウェルの理論を受け入れた人たちにとってエーテルの引きずりの問題がそうだったように、そのパラダイムの明示的な基本法則に疑問を投げかけることもあるだろう。また、コペルニクス革命の場合がそうだったように、一見するとそれほど

---

(3) W. Whewell, *History of the Inductive Sciences* (rev. ed.; London, 1847), II, 220–21.

(4) 音速については T. S. Kuhn, "The Caloric Theory of Adiabatic Compression," *Isis*, XLIV (1958), 136–37. 水星の近日点移動については、E. T. Whittaker, *A History of the Theories of Aether and Electricity*, II (London, 1953)〔霜田光一ほか訳『エーテルと電気の歴史』講談社〕, 151, 179.

*1　クレローが示したのは、太陽を含む三体運動を扱う連立方程式では、高次の摂動効果が重要になるということ。

*2　ニュートンは音波を、等温的に膨張したり圧縮されたりする空気ばねを伝播する波と考えて理論的に音速を導いたが、実際には音波は断熱的に伝わることが明らかになった。

基本的な重要性があるとは思えないアノマリーのせいで使えなくなる応用――コペルニクス革命の事例では暦法や占星術――に格別の重要性があったために危機を招くこともあるかもしれない。あるいは、十八世紀の化学の場合がそうだったように、通常科学が進展したことで、かつては些細な問題にすぎなかったアノマリーが、危機を招くようなものに変貌するかもしれない――十八世紀の化学の場合には、空気化学の研究方法が進展して、重さについての問題が新たな地位を獲得したのだった。アノマリーを喫緊の課題にできる事情はこれら以外にもあるだろうし、普通はいくつかの事情が絡み合っているだろう。たとえば、すでに述べたように、コペルニクスが直面した危機の源泉のひとつは、プトレマイオスの体系に残されていた現象との不一致を改善するための仕事に天文学者たちが懸命に取り組んだにもかかわらず、成果の上がらない期間があまりにも長く続きすぎたという、単なる期間の長さだった。

これらの理由や、これらに類する他の理由によって、アノマリーが通常科学によくあるパズルのひとつには見えなくなったとき、通常科学から危機へ、さらには異常科学[*3]への移行が始まっている。そうなると、そのアノマリーそれ自体が、専門家集団の中で、そういうものとして［アノマリーとして］より広く認知されるようになる。その分野でもっとも優秀な人たちがますますたくさん、さらにそのアノマリーに注目するようになる。そうなってもまだそのアノマリーが解決を拒み続ければ――普通はそういうことにはならないので――その人たちの多くは、そのアノマリーを解消することこそは、その分野の主要テーマだと考えるようになるだろう。その人たちにとって、自分たちの分野はかつてと同じには見えなくなるだろう。見え方が変わるのは、ひとつには、単に科学的に精査するときの目のつけ所が変わるためだ。変化の原因としていっそう重要なのは、その問題が一斉に注目されたために可能になった多くの部分的解決が、本質的に多様であることだ。しぶとく解決を拒む問題への攻略は、はじめのうちはかなりの程度まで、パラダイムのルールに従って行われるだろう。それでもまだ問題が解決されなければ、パラダイムの明確化に、小さな、あるいはそれほど小さくない変更を加えた攻略法が増えていく。そういう明確化にまったく同じものはひとつとしてなく、変更を加えられたパラダイムはどれも、ある程度の成功は収めるものの、そのグループがパラダイムとして受け入れるほどの成功を収めるものはない。こうして、多様な明確化が増殖すると（そういう取り組みはますます場当たり的だと言われるようになる）、通常科学のルールがますますあいまいになる。パラダイムはまだ存在しているが、何がパラダイムなのかについて、科学者たちの意見が完全に一致することはまずないことが明らかになる。すでに解決された問題への答えとして、かつては標準的だったものに対してさえ、疑問が投げかけられる。

状況が切迫すると、関係する科学者たちがこの状況に気づくこともある。コペルニクスは、当時の天文学者たちが「矛盾だらけの（天文学）研究を行い、一年の長さを説明したり観測したりすることさえできなくなっています」と不満を鳴らした。そして彼はこう続けた。「それはあたかも画家が、自分の描く人物像の手足や顔、その他身体の各部分を個々別々のモデルから持ってきたかのように、

＊3　extraordinary science：通常科学の枠に収まらない科学、の意。原文では同様の意味で使われているextraordinaryという語を、本訳書ではしばしば「通常科学の枠に収まらない」と訳出している。たとえば、extraordinary research：通常科学の枠に収まらない研究、など。

各部分はみごとに描かれているものの、一個の身体を作り上げるようにはなっておらず、均整が取れていないために、人間というよりは怪物を作り上げてしまうのと似ています」[5]。アインシュタインは彼の時代の語法に制約されてコペルニクスほど華々しい言い方はせず、ただ次のように書いた。「それはあたかも足元の大地が取り払われて、建物を建造しようにも、そのための基礎がどこにも見当らないようなありさまでした」[6]。また、ヴォルフガング・パウリは、行列力学に関するハイゼンベルクの論文によって新しい量子論への道が示される数か月ほど前に、ある友人に次のように書き送った。「現在、物理学はまたしても滅茶苦茶です。ともかく私には難しすぎて、自分が映画の喜劇役者かなにかで、物理学のことなど聞いたこともないというのならよかったのにと思います」。この証言は、それから五か月もしないうちに書かれたパウリの次の言葉と対比させると、とりわけ印象的だ。「ハイゼンベルク流の力学は、私に希望と生きる喜びをふたたび与えてくれました。それで謎が解けたというわけではないにせよ、これでわれわれはまた前進できるでしょう」[7]。

破綻がこれほどあからさまに認知されることはきわめて稀だが、危機の効果が、その危機の意識的認知に全面的に依存するわけではない。危機の効果とは、どのようなものだと言えるだろうか？　危機の効果のうち、どの場合にも現れそうなものはふたつしかない。すべての危機は、パラダイムがあいまいになり、その結果として通常研究のルールが緩むとともに始まる。この点において、危機の時期に行われる研究は、パラダイム成立以前の時期に行われる研究と非常によく似ているが、前者の場合、研究間の差異が生じる場所はより狭く、より明確に定義されるという点が異なる。そしてすべての危機は、三つの終わり方のいずれかで終わる。危機を招いた問題を既存のパラダイムの終焉とみなした人たちの絶望とうらはらに、結局、通常科学がその危機を解決できることが明らかになって終わる場合。もうひとつは、抜本的に新しいように見えるアプローチを採用してさえ、危機が解消できない場合だ。そのとき科学者たちは、分野の状況からして、その問題はしばらく解決できそうにないと結論するかもしれない。そうなるとその問題は未解決のレッテルを貼られ、もっと発展した道具を手に入れた未来世代に委ねるべく棚上げされる。最後に、われわれにとってはこれがもっとも興味のあるケースなのだが、新しいパラダイム候補が出現し、それに続いてその候補を受け入れるかどうかをめぐってバトルが繰り広げられる場合だ。危機の終わり方として今挙げた三つのパターンのうち、最後のひとつについては後の節でしっかり考察することにして、危機状態の進化およびその分析について以上に述べたことを完結させるために、以下の節で述べる内容のほんの一部を、予告として見ておかなければならない。

危機の状態にあるパラダイムから、新しい通常科学の伝統がそこから出現できるような新しいパラダイムへの転換は、古いパラダイムの明確化や拡張によって成し遂げられる累積的なプロセスとは似ても似つかないものだ。むしろそれは、新しい根本原則から出発して、その分野を再構成することで

（5）T. S. Kuhn, *The Copernican Revolution* (Cambridge, Mass., 1957)［『コペルニクス革命』］, p. 138.

（6）Albert Einstein, "Autobiographical Note," in *Albert Einstein: Philosopher-Scientist*, ed. P. A. Schilpp (Evanston, Ill., 1949)［渡辺正訳『アインシュタイン回顧録』ちくま学芸文庫など邦訳あり］, p. 45.

（7）Ralph Kronig, "The Turning Point," in *Theoretical Physics in the Twentieth Century: A Memorial Volume to Wolfgang Pauli*, ed. M. Fierz and V. F. Weisskopf (New York, 1960), pp. 22, 25–26. この記事のほとんどは、一九二五年直前の数年の量子力学の危機について述べている。

あり、パラダイムとなっている方法とその応用の多くを変えるだけでなく、その分野のもっとも初歩的な理論法則のいくつかをも変えるようなプロセスである。古いパラダイムから新しいパラダイムへの転換期には、新旧ふたつのパラダイムそれぞれが解決しうる問題の集合は、けっして完全には重ならないものの、大きな共通部分を持つだろう。しかし、ふたつのパラダイムが問題を解決するときのやり方には、決定的な違いもあるだろう。転換が完了したとき、専門家たちがその分野を見る目や、研究のために用いる方法、そして研究の目標が変化しているだろう。最近、優れた洞察力を持つある歴史家が、パラダイムが変わったために分野に新たな方向づけが生じた典型的な例を見ながら、その変化はあたかも「ステッキの反対側を摑む（物事の別の面を知る）」ように、「従来と同じデータの集まりを扱いながら、それに対して異なる枠組みを与え、個々のデータを新たな関係性の中に置く」ことだと述べた。(8) その歴史家以外にも、科学の進展のこの側面に気づいた人たちは、視覚的なゲシュタルトの変化との類似性を強調した。紙に描かれた模様が、はじめは鳥に見えていたのに、突如としてアンテロープに見えるようになったり、逆に、はじめはアンテロープに見えていたのに、鳥に見えるようになったりするのがそれだ。(9) この類似性には誤解を招きかねないところがある。科学者たちは、何かを、それとは別の何か*として*見るのではない。彼らは単にそれを見るだけなのだ。プリーストリーは酸素を脱フロギストン空気として見た、と述べることによって生じる問題については、すでにそのいくつかを詳しく考察した。それに加えて、ゲシュタルト実験の被験者は、紙に描かれた模様の見え方を自由に切り替えることができるが、科学者にその自由はない。それでも、ゲシュタルトの切り替えは、今日では非常によく知られていることでもあり、パラダイムが完全にシフトしたときに起こることを示すために役立つ初歩的な原型（プロトタイプ）ではある。

先に発見の出現について論じた際に、これと同じプロセスの小規模なバージョンをすでに詳しく考察していることもあり、以上の予告は、新理論の出現にふさわしい序奏としての危機を認識するために役立つだろう。新理論の出現は、科学実践のひとつの伝統と手を切って、異なるルールに従い、異なる言説の宇宙の中で行われる新たな実践の伝統を導入するのだから、そのことだけに照らして考えても、先行する伝統がひどく見当はずれになったと感じられるときにしか起こりそうにない。しかしこのように述べることは、危機という状態の探究の端緒にすぎず、その探究からもたらされる諸問題を解決するためには、残念ながら、歴史家よりはむしろ心理学者としての能力が必要になる。通常科学の枠に収まらない研究とは、どういったものだろうか？　アノマリーはいかにして、ある種の法則のようなものになるのだろうか？　自分の受けた教育によって身につけた道具では手に負えないほど根本的なレベルで何かがおかしいと気づいたとき、科学者たちはいかにしてそこから前進するのだろうか？　こうした問いのためにははるかに多くの調査が必要で、そのすべてが歴史に関するものではないはずだ。以下に述べることは必然的に、これまで述べてきたこと以上に、暫定的かつ不完全なものになるだろう。

新しいパラダイムは、危機がかなり嵩じたり、あるいは危機としてはっきりと認知されたりする前

（8）Herbert Butterfield, *The Origins of Modern Science, 1300–1800* (London, 1949)［渡辺正雄訳『近代科学の誕生』講談社］, pp. 1-7.
（9）Hanson, *op. cit.*, chap. i.

に、少なくとも萌芽的な状態で出現することが多い。ラヴォアジエの仕事はまさにその好例だ。彼が封印されたノートをフランス王立科学アカデミーに預けたのは、フロギストン説の重量関係についてかなり踏み込んだ研究を始めてから一年と経たない頃のことで、空気科学の危機の全体像をあらわにするプリーストリーの論文が発表されるよりも前だった。また、光の波動説についてのトマス・ヤングの最初の記述は、光学の分野で膨らみつつあった危機のごく初期の段階で現れ、ヤングが最初にその説について書いてから十年もしないうちに、科学の面目を潰す事態として彼の手を借りることなく国際的な問題にならなかったなら、ほとんど人目を引くことはなかっただろう。こうした場合に言えることはただ、パラダイムに小さな破綻が生じただけでも、そしてそのパラダイムによって与えられる通常科学のルールがわずかに緩みはじめただけでも、その分野に対する新たな見方を誰かの中に誘発するためには十分だということだ。最初にトラブルに気づいてから、利用可能な代替物を認知するまでに起こったことは、ほとんど意識されていなかったに違いない。

一方、ほかの場合――たとえば、コペルニクス、アインシュタイン、現代の原子核理論などの場合――には、パラダイムの破綻が最初に意識されてから新しいパラダイムが出現するまでには、かなり時間が経っている。その場合歴史家は、異常科学とはどういったものかについて、少なくとも二、三の手がかりを摑むかもしれない。直面した問題が理論における根本的なアノマリーであることが明らかなとき、科学者がしばしば最初にやるのは、そのアノマリーをより正確に取り出し、それに構造を与えようとすることだろう。いまやその科学者は、通常科学のルールが完全に正しいことはありえないと気づいているが、それらのルールがどこまで通用するかを見きわめるために、問題が生じた領域で、それまでになく限界までそのルールを当てはめてみようとするだろう。それと同時に、破綻を拡大して見せるための方法、すなわち、あらかじめ結果がわかっていると考えられていた実験で示された以上に破綻を際立たせ、できることならいっそう示唆的に見せてくれる研究方法を探そうとするだろう。後者の努力をする科学者は、パラダイム成立後の科学の発展における他のどの時期よりも、広く流布する科学者のイメージにほとんど重なって見えるだろう。第一に、その科学者はしばしば、何が起こるかを見るためだけに実験を行い、性質がまったく予想できないような効果を探そうとするため、場当たり的に何かを探しているように見えるだろう。それと同時に、危機に直面した科学者は、ともかくも理論なしには実験を考えることができないから、あわよくば新しいパラダイムへの道を示してくれるかもしれず、さもなければ比較的あっさりと手放してもかまわないような、間に合わせの理論をたえず作り出そうとするだろう。

長きにわたった火星の運動との格闘についてのケプラーの苦労話や、新種の気体が増え続けることに対する自らの反応を綴ったプリーストリーの記述などは、アノマリーに気づくことから始まる、どちらかと言えば場当たり的な研究の典型例だ。[10] しかし、おそらく最高の例は、現代の場の理論と素粒子の研究から得られるものだろう。通常科学のルールがどこまで通用するかを見きわめる必要を生じ

(10) ケプラーによる火星の研究については、J. L. E. Dreyer, *A History of Astronomy from Thales to Kepler* (2d ed.; New York, 1953), pp. 380–93. ところどころ不正確なところはあるが、ドライヤーの要約はここでの議論の参考になる。プリーストリーについては、彼自身の著作を参照されたい。J. Priestley, *Experiments and Observations on Different Kinds of Air* (London, 1774–75).〔原光雄訳『酸素の發見』大日本出版〕

させた危機が存在しなかったなら、ニュートリノを検出するための壮大な努力は、はたして正当化されただろうか？　あるいは、もしも通常科学のルールがどこか未知の部分で破綻していることがわかっていなかったなら、パリティ非保存という過激な説が提案され、検証されることはありえただろうか？　過去十年間に行われた物理学のさまざまな研究と同じく、これらの実験は、まだぼんやりとしていた一組のアノマリーの発生源を特定し、その場所を突き止めようとする努力の一環だったのである。

通常科学の枠に収まらないこの種の研究には、もうひとつ別の種類の研究がともなうことが多い――しかし通例としてそうだというわけではけっしてない。科学者たちは、とくに危機の存在が認識されている時期には、自分の分野の謎を解明する手がかりを得るための道具として、哲学的な分析に目を向けてきたように私には思われるのである。一般に、科学者は哲学者であることを求められないし、哲学者でありたいと思ってもいない。実際、通常科学は普通、創造的な哲学とは一定の距離を保っており、おそらくそれには十分な理由があるのだろう。ひとつのパラダイムを手本として通常研究ができているうちは、そのパラダイムのルールや仮定を明示する必要はない。第V節では、哲学的な分析が探し求めているルールの完全な集合は、存在する必要すらないと指摘した。しかしだからといって、仮定を探し求めることが（たとえそれが存在しない仮定だったとしても）、伝統にがんじがらめになった頭脳を多少とも解きほぐし、新しい基礎を見出すための方法として役立たないというわけではない。十七世紀におけるニュートン物理学の出現と、二十世紀における相対性理論と量子力学の出現は、どちらの場合も、それらの出現に先立ち、またそれらの出現にともない、その時代の研究伝統について基本的なレベルで哲学的分析がなされたが、それは偶然ではない[(11)]。また、これらふたつの時期の両方で、いわゆる思考実験が研究の進展にきわめて大きな役割を演じたが、それもまた偶然ではない。別の論考で示したように、ガリレオ、アインシュタイン、ボーアらの著作にふんだんに盛られた分析的な思考実験は、古いパラダイムを既存の知識に直面させ、実験室では達成不可能な鮮明さで危機のルーツを取り出すように緻密に計算されていたのである[(12)]。

通常科学の枠に収まらないこうした研究の手続きを、ひとつだけで、またはいくつか組み合わせて使えるようになると、また別のことが起こるかもしれない。問題の生じた小さな領域に科学的探究の関心を集中させ、実験に現れるアノマリーをアノマリーとして認識するよう研究者たちに心の準備をさせることで、危機はしばしば新発見を急増させる。酸素に関するラヴォアジエの仕事とプリーストリーの研究を比べたとき、危機に気づいていたかどうかによって、どのような差が生じたかはすでに見た。そしてアノマリーに気づいた化学者たちがプリーストリーの仕事に見出した新しい気体は、酸素だけではなかったのだ。また、光の波動説の登場前後には、光学の分野で多くの新発見があった。たとえば反射光の偏光現象のように、問題の生じた分野を集中的に調べたおかげでたまたま見つかったものもある。（マリュスは、不可解な現象として当時広く知られていた複屈折をテーマとするフランス王

(11) 十七世紀の力学にともなう哲学的対位旋律については、René Dugas, *La mécanique au XVIIe siècle* (Neuchatel, 1954) の、特に chap. xi を参照のこと。同様の十九世紀におけるエピソードについては、同じ著者がそれより先に発表した次の文献を参照されたい。Dugas, *Histoire de la mécanique* (Neuchatel, 1950), pp. 419–43.

(12) T. S. Kuhn, "A Function for Thought Experiments," in *Mélanges Alexandre Koyré*, ed. R. Taton and I. B. Cohen (Hermann [Paris], 1964).［「思考実験の機能」、『科学革命における本質的緊張』］

立科学アカデミーの懸賞問題に取り組みはじめるとすぐに偏光現象を発見した。）あるいはまた、円盤が投じる影の中心部に明るい点が現れる現象のように、新しい仮説［光の波動説］から予測することができ、その予測が的中したことで、その仮説をのちの研究に役立つパラダイムに変貌させるために一役買ったものもある。さらに、ひっかき傷や厚い板から生じる色などは、それまでもしばしば観察されたり言及されたりしていたが、プリーストリーの酸素の場合と同様、科学者はその現象の正体に気づきにくい状況にあった。[13] 同様の説明は、量子力学の出現に付随して一八九五年頃からたえずなされてきた多くの発見についてもできるだろう。

通常科学の枠に収まらない研究には、これら以外の現れ方や影響もあるに違いないが、この研究領域では、われわれはまだ問うべき問いもほとんど見つけていない。しかし当面は、以上の説明があれば事足りるだろう。これまでに述べたことは、危機がステレオタイプに凝り固まった頭を解きほぐし、根本的なパラダイム・シフトを引き起こすために必要なデータを増やすということを示すためには十分なはずだ。ときには、通常科学の枠に収まらない研究がアノマリーに与えている構造の中に、新しいパラダイムが予示されていることもある。アインシュタインは、古典力学の代わりになるものをまだ何も見出していないうちから、黒体放射、光電効果、比熱という、三つのアノマリーのあいだの関係が見えていたと述べた。[14] しかしそんな構造は、事前に意識的には見えないことのほうが多い。むしろ、新しいパラダイムや、のちにそのパラダイムを明確化するための十分な手がかりは、危機に深くはまり込んでいる人の頭に、突如として、ときには真夜中に、すべてがいっぺんに出現する。その最後の段階がどういった性質のものか――いまやすべてが一箇所に集められたデータに秩序を与える新たな方法を、ひとりの人間がいかにして発明するのか（あるいは、自分がすでに発明していたことにいかにして気づくのか）――は、いまも未解明であり、解明されることは永遠にないのかもしれない。ここでは、それについてひとつだけ述べさせてもらおう。新しいパラダイムを発明するという基本的な仕事を成し遂げるのは、ほとんどつねに、非常に若いか、または自分がパラダイムを変えることになる分野に参入してまもない人物だということだ。[(15)] この論点は、あえて明示するまでもなかったかもしれない。というのも、若手や新参者は、それまでの経験から通常科学の伝統的ルールに対するコミットメントをほとんど持たず、それらのルールがもはやゲームを定義していないことを見て取ったり、それらに代わるルールを考えたりすることが、とくに容易にできるのは明らかだからだ。

その結果として起こる新しいパラダイムへの転換が科学革命であり、これまで長らく準備を重ねて、ようやく直接的に扱えるようになった主題である。しかし最初に、直前の三つの節で取り上げた素材

(13) 新しい光学的な発見全般についての次の文献を参照のこと。V. Ronchi, *Histoire de la lumière* (Paris, 1956), chap. vii. これらの効果のひとつについて、もっと早い時期の説明については次の文献を参照のこと。J. Priestley, *The History and Present State of Discoveries Relating to Vision, Light and Colours* (London, 1772), pp. 498–520.

(14) Einstein, *loc. cit.*

(15) 基礎的な科学研究における若手の役割についてのこの一般化は、ほとんど常套句のように広まっている。さらに、科学理論に対する基本的な貢献のリストならどんなものでも、それを一瞥するだけで、この一般化が支持されているという印象を受けるだろう。それにもかかわらず、この一般化は、残念なほど系統的な調査が行われていない。レーマン (Harvey C. Lehman, *Age and Achievement* [Princeton, 1953]) は多くの有用なデータを提供している。しかし彼の研究は、根源的に概念化しなおすことをもたらすような貢献を選り出そうとはまったくしていない。また彼の研究は、科学において比較的年を取ってから生産性が上がる場合の特殊な状況について――もしもそういうものがあるとすればだが――調べてくれてはいない。

が地ならしをした、一見したぐらいではわかりにくい点に注意しておこう。アノマリーの概念を初めて導入した第VI節までの部分では、「革命」と「異常科学」というふたつの用語は、同じ意味のように思われたかもしれない。さらに重要なことに、どちらの用語も、「通常ではない科学」という意味でしかないように思われたのではないだろうか。少なくとも何人かの読者は、そこに厄介な循環性を見て取るだろう。しかし実際上は、その循環性にはとくに問題はないのである。このすぐ後で明らかになるように、それと同様の循環性は、科学理論に特徴的なものなのだ。とはいえ、厄介かどうかは別にして、その循環性はもはや完全なる堂々巡りではない。この小論の本節と、すぐ前のふたつの節では、通常科学の研究活動が破綻しているかどうかの判定規準をいくつか導き出したが、それらの規準は、研究活動の破綻に続いて革命が起こるかどうかにはまったく依存していない。アノマリーや危機に直面した科学者は、既存のパラダイムに対し、それまでとは異なる態度を取るようになり、それに応じて彼らの研究の性質も変わる。競争する［理論の］明確化が増殖すること、何でもやってみようという雰囲気が蔓延すること、あからさまな不満が表明されること、哲学に目が向けられること、その分野の基礎に関する議論が起こることなどはみな、通常研究から、通常科学の枠に収まらない研究への転換が起こっている徴候だ。通常科学という概念は、革命の存在よりはむしろ、こうした徴候の存在に依存しているのである。

第IX節　科学革命の性質と必要性

以上のことを述べれば、いよいよ、この小論に『科学革命の構造』というタイトルを与えている諸問題の考察に取り掛かることができる。科学革命とは何なのか、そしてそれは科学の発展においてどんな機能を果たしているのか？　これらの問いへの答えのかなりの部分は、これまでの節に予告しておいた。とくに、ここまでの議論が指し示すように、ここでは科学革命を、古いパラダイムとは両立しない新しいパラダイムによって古いパラダイムが全面的または部分的に置き換えられる、非累積的なエピソードと考える。しかしそれが話のすべてではなく、新たな論点の主要部分を導入するためには、さらにひとつの問いを発すればよい。なぜパラダイムの変化を、革命と呼ばなければならないのだろうか？　政治の発展と科学のそれとのあいだには途方もなく大きくて本質的な違いがあるというのに、どんな類似性なら、政治と科学の両方に革命を見出すメタファーを正当化できるのだろうか？

その類似性のひとつの側面は、すでに明らかなはずだ。政治革命の火蓋を切るのは、既存の制度も一因となって生じた環境が提起する問題に、当の制度がしかるべく対処しなくなっているという、しばしば政治的コミュニティーの一部分だけで膨らみつつある感覚だ。それとほぼ同様に、科学革命の火蓋を切るのは、既存のパラダイムそれ自体が先頭に立って推し進めてきた自然のある側面の探究において、そのパラダイムがしかるべく機能しなくなっているという、これもまたしばしば科学コミュニティーの狭い一部分だけで膨らみつつある感覚だ。政治と科学のどちらの発展においても、危機につながりかねない機能不全が起こっているという感覚が、革命が起きるための前提条件なのである。さらにその政治との類似性は、コペルニクスやラヴォアジエに帰される大規模なパラダイムの変化だけでなく、酸素やX線のような新種の現象の同化にともなう、はるかに小さなパラダイムの変化にもある――とはいえ、小さなパラダイムの変化の場合には、革命というメタファーに少々無理があることは認めなければならないが。第V節の末尾で述べたように、科学革命を革命として捉えるのが避けがたいのは、自分たちのパラダイムに影響が及ぶ人たちだけなのだ。その分野外の人たちにとっては、科学革命は、ちょうど二十世紀初めに勃発したバルカン革命のように、正常な発展過程の一部のように見えるかもしれない。たとえば、天文学者たちがX線を、それまでの知識への単なるつけ足しとして受け止めることができたのは、新しい種類の放射が存在しても、天文学者のパラダイムには影響がなかったからだ。しかし、放射の理論を扱ったり、陰極線の実験をしたりしていた、ケルヴィン、クルックス、レントゲンのような人たちにとっては、X線の出現は必然的に、ひとつのパラダイムを作り出すと同時に、もうひとつのパラダイムに違反するものだったのである。それが、まず通常研究がどこかおかしくなることでしか、X線が発見されなかった理由だ。

政治の発展と科学のそれとのあいだの類似性に、〔革命の〕発生に関して今述べたような側面があることには、もはや疑問の余地がないはずだ。しかし両者の類似性には、いっそう深遠な第二の側面があり、今述べた第一の側面の重要性もそれに依存している。政治革命は、政治制度がそれまで禁じていたやり方で、制度そのものを変化させようとする。したがって、政治革命が成功すれば必然的に、一組の制度を部分的に廃棄して、別の一組の制度を選び取ることになり、しばらくのあいだ、社会は制度によって十分に統治されているとは到底言えなくなる。危機がパラダイムの役割を弱体化させることはすでに見たが、それと同様に、最初のうち政治制度の役割を弱体化させるのは危機だけである。しだいに多くの人たちが政治生活から徐々に疎外され、政治生活の内部で、ますます普通とは異なる振る舞いをするようになる。その後、危機が深まるにつれて、そういう人たちの多くが、社会の再建を目指して新制度を作ろうという具体的な提案のいずれかに積極的に関与するようになる。その時点で、社会は、競争する陣営、すなわち党派に分裂し、ひとつの党派は古い制度の集合体（コンステレーション）を擁護するが、それ以外の党派は何か新しい制度の集合体を作ろうとする。そういう分極化が起こると、政治的な方策が作動しなくなる。革命的な衝突に関与する諸党派は、最終的には、しばしば武力をも含めて、大衆説得のためのさまざまなテクニックに訴えるしかなくなるのだが、その理由のひとつは、政治的変化の達成や評価の枠組みとなる制度のマトリックスに関する意見が党派によって異なるためであり、またひとつには、それらの党派が、革命の差異を裁定するような、制度をまたいだ枠組みを認めないためである。革命は、政治制度の進展に重要な役割を果たしてきたが、その役割は、革命が、なかば政治の外側の、もしくは制度の外側の出来事だという点に依存しているのだ。

この小論の残る部分では、パラダイムの変化を歴史的に研究すれば、科学の進展には政治の場合と非常によく似た特徴があることが判明すると論証することを目指す。競争するふたつの政治制度のどちらか一方を選ぶのと同じく、競争するふたつのパラダイムのどちらか一方を選ぶことは、互いに両立しないコミュニティー生活のふたつの様式のどちらか一方を選ぶことなのだ。パラダイムの選択にそういう特徴があるため、通常科学に特徴的な評価の手続きだけによってパラダイムの選択が決定されることはないし、決定されることはありえない。なぜなら、通常科学における選択は、特定のパラダイムになかば依存するが、ここではまさにそのパラダイムこそが争点だからである。パラダイム選択をめぐる論争には当然ながらパラダイムが入り込むため、パラダイムの役割は循環的にならざるをえない。それぞれのグループは、自分たちのパラダイムを擁護する議論に、そのパラダイムを利用するのだ。

もちろん、結果として循環性が生じるからといって、その議論が間違いだということにはならないし、ましてや説得力を失うことはない。あるパラダイムを擁護するための議論で当のパラダイムを前提とする人は、循環性があってもなお、新しい自然観を採用した者にとって科学の実践がどのようなものになるかを明確に示すことはできる。そうして示された内容が、途方もなく大きな、しばしば抗いがたいほど大きな説得力を持つこともありうる。しかし、どれだけ力があろうと、循環論法に与えられる地位は、説得力に対して与えられるそれでしかない。その循環の輪に踏み入ることを拒む人たちにとっては、論理的にも、確率論的にさえも、抗えないほどのものとはなりえない。パラダイムをめぐって論争するふたつの陣営が共有する前提と価値の重なりは、それができるほど十分に大きくはないのである。政治革命の場合と同じことが、パラダイム選択の場合にも成り立つ――関係するコミュニティーの合意よりも高次の判断基準はないということだ。したがって、科学革命はいかにして成し上げられるのかを見出すためには、自然の影響と論理の影響だけを考察するのではなく、科学者たちのコミュニティーを構成するかなり特殊な諸々のグループの内部で効果を上げる説得的な議論のテクニックについても考察しなければならないだろう。

　パラダイム選択というこの争点を、論理と実験だけできっぱり決着することはけっしてできないのはなぜかを見出すために、伝統的なパラダイムを唱導する人たちと、その人たちの革命的な後継者たちとの違いの性質について手短に検討しておかなければならない。それをすることが、本節と次節の主要な目的である。とはいえ、われわれはその違いの例をすでにたくさん見ており、歴史に目を向ければ、ほかにも多くの例が見つかることは誰も疑わないだろう。むしろ疑わしいのは——それゆえ最初に考えなければならないのは——例が存在することではなく、むしろそれらの例が、科学の性質について本質的に重要なことを教えてくれるかどうかだ。パラダイムの放棄は歴史上の事実だと認めるとして、それが光を投げかけるのは、人間の騙されやすさと混乱ぶりだけなのではないだろうか？　新しい現象や科学理論を同化するためには古いパラダイムを棄てなければならないと言うが、そこに何か本質的な理由はあるのだろうか？

　はじめに、そんな理由があったとして、それらは科学知識の論理的な構造から導き出されるようなものではないという点に注意しよう。原理的には、新しい現象は、過去の科学実践のいかなる部分にも破壊的な影響を及ぼすことなく出現してもかまわない。今日では、月に生命が発見されれば、既存のパラダイムにとっては破壊的な発見だろうが（既存のパラダイムがわれわれに教えることは、月に生命が存在することと両立しないように見える）、銀河系のどこかそれほどよく知られていない領域に生命が発見されても、既存のパラダイムにとって破壊的な発見ではないだろう。同様に、新しい理論は、先行する理論のどれかと衝突しなければならないというわけではない。新理論は、ちょうど量子論が二十世紀以前には知られていなかった原子以下の現象を取り扱う理論であるように、それまで知られていなかった現象だけを取り扱う理論なのかもしれない（ただし、これは重要な点だが、量子論は原子以下の現象だけを取り扱う理論ではない）。あるいはまた、その新理論は、以前に知られていた諸理論よりも上の階層に属し、下の階層に属する多くの理論のすべてを結びつけるだけで、どの理論も大きく変えることはないのかもしれない。今日、エネルギー保存則は、力学、化学、電気学、光学、熱理論といった分野を、まさにそのように結びつけている。新旧ふたつの理論が両立するためには、これら以外にもさまざまな関係性が考えられるだろう。そういう関係性のすべてについて、科学のこれまでの発展の歴史的経緯の中に具体例が見つかるかもしれない。そうなれば、科学の発展はまぎれもなく累積的だということになるだろう。新しい種類の現象はただ単に、それまで目を向けられることのなかった自然のある一面に、秩序が存在することを明らかにするものとなるだろう。科学が進展することで得られる新知識は、それと両立しない別の知識に取って代わるのではなく、無知に取って代わることになるだろう。

もちろん、科学は（あるいは、おそらくそれほど効率的ではない何かほかの事業は）、完全に累積的なそのやり方で発展してきたのかもしれない。多くの人は、科学はそのように発展してきたと信じてきたし、今でもほとんどの人は、もしも人間の特質のせいで科学の歴史的な発展がこれほど頻繁に歪められることさえなければ、累積的な発展こそは、ともかくも歴史がはっきりと示している理想ではあるのだろうと信じているように見える。そう信じるのには、いくつか重要な理由がある。第X節では、科学は累積的だとする観点は、知識は生の感覚与件（センス・データ）に直接的にもとづいて心が組み立てた構成物だとする支配的な認識論と密接に絡まり合っているのを見出すだろう。そして第XI節では、そのような歴史記述の枠組みを、効果的な科学の教育方法がいかに強力に支持するかを考察する。しかし、その理想の科学像は、実にもっともらしく見えるにもかかわらず、本当に科学の像なのだろうかと疑うべき理由がますます増えているのである。パラダイム成立以前の時期が終わったあとでは、すべての新理論と、ほぼすべての新種の現象を同化するために、先行するパラダイムの破壊と、その結果として生じる科学思想の学派間の対立が実際に必要とされてきた。予想もしなかった新奇な知識が累積的な方法で得られることは、科学の進展の仕方に関するルールの中では、ほとんどないに等しいほどの例外であることが証明されているのである。歴史的な事実をまじめに受け止める者なら、科学は累積的だというわれわれのイメージが示唆してきた理想に、科学は合っていないのではないかと疑わなければならない。ひょっとすると科学は、別の種類の事業なのかもしれない。

一方、もしも［科学は累積的だとするイメージに］抗う事実がわれわれをその疑念にまで連れてくることができるのなら、これまで本書の中で行った考察をもう一度見直せば、累積的なプロセスによる新奇さの獲得は、事実として稀だというだけでなく、原理的にもありそうにないことが示唆されるかもしれない。通常研究——それはたしかに累積的な営みだ——が成功するのは、概念と装置の両面で、すでに存在しているテクニックに近いものを使って解決できる問題をそのつど的確に選び出す科学者たちの能力のおかげだ。（既存の知識や技法との関係を顧みず、役に立つ問題ばかりに過剰に関心を寄せると、科学の進展があまりにも容易に阻害されることがあるのはそのためだ。）しかしながら、既存の知識や技法によって定義される問題を解決しようと奮闘している人は、単にあたりを見まわしているのではない。その人は、自分が何を成し遂げたいかを知っていて、その目標に合わせて自分の装置を設計し、自分の考えを方向づけしているのだ。予想もしなかった新奇なこと、つまり新発見は、自然や自分の装置に関するその人の予想がはずれたとわかったときの、そのはずれ方の範囲でしか出現することができない。発見の予兆となったアノマリーが広範であればあるほど、またその解決が難しければ難しいほど、結果として成し遂げられた発見それ自体がしばしば重要なものになるだろう。そうだとすれば、アノマリーをあらわにするパラダイムと、のちにそのアノマリーをある種の法則にする新しいパラダイムとのあいだに、衝突がなければならないのは明らかだ。第Ⅵ節では、パラダイムを壊すことで成し遂げられた発見の例を詳しく検討したが［酸素の発見、X線の発見、ライデン瓶の発見］、それらの例は、単なる歴史の偶然として、われわれの眼前に突きつけられたのではない。パラダイムを壊すこと以外に、効果的に発見を生成してくれそうな方法はないのである。

それと同じ議論が、新理論の発明にはよりいっそう明白に当てはまる。新理論が作られる可能性があるのは、原理的には次の三つのタイプの現象だけである。第一のタイプの現象は、すでに既存のパラダイムでうまく説明されているもので、そんな現象が、理論を作る動機になったり、理論作りの出発点になったりすることはめったにない。そういう稀なケースでは、第Ⅶ節の最後で取り上げた有名な三つの先駆理論［アリスタルコスの太陽中心説、ジャン・レイの燃焼説、ライプニッツらの関係説（相対説）］がそうだったように、理論を差別化するための基礎を自然が与えていないため、そうして作られた理論が受け入れられることはまずない。第二のタイプは、既存のパラダイムによってその性質は示唆されているが、細部を理解するためには理論の明確化をさらに進めるしかない現象だ。科学者たちはこのタイプの現象を理解するために多くの時間を費やすが、その目的は、既存のパラダイムを明確化することであって、新しいパラダイムを発明することではない。その明確化の試みが失敗してはじめて、科学者は第三のタイプの現象、すなわちアノマリーとして認知され、既存のパラダイムへの同化をしぶとく拒むことを特徴とする現象に出会う。新理論を生じさせるのは、このタイプの現象だけである。パラダイムは、科学者の視野の中に、アノマリー以外のすべての現象に対し、理論によって定められた位置づけを与えるのである。

しかし、もしも既存の理論と自然との関係におけるアノマリーを解消するために新理論が必要なら、アノマリーを首尾よく解消する新理論は、先行する理論とは何かしら違う予測ができるようなものでなければならない。もしもふたつの理論が論理的に両立可能なら、予測に違いが生じるはずはないだろう。同化の過程で、後発の理論は先行理論に取って代わらなければならない。今日では、独立に確立された多くの理論を介してのみ自然とつながっている論理的な超構造に見えるエネルギー保存則のような理論でさえ、歴史的にはパラダイムを破壊することなく発展したわけではなかった。むしろエネルギー保存則は、ニュートン力学と、熱のカロリック〔熱素〕説から導かれる結果として当時定式化されたばかりの内容とが、両立しないことを本質的な原因とする危機から出現したのである。カロリック説が棄てられてはじめて、エネルギー保存則は科学の一部になることができた(1)。そして科学の一部になってからだいぶ時間が経ってようやく、エネルギー保存則は、すでに確立された多くの理論と矛盾しない、論理的にひとつ上の階層に属する理論になることができたのである。自然に関する既存の信念にこうした破壊的変化を引き起こすことなく、新理論が生じうるとは考えにくい。引き続くふたつの科学理論の関係として、一方が他方を論理的に包含するという見方もありえなくはないが、歴史を見る限り、そのような関係はもっともらしく思えないのである。

百年前なら、革命の必要性を説く論拠は、この一点をもって支えることができただろう。しかし残念ながら、今日ではそうはいかない。なぜなら、科学理論の性質と機能について昨今もっとも広く流布している解釈を受け入れるなら、右に発展させた観点は支持できないからだ。初期の論理実証主義と密接に関係し、それに続く諸学説もきっぱりとは否定していないその解釈は、後発理論による同じ自然現象の予測と矛盾しないよう、受容された理論の適用範囲と意味を限定するだろう。この限定された科学理論の捉え方を支える論拠として、もっとも強力にしてもっとも広く知られているのは、今日のアインシュタインの力学と、ニュートンの『プリンキピア』に由来する古い力学方程式との関係についての議論に現れるものだ。この小論の観点からすれば、アインシュタインの理論とニュートンの理論は、コペルニクスの天文学とプトレマイオスの天文学の関係によって例示される意味において、根本的に両立不可能だ。アインシュタインの理論は、ニュートンの理論は間違っていると認識することによってのみ受け入れ可能なのである。今日なお、これは少数派の観点に留まっている。[2] それゆえわれわれは、この考えに対する反論として、もっとも広く流布しているものを検討しなければならない。

それら反論の骨子は次のように展開することができる。ニュートン力学は、たいていの工学者に今も利用され、一部の精選された応用領域では物理学者の多くにも利用されて大きな成果を挙げているのだから、相対性理論の力学がニュートン力学の間違いを示しているということはありえない。さらに、その古い理論をこのように使うのが適正であることを、他の応用においてはそれに取って代わった新しい理論そのものを使って証明することができる。アインシュタインの理論を使えば、少数の制約を満たすすべての応用において、ニュートンの方程式から得られる予測はわれわれの測定装置の性能の範囲でうまくいくことが示されるだろう。たとえば、ニュートンの理論が良い近似解を与えるためには、その応用における物体の相対速度は光の速度に比べて小さくなければならない。この条件や、その他いくつかの条件を満たせば、ニュートンの理論はアインシュタインの理論から導かれるように見え、それゆえアインシュタインの理論の特殊ケースなのである。

しかし――と、その反論は続く――いかなる理論も、その理論の特殊ケースであるような理論と矛盾することはありえない。もしもアインシュタインの科学がニュートン力学を間違いにしているように見えるとしたら、それはニュートン主義者の中に、ニュートンの理論を使えば完全に正確な結果が得られるとか、非常に大きな相対速度が関係する状況でもニュートンの理論は成り立つといった不用意な主張をする者たちがいたからでしかない。そういう主張にはいかなる根拠もありえなかったのだから、そんなことを言う者こそは、科学の基準から外れていたのである。ニュートンの理論が、正しい証拠に裏づけられた真に科学的な理論であったことが一度でもあれば、その限りにおいて、この理

（1）Silvanus P. Thompson, *Life of William Thomson Baron Kelvin of Largs* (London, 1910), I, 266–81.

（2）たとえば P. P. Wiener in *Philosophy of Science*, XXV (1958), 298 を参照のこと。

論は今も正しい。アインシュタインによって間違っていることが示されたと言えるのは、ニュートンの理論の適用範囲を越えた途方もない主張――いまだかつて正当な科学の一部であったことのない主張――だけなのだ。人間的な勇み足と言うべきそのような主張を別にすれば、ニュートンの理論が疑問視されたことはただの一度もなかったし、そんなことはあるはずもないのである、と。

この論法に多少手を加えれば、有能な科学者たちの重要なグループが一度でも使ったことのある理論はなんであれ、攻撃を免れるようにするには十分だ。たとえば、散々悪口を言われてきたフロギストン説は、物理学と化学の多くの現象に秩序を与えた。この説は、物体はなぜ燃えるのかを説明した――燃焼するのはフロギストンを豊富に含むからである、と。また、金属同士が、それを含む鉱石同士よりも多くの性質を共有する理由も説明した。すべての金属はフロギストンと結びついたさまざまな土の元素からなり、どの金属にもフロギストンが含まれているから、金属はどれも似たような性質を持つのである、と。さらにフロギストン説は、炭素や硫黄のような物質が燃焼して酸が生じる反応に説明を与えた。そしてまたこの説は、密閉された容器内で燃焼が起こると空気の容積が減る現象を、燃焼により発生したフロギストンが、ちょうど火が鋼鉄製のバネの弾性を「損なう」ように、それを吸収した空気の弾性を「損なう」からだとして説明した。(3) もしもフロギストン説を擁護する理論家たちが、おのれの理論の正しさを証明するために以上のような現象だけを論じていたとすれば、この説の正しさが疑われることはけっしてなかっただろう。同様の議論を使えば、なんらかの範囲の現象に一度でもうまく応用されたことのある理論はすべて、その正しさを主張できるだろう。

しかし、このやり方で理論を救済するためには、理論を当てはめる範囲を、手元の実験的証拠ですでに対処できている現象および観測精度に限定しなければならない。[4] そこから一歩踏み出せば（そして最初の一歩を踏み出してしまえば、次の一歩を踏み出さずにいることはほぼ不可能だ）、その制限のために、まだ観測されていないいかなる現象についても、科学者は自分の発言を〝科学的〟だとは主張できなくなる。一歩踏み出す前でさえ、その限定ゆえ、ある理論を使った実践がまだ行われていない領域に入ったり、かつてない高い精度を追究したりするときはつねに、科学者は自分の研究でその理論に頼ることができない。こうした禁止には、論理的に例外はありえない。しかしそんな禁止を受け入れることの結果は、科学をさらに発展させるかもしれない研究の終焉だろう。

ここまでくると、その論点もまた、事実上のトートロジーである。パラダイムへのコミットメントなしに通常科学はありえないだろう。さらにそのコミットメントは、十分な先例のない領域と精度にまで拡張されなければならない。さもなければ、パラダイムは未解決のパズルを提供できないだろう。それに加えて、パラダイムへのコミットメントに依存するのは通常科学だけではない。もしも既存の理論が、今ある応用に関係することだけに科学者を縛りつけるなら、予想もしなかった発見も、アノマリーも、危機もありえない。しかし、そういったものこそは、異常科学への道しるべなのだ。もし

（3）James B. Conant, *Overthrow of the Phlogiston Theory* (Cambridge, 1950), pp. 13–16; J. R. Partington, *A Short History of Chemistry* (2d ed.; London, 1951), pp. 85–88. 次の文献には、フロギストン説がどれだけのことを成し遂げたかについて、もっとも充実し、もっとも共感に満ちた記述がある。H. Metzger, *Newton, Stahl, Boerhaave et la doctrine chimique* (Paris, 1930), Part II.

（4）ブレイスウェイトが、これとは大きく異なる分析を通してたどり着いた結論と比較せよ。R. B. Braithwaite, *Scientific Explanation* (Cambridge, 1953), pp. 50–87, esp. p. 76.

も理論の適用範囲に関する実証主義的な限定を杓子定規に受け入れるなら、根本的な変化を引き起こしそうなのはいかなる問題なのかを科学コミュニティーに示してくれるメカニズムが機能しなくなるだろう。そうなると、その科学コミュニティーの状況は必然的に、パラダイム成立以前の時期のそれによく似たものに戻らざるをえず、すべてのメンバーが科学を行っているにもかかわらず、その研究の成果はおよそ科学のようには見えなくなるだろう。科学において重要な進展を成し遂げることの代価が、間違うリスクのあるものへのコミットメントだとしても、何の不思議があるだろうか？

いっそう重要なのは、その実証主義の論法には、ただちに革命的変化の性質について再考するようわれわれを導く、きわめて啓発的な論理的欠陥があることだ。ニュートンの力学は、相対性理論の力学から本当に*導く*ことができるのだろうか？　その導出方法はどういったものなのだろう？　$E_1, E_2, \ldots, E_n$ という、全体として相対性理論の諸法則を具体的に表す言明の集合を想像しよう。これらの言明には、空間内の位置、時間、静止質量などの変数とパラメータが含まれている。それらの変数とパラメータに論理と数学の道具を合わせると、観測によってチェック可能ないくつかの言明も含め、さらなる言明のすべてからなる集合を演繹的に導くことができる。特殊ケースとしてのニュートン力学という考えの妥当性を証明するためには、$E_1, E_2, \ldots, E_n$ に、パラメータと変数の範囲を制限する $(v/c)^2 \ll 1$ のような言明を加えなければならない。この拡張された一連の言明は、その後の操作を経て、新たに一組の言明 $N_1, N_2, \ldots, N_m$ をもたらし、それらは形式上は、ニュートンの運動法則、重力法則、等々と同じである。ニュートンの力学が、いくつかの制限条件のもとで、アインシュタインの力学から導かれたことは明らかにみえる。

ところがその導出は、少なくともここまでのところは見せかけなのである。$N_1, N_2, \ldots, N_m$は、相対論的力学の諸法則の特殊ケースだが、ニュートン力学の諸法則ではない。つまり、少なくともアインシュタインの仕事の後になるまでは使えなかったであろう方法で再解釈されないうちは、ニュートンの法則ではないのである。アインシュタインの$E_1, E_2, \ldots, E_n$において、空間的な位置、時間、質量等を表していた変数とパラメータは、$N_1, N_2, \ldots, N_m$にも現れる。それらが表しているのは、やはりアインシュタインの空間、時間、質量だ。しかし、アインシュタインの概念の物理的な指示対象は、同じ名前を持つニュートン的な概念のそれとは断じて同じではない。（ニュートン物理学における質量は保存される。アインシュタインの力学における質量はエネルギーと交換可能である。これらふたつの質量は、相対速度が小さいところでは同じ方法で測定できるかもしれないが、その場合でも、両者を同じものと考えてはならない。）$N_1, N_2, \ldots, N_m$に現れる変数の定義を変更するまでは、われわれが導いた言明は、ニュートン物理学のそれではない。もしもそれらの定義を変更すれば、われわれはニュートンの法則を*導出した*とは言えなくなる。少なくとも、今日一般に認められたいかなる意味においても、それは「導出」ではない。もちろん、われわれの議論は、ニュートンの法則がいつもうまくいくように見えていた理由を説明してはいる。それを説明するなかで、この議論はたしかに、たとえば車を運転する人がニュートン的な宇宙に生きているかのように振る舞うことを正当化した。それと同じタイプの議論は、測量をする人たちに地球中心説の天文学を教えることを容認するために用いられている。しかしこの議論は、それがやると称したこと、すなわち、ニュートンの法則はアインシュタインの法則の極端なケースであることを示してはいない。なぜなら、極限を取ることで変わったのは、法則の形だけではないからだ。法則の形を変えると同時にわれわれは、その法則を当てはめる対象である宇宙を作り上げている基本構造の要素〔時間、空間、質量〕を変化させなければならなかったのである。

このように、確立され、慣れ親しんだ概念の意味を変化させる必要があったことには、アインシュタインの理論の革命的影響にとって重大な意味がある。それは、地球中心説から太陽中心説へ、フロギストンから酸素へ、粒子から波へといった変化に比べれば気づきにくい微妙な変化だが、その結果として引き起こされた概念の変換は、それまでの確立されたパラダイムにとっては、他の例に劣らず破壊的なものだった。われわれはむしろこちらのほうを、科学における革命的な方向転換の原型とみなすようになっていくのかもしれない。ニュートンの力学からアインシュタインの力学への転換は、新しい対象や概念の導入をともなわなかったからこそ、科学革命とは科学者が世界を把握するために用いる概念のネットワークの置き換えであることを、とりわけ鮮明に例示するのである。

これだけのことを言えば、また別の哲学思潮においては当然のこととされてきたと思われるものを示すには十分だろう。少なくとも科学者にとって、棄てられた理論と、その後継理論との明らかな違いのほとんどは現実的な違いだ。時代遅れになった理論を、その今日的な後継理論の特殊ケースとみなすことはつねに可能だが、そのためには古い理論を変換しなければならない。そしてその変換は、後世の視点に立ってはじめて、つまり新しい理論による明示的な導きがあってはじめてできることだ。さらに、たとえその変換が、古い理論を解釈するときに採用するべき正統な装置だったとしても、その変換を行った結果として得られた理論は強く限定されているため、せいぜいのところ、既知の事柄を言い直すことしかできなかっただろう。そうして言い直された表現は新しい理論の表現よりも簡潔なので、それなりに使い道はあっただろうが、研究をその先に導くために十分なものとはなりようがなかっただろう。

そんなわけで、前後ふたつのパラダイムのあいだに違いがあるのは必然であり、またそれらの違いが融和しがたいのは当然のこととして認めるとしよう。では、それらの違いはどういった種類のものかを、より明示的に述べることはできるだろうか？　もっともわかりやすいタイプの違いについては、すでに繰り返し例を挙げた。この宇宙は何でできているのか、それら宇宙の構成要素はどんな振る舞いをするのかといった問いに対し、前後ふたつのパラダイムは異なる答えを与える。つまり、それらふたつのパラダイムは、原子以下の粒子は存在するか、光は物質なのか、熱やエネルギーは保存されるのかといった問いに対して、異なることを言う。これらは実質的な内容の違いであって、これ以上例を挙げるには及ばない。しかしパラダイムの違いは、こうした実質的なことだけに留まらない。なぜなら、パラダイムは自然に向けられているだけでなく、そのパラダイムを生み出した科学にも向けられているからだ。パラダイムは、検討対象となっている任意の時期に、任意の成熟した分野の科学コミュニティーが受け入れている、研究方法、問題領域、問題への答えが満たすべき基準の源泉である。その結果として、新しいパラダイムを受け入れれば、しばしばその分野を再定義する必要が生じる。研究課題の中には、別の科学分野に追いやられるものもあれば、「非科学」の烙印を押されるものもあるだろう。また、それまで存在しなかった、あるいは取るに足りない問題とみなされていた研究課題が、新しいパラダイムのもとで脚光を浴び、まさしく重要な科学的成果の典型になるかもしれない。そして研究課題が変化すれば、事実としての科学的な答えと、単なる形而上的な思弁や言葉のゲーム、あるいは数学的な遊びとを区別する基準もしばしば変化する。科学革命から出現する通常科学の伝統と、すでに途絶えた通常科学の伝統とは、単に両立不可能であるだけでなく、しばしば実際に通約不可能なのだ。

ニュートンの仕事が十七世紀における通常の科学実践の伝統に及ぼした衝撃は、こうした比較的わかりにくいパラダイム・シフトの影響の顕著な例である。ニュートンが生まれる以前に、十七世紀の「新科学」はついに、物体の本質という観点からなされたアリストテレス主義とスコラ学の説明を棄てることに成功していた。石が落下するのは、石の「性質」が石をして宇宙の中心に向かわせるためだと述べることは、単なるトートロジーの言葉の遊びに見えるようになっていたのだ。それ以降、色、味、さらには重さまで含めて、たえまなく変化する感覚的な印象の総体は、物質を構成する基本粒子の大きさ、形、位置、運動の観点から説明されるべきものとなった。基本粒子以外に原因を求めることは、オカルト[*1]に訴えることであり、科学の領分から逸脱することだとされた。モリエールはその新たな潮流を的確に捉え、アヘンの催眠効果を「催眠力」のせいにして説明する医師たちを揶揄した。[*2]十七世紀の後半には、多くの科学者が、アヘンの粒子は丸い形をしており、その運動が神経を和らげるのだという説明のほうを好んでいたのである。(5)

それ以前には、オカルト的な質の観点からの説明は、建設的な科学的仕事になくてはならない部分だった。それにもかかわらず、機械論的粒子説による説明に対する十七世紀の新たなコミットメントは、いくつかの科学分野にとっては途方もなく有益であることが明らかになった——そのコミットメントのおかげで広く受け入れられた答えの存在しない多くの問題は取り組まなくてもよいことになり、別のさまざまな問題が提示されたのだ。たとえば、力学の分野では、ニュートンによる運動の三法則は、新奇な実験結果の産物というよりはむしろ、よく知られた観察結果を、一次中性粒子[*3]の運動および相互作用という観点から解釈し直そうとする試みの産物だった。ひとつだけ具体例を考えよう。中性粒子が相互作用するためには直接接触するしかなかったので、機械論的粒子説の自然観は、衝突による粒子の運動の変化を調べるという、まったく新しい研究課題に科学者の関心を向けさせた。デカルトは、それがたしかに研究すべき課題であることを広く知らしめ、その課題に対してはじめて答えらしきものを与えた。ホイヘンス、レン、ウォリスはその課題を、一部には衝突する振り子の実験を行うことによって、しかし多くの場合には、よく知られた運動の特徴を新しい問題に当てはめることによって、一歩前進させた。そしてこの人たちの成果を、ニュートンは自分の名を冠して呼ばれることになる運動法則に取り込んだ。運動の第三法則において等しいとされる「作用」と「反作用」は、

（5）粒子説一般については次の文献を参照されたい。Marie Boas, "The Establishment of the Mechanical Philosophy," *Osiris*, X (1952), 412–541. 粒子の形が味に及ぼす影響については、*ibid.*, p. 483.

*1　もとは「隠されたもの」を意味し、オカルティズムという言葉は、見たり聞いたり触れたりできない深い知識を探求する秘術を指していたが、のちに似非科学のレッテルとして用いられるようになった。ニュートンの重力理論もオカルトとして批判された。

*2　モリエールは十七世紀フランスの劇作家。当時のフランスでは、古代からの伝統に従う守旧派の医者と、医学を進歩させようとする改革派の医者の対立があり、モリエールは生涯を通じて前者を風刺、批判した。とくに有名な作品は『病は気から』。

*3　一次（primary）とは、物質の性質として基本構成要素の形と運動から導けるもののこと。親和力による説明に納得せず、この一次的特性だけで物事が説明できると考える人たちがいた。中性（neutral）とは、引力も斥力も及ぼさないこと。

ふたつの物体が衝突する際の運動量の変化にほかならない。それと同じ運動量の変化が、第二法則に暗黙のうちに含まれる力学的な力に定義を与えている。こうして、粒子説のパラダイムは、十七世紀の他の多くの例と同じく、新しい問題と、その問題に対する答えの両方を生み出したのである。[6]

しかし、ニュートンの仕事の多くは機械論的粒子説の世界観から引き出された研究課題に向けられ、その世界観から引き出された基準を体現していたにもかかわらず、彼の仕事の結果として生じたパラダイムは、科学にとって正統な研究課題と判断基準にさらなる変化を引き起こし、その変化には破壊的な面があった。物質粒子のあらゆるペアに内在する引力として解釈された重力は、スコラ哲学の「落下する傾向」と同じ意味においてオカルト的な特質だった。そのため、粒子説の判断基準は相変わらず効力を保っていたなかで、『プリンキピア』をパラダイムとして受け入れた者にとって、重力に対する機械論的な説明を探索することは、もっとも重要で困難な研究課題のひとつになったのである。ニュートンはその課題に大いに注意を払い、彼に続いた十八世紀の科学者たちの多くもそうだった。唯一明白な選択肢は、重力を説明できないという理由によりニュートンの理論を棄てることで、その選択肢もまた広く採用された。しかし最終的には、どちらの観点〔機械論的粒子説とニュートンの重力理論を折り合わせようとする立場と、ニュートンの重力理論を棄てる立場〕も勝利しなかった。『プリンキピア』なしに科学を実践することも、十七世紀の粒子説的な判断基準にニュートンの仕事を合わせることもできなかった科学者たちは、重力はたしかに物質に内在する力だという考えを徐々に受け入れていったのだ。十八世紀の半ばまでには、ほとんどすべての科学者がその解釈を受け入れ、結果として、スコラ的な判断基準への反転が起こった（反転は後退と同じではない）。物理的にそれ以上還元できない物質

の一次特性としての、大きさ、形、位置、運動に、物質に内在する引力と斥力が加わったのである。(7)

その結果として物理科学の基準と問題領域に起こった変化は、またしても重大な帰結を持った。たとえば、一七四〇年代に入る頃までには、エレクトリシャンたちが電気流体が及ぼす引力としての「力」[virtue：ラテン語のvirtusに由来し、徳としての潜在能力]について語っても、一世紀前にモリエールの[作品中の]医者が浴びせられたような嘲笑を浴びることはなくなった。エレクトリシャンがそんな「力」について語るにつれて、電気現象はしだいに、直接的に接触することでしか作用できない機械論的な「流出物」の効果とされていたときとは異なる秩序をはっきりと示しはじめた。とくに、電気的な遠隔作用そのものが正統な研究主題になると、今日われわれが電気誘導と呼んでいる現象は、遠隔作用の効果のひとつとして認知されるようになった。それまでは、電気誘導の現象がともかくも観察されれば、電気的な「空気」の近接作用による現象か、どこの実験室にもありがちな漏電による現象と解釈されていたのだ。誘導現象に対するこの新しい観点は、フランクリンによるライデン瓶の分析の、それゆえ電気に関する新たなニュートン的パラダイムの出現の鍵だった。物質に内在する力の探究が正統な課題になったことの影響が及んだのは、力学と電気の分野だけではなかった。化学的な親和力や一連の置換物[(今日の言葉で言えば)金属酸化物]を扱った十八世紀の膨大な文献は、このニュートン説の超機械論的な面から導かれていた。さまざまな化学物質のあいだには、各物質に特異的な引力が働いて

(6) R. Dugas, *La mécanique au XVIIe siècle* (Neuchatel, 1954), pp. 177–85, 284–98, 345–56.

(7) I. B. Cohen, *Franklin and Newton: An Inquiry into Speculative Newtonian Experimental Science and Franklin's Work in Electricity as an Example Thereof* (Philadelphia, 1956), chaps. vi–vii.

いると信じた化学者たちは、かつては想像もしなかった実験を行い、新しい種類の反応を探すようになった。その過程で得られたデータや発展させられた化学概念がなかったなら、その後のラヴォアジエの、そしてとりわけドルトンの仕事は考えることもできなかっただろう。(8) 研究課題、概念、説明について、それが受け入れ可能かどうかの判断基準に起こる変化は、ひとつの科学分野を一変させることができるのである。次節ではさらに、その変化がある意味では世界を一変させるという考えを示そう。

引き続くふたつのパラダイムの、実質的内容にかかわらないこうした違いは、どんな科学分野であれ、その発展の歴史の、ほとんどどの時期からでも例を挙げることができる。ここではあとふたつの例について、ごく手短に論じるに留めよう。化学革命が起こる前に化学の仕事とされていた課題のひとつに、化学物質の特性と、その特性が化学反応の過程でどう変化するかを説明することがあった。化学者は、少数の基本「原理」――フロギストンもそんな原理のひとつだった――を使って、物質の中には、酸性、金属性、可燃性、等々の性質を示すものがあるのはなぜかを説明した。この路線である程度は成果が上がった。すでに述べたように、フロギストン説を使えば、金属がなぜどれもよく似ているのかを説明することができたし、酸についても同様の議論を展開することができただろう。しかしラヴォアジエの改革は、最終的には化学の「原理」をお払い箱にし、化学がそのとき実際に持っていた説明力のいくつかと、潜在的に持っていた多くの説明力を奪って終わった。こうして失われた説明力を埋め合わせるために、基準の変更が求められた。十九世紀のほとんどを通じて、化合物の特性が説明できないことは、化学理論の落ち度ではなかったのである。(9)

もうひとつの例として、クラーク・マクスウェルは、十九世紀に光の波動説を唱えたほかの人たちと同じく、光の波はエーテルという物質中を伝播するものと固く信じていた。そんな波を支えうる機械論的な媒質を設計することは、マクスウェルと同時代のもっとも優れた科学者たちの多くにとって標準的な研究課題だった。ところが、マクスウェルが作り上げた光の電磁説は光の波を支える媒質に対して何の説明も与えず、むしろ、そういう説明を与えることを従来考えられていた以上に難しくしたのは明らかだった。そのため、最初は幅広く多くの人たちがマクスウェルの理論を拒絶した。しかし、ニュートンの理論と同じく、マクスウェルの理論なしには研究が立ち行かないことが明らかになった。そしてマクスウェルの理論がパラダイムの地位に就くと、この理論に対する科学コミュニティーの態度は変わった。二十世紀のはじめの数十年間には、マクスウェルが機械論的エーテルの実在性にこだわったことが、ますます社交辞令のように見えてきた——けっしてそうではなかったのだが。そして、触れることも見ることもできない霊妙な性質を持つ媒体を設計しようという試みは放棄された。科学者はもはや、「変位」する何かを特定することなく電気変位［電束密度］について語ることを非科学的だとは考えなくなった。その結果として、この場合もまた、新しい一組の研究課題と、何が正統的かを判断するための基準が設定され、最終的には相対性理論の出現に大きく関与することになったのである。(10)

何が正統な研究課題であり判断基準であるかに関する科学コミュニティーの捉え方に起こるこれら

（8）電気については、*ibid*, chaps. viii–ix. 化学については Metzger, *op. cit.*, Part I.

（9）E. Meyerson, *Identity and Reality* (New York, 1930), chap. x.

特徴的なシフトは、もしもそれらがつねに、なんらかの意味で方法論的に低いタイプのものから高いタイプのものに向かって起こると仮定できるなら、この小論のテーゼにとってそれほどの重要性は持たなかっただろう。その場合、そういうシフトの影響もまた累積的に見えるだろう。科学史家の中に、科学史とは科学の性質に関する人間の捉え方が徐々に成熟し、より良いものになるプロセスを記録する学問だと論じてきた人たちがいるのも不思議はない。[11] しかし、科学の研究課題と判断基準の発展は累積的だとする立場は、理論の発展は累積的だとする立場よりもいっそう支持し難いのだ。重力を説明しようとする試みは、最終的には十八世紀の多くの科学者によって生産的に放棄されたとはいえ、本来的に非正統な研究課題への取り組みだったわけではない。物質に内在する力という考えに異議を唱えること自体は、非科学的でも、悪い意味で形而上学的でもなかった。その種の判断を許す基準は、科学の外側にはないのである。そのとき起こったことは、基準が緩んだとか厳しくなったといったことではなく、単に新しいパラダイムを採用したために必要になった変化だったのだ。さらに、その変化はのちに反転し、この先また逆転することもありうる。二十世紀にはアインシュタインが重力を説明することに成功したが、アインシュタインの説明は、この特定の面［力の性質という面］では、ニュートンの後継者たちが従っていた一組の規範と課題よりも、ニュートン以前の人たちが従っていた一組のそれに似たものへと科学を引き戻すものだった。あるいはまた、量子力学の発展は、化学革命に端を発する方法論上の禁止条項［機械論的粒子説の観点ではなく質の観点に立った説明は、オカルトとして避けられていた］を反転させた。いまや化学者たちは、実験室で使われたり作られたりする物質の色や凝集状態といった性質を説明しようとして多大な成果を挙げている。それと同様の禁止条項の反転が、電磁気の理論についてさえ起ころうとしているのかもしれない。現代物理学で言うところの空間は、ニュートンの理論とマクスウェルの理論の両方で採用されていた不活性で均質な基層ではない。今日空間に与えられている新たな特性の一部［量子論的な真空の特性］は、かつてエーテルに与えられていた特性とどこか似ていなくもないのだ。いつの日か、われわれは電気変位の正体を知ることになるのかもしれない。

パラダイムの認知的な機能から規範的な機能へと力点を移せば、これまでに挙げた例は、パラダイムが研究生活に形式を与える方法についての理解を拡大してくれる。これまでわれわれは主として、科学理論の乗り物としてのパラダイムの役割について考察してきた。その役割を担うにあたりパラダイムは、自然には何が含まれ、何が含まれていないか、そして含まれているものはどういった振る舞いをするのかを科学者に教えることで機能する。その情報はひとつの地図を提供し、その地図の細部は、成熟した科学研究によって書き込まれていく。また、自然はあまりにも複雑で多様なので、行き当たりばったりの探検をするわけにはいかず、科学がこの先さらに発展するためには、観測や実験と同じぐらい、そうして作られる地図が必要不可欠になる。つまりパラダイムは、それが体現する理論を通して、研究活動の重要な部分になっているのである。しかし、パラダイムはそれ以外の面でも科

(10) E. T. Whittaker, *A History of the Theories of Aether and Electricity*, II (London, 1953)［霜田光一ほか訳『エーテルと電気の歴史』講談社］, 28–30.

(11) 科学の発展をむりやりその枠組みにはめ込もうとする、鮮やかで、なおかつ完全に今日的な試みについては、次の文献を参照のこと。C. C. Gillispie, *The Edge of Objectivity: An Essay in the History of Scientific Ideas* (Princeton, 1960).［島尾永康訳『客観性の刃』みすず書房、ほか邦訳書あり］

学の重要な部分になっており、今ここで論じているのはそのことだ。とくに、この直前に挙げたいくつかの例が示すように、パラダイムは科学者たちに地図を与えるだけでなく、地図を作るために不可欠な指示も与える。科学者たちはパラダイムを学ぶことで、理論、方法、基準をまとめて身につけ、それらは普通、個々に分離できないほど互いに絡まり合っている。したがって、パラダイムが変わるときには、研究課題の正統性と、提案された答え、その両方の正統性の判定規準が大きく変化するのが普通だ。

観察にもとづくこの所見は、本節の始まりの地点にわれわれを連れ戻す。というのもこの所見は、競争するパラダイムのどちらか一方を選択することがなぜ、通常科学の判定規準によっては解決できない問題をたびたび提起するのかという問いに関して、われわれがはじめて得た明示的な示唆だからである。何が問題で、何がその答えなのかについて競争するふたつの学派の意見が食い違う程度相応に、それぞれの学派が支持するパラダイムのどちらがどのように優れているかという議論も当然ながら嚙み合わない——そしてその意見の違いの程度は、まったくの食い違いというほどではないが、それと同時にかなり大きくもある。そういう議論は普通、ある程度は循環的になる。どちらのパラダイムも、自らに課す判定規準は多少とも満たし、対抗するパラダイムが課す規準は多少とも満たさないことが示されるだろう。パラダイム論争は、ほとんどつねに論理的に不完全だという特徴を持つが、その理由はほかにもある。たとえば、自ら設定した問題をすべて解決するパラダイムはなく、それぞれのパラダイムが解決できない問題は完全には重ならないため、パラダイム論争にはつねに次の問いが絡む。どの問題を解くことが、より有意義なのだろうか？　競争する判断基準という係争点と同様、どの課題を解決することがより有意義かという、価値観にかかわる問題に答えを与えようとすれば、通常科学の外部にある判定規準の観点に立たざるをえない。そしてそのような判定規準を持ち出すことが、パラダイム論争を革命にするもっとも明らかな要因なのだ。とはいえ、そこには基準や価値よりもいっそう根本的なものがかかっている。私はこれまでパラダイムを、科学を構成するものとしてのみ論じてきた。次節では、パラダイムはある意味で、自然を構成するものでもあるということを示したい。

第X節　世界観の変化としての革命

Revolutions as Changes of World View

過去の研究の記録を、現代の歴史学という有利な立場から考察する科学史家は、パラダイムが変わるとき、それとともに世界そのものも変わるのだと声を大にして言いたくなるだろう。新しいパラダイムに導かれた科学者たちは、新しい装置を使って新しい場所を覗く。さらに重要なのは、革命期の科学者たちは、使い慣れた装置で見知った場所を覗いても、以前とは異なる新しいものを見るということだ。それはあたかもその専門家コミュニティーが、見知ったものが異なる光の中で見えるだけでなく、見知らぬものも見える別の惑星に突如転送されたようなものだ。もちろん、実際にはそんなことは起こらない。別の土地に移住させられたりはしないし、実験室の外ではたいてい同じ日常が続いている。それにもかかわらず、パラダイムが変化したために、科学者たちはたしかに、自分たちが研究対象としている世界を以前とは違ったものとして見るようになるのだ。科学者たちは、見ることと行うことだけを通して世界にアクセスするのだから、革命後の科学者たちは、かつてとは異なる世界に応答しているのだとわれわれが言いたくなるのも無理はないだろう。

科学者の世界に起こるこうした変換に対する初歩的なモデルとして、視覚的なゲシュタルトの切り替えという、よく知られた実演[デモンストレーション]がきわめて示唆的であることが示される。革命前の科学の世界ではアヒルだったものが、革命後にはウサギになる。はじめは高い視点から箱の外側を見下ろしていた人が、のちには低い視点から箱の内側を見上げている［ネッカーの立方体］。これに似た変換は、たいていはもっとゆるやかに、そしてほとんどつねに非可逆的にではあるが、科学者の養成においてはごく普通に起こっている。学生が等高線地図に目を向ければ、紙の上にたくさんの線が引かれているのを見るが、地図学者はそこに地形を見る。学生が泡箱で撮影された写真に目を向ければ、混乱した切れ切れの線を見るが、物理学者はそこにおなじみの素粒子反応が記録されているのを見る。こうした視覚の変換をいくつも経験してはじめて、学生は科学者の世界の住人になり、科学者が見るようにものを見、科学者がやるような応答をするようになるのだ。ところが、そうなった学生が入っていく世界は、一方では環境の性質により、他方では科学の性質により、二度と変わらないように決定されているわけではない。むしろその世界は、環境と、その学生が訓練を受けた通常科学の伝統が、共同で決定しているのである。そのため、通常科学の伝統が変化する革命期には、科学者を取り巻く環境に対する科学者自身の知覚も再教育されなければならない――つまりその科学者は、慣れ親しんだいくつかの状況で、新しいゲシュタルトを見るようにならなければならない。再教育が終われば、その科学者が研究している世界のあちこちが、かつてその科学者が生きていた世界とは通約不可能なものに見えるだろう。これが、異なるパラダイムに導かれる学派のあいだではつねにいくらか話が嚙み合わない、もうひとつの［異なる装置を採用して異なる場所を覗くことに加えての］理由だ。

もちろん、もっとも一般的な形式のゲシュタルト実験で示されるのは、知覚変換の性質だけである。

知覚過程に対して、パラダイムや、事前に同化されていた経験が果たす役割については、そういう実験は何も教えてはくれない。しかしその点に関しては充実した心理学の文献があり、そのほとんどはハノーバー研究所[*1]の先駆的な仕事から派生したものである。上下左右がひっくり返って見える反転レンズのメガネをかけた被験者は、当初、世界が反転しているのを見る。被験者の感覚器は、はじめのうちはメガネなしに訓練された通りに機能するため、被験者は方向がまったくわからなくなって深刻な個人的危機に陥る。しかし、被験者が新しい世界に順応しはじめると、普通は視覚がひたすら混乱する中間期を経て、視野が全体として反転し、周囲のものがメガネをかける前と同じく見えるようになる。はじめは変則的(アノマラス)だった視野を同化することが、逆に視野そのものに作用して、視野を変化させたのだ。(1) メタファーとしても文字通りの意味においても、反転レンズに慣れた被験者は、視覚の革命的［revolutionary, 回転的］な変換を経験したのである。

第VI節で論じた変則的(アノマラス)トランプ実験の被験者たちも、これとよく似た変換を経験した。カードを見せられる時間が延びて、宇宙には変則的なカードが含まれているということを学ぶまで、被験者たちは、それまでの経験から知っていたタイプのカードしか見なかった。しかし、必要とされる認識のカテゴリーを経験によって増やしてからは、ともかくもカードを同定できるだけの時間、見せられさえすれば、最初に見せられた時点ですべての変則的カードを見ることができるようになった。さらに別の実験からも、実験で見せられた対象のサイズ、色、等々として被験者が何を見るかは、その人がそれまでに受けた訓練や経験に依存することが示されている。(2) ここで取り上げた例の引用元である豊富な実験の文献を概観すれば、知覚それ自体を得るための前提として、何かパラダイムのようなものが必要なのではないかと思わされるのである。人が何を見るかは、その人が何に目を向けるかに依存するだけでなく、その人がそれまでの視覚や概念にかかわる経験から何を見るように学んだかにも依存する。そういう訓練なしには、ウィリアム・ジェームズの言葉を借りるなら、あるのはただ「途方もなく騒然とした混乱」だけだ。[*2]

近年、科学史に関心のある何人かの人たちが、今述べたような実験は途方もなく示唆に富んでいることに気がついた。とくにN・R・ハンソンはゲシュタルト実演（デモンストレーション）を利用して、ここで私が関心を持っているのと同じ、科学的信念がもたらすもののいくつかを詳細に検討した。[(3)] その他の科学史家たちも、今述べたものに似た知覚のシフトを科学者は折に触れて経験していると仮定することができれば、科学史はもっと理解しやすく、より内的に調和したものになるだろうと繰り返し述べている。とはいえ、心理学実験がどれだけ示唆的だろうと、ことの性質上、示唆的だという以上のものにはな

(1) オリジナルな実験は、ジョージ・M・ストラットンによるもの。George M. Stratton, "Vision without Inversion of the Retinal Image," *Psychological Review*, IV (1897), 341–60, 463–81. 現在に至るまでのレビューは Harvey A. Carr, *An Introduction to Space Perception* (New York, 1935), pp. 18–57.

(2) たとえば Albert H. Hastorf, "The Influence of Suggestion on the Relationship between Stimulus Size and Perceived Distance," *Journal of Psychology*, XXIX (1950), 195–217; Jerome S. Bruner, Leo Postman, and John Rodrigues, "Expectations and the Perception of Color," *American Journal of Psychology*, LXIV (1951), 216–27 を参照。

(3) N. R. Hanson, *Patterns of Discovery* (Cambridge, 1958)［村上陽一郎訳『科学的発見のパターン』講談社］, chap. i.

*1　ニューハンプシャー州ハノーバーに設立され、一九四九年からプリンストン大学に所属した研究所。「エイムズの部屋」「エイムズの窓」をはじめとする錯視の研究で著名なアデルバード・エイムズ・ジュニアが同年から所長を務め、知覚心理学の研究がさかんに行われた。

*2　ウィリアム・ジェームズが一八九〇年の『心理学の諸原理』で、赤ん坊の世界に関する印象を述べた言葉。

りようがない。なるほどそれらの心理学実験は、科学の発展にとってきわめて重要かもしれない知覚の特徴を示してはいるが、現場の科学者たちが行う制御された注意深い観察にも、そうした特徴が多少とも備わっているということを証明しているわけではない。さらに、まさにこれら心理学実験の性質ゆえに、その点を直接的に証明することはできない。もしも歴史上の例が、これらの心理学実験は［われわれの問題に］関係がありそうだと思わせるのであれば、われわれはまず、歴史はどんな証拠なら与えてくれると期待してよいのか、また、どんな証拠にはそれが期待できないかという、証拠の種類に注目しなければならない。

ゲシュタルト実演の被験者が、自分の知覚がシフトしたことを知るのは、同じ本や紙を手に持ちながら、知覚を繰り返し切り替えることができるからだ。環境は何も変わっていないということを知っている被験者は、しだいに、画像（アヒルまたはウサギ）にではなく、自分が目を向けている紙の上に描かれた線に注意を向けるようになる。最終的には、どちらの画像も見ることなく、線そのものを見ることさえ学習して、自分が実際に見ているのは線なのだが、それをアヒルとして見ては、またウサギとして見るということを交互に繰り返しているのだとさえ言うかもしれない（以前には言えなかったはずのことだ）。同様に、変則的トランプ実験の被験者が、自分の知覚はシフトしたに違いないと知るのは（より正確には、そのように告げられて納得するのは）、外部の権威者である実験者が、あなたが何を見たにせよ、実際に目にしたのは一貫して黒のハートの5だったと請け合うからだ。どちらの場合も、同様の心理学実験がすべてそうであるように、ゲシュタルト実演の有効性は、このような分析の可能性に依存する。視覚の切り替えを立証するための基準になれるものが外部に存在しなければ、互いに異なる知覚の可能性についていかなる結論も引き出すことはできないだろう。

ところが、科学における観察については、状況は完全に逆転している。科学者は、自分の目と観測装置を使って見るものよりも上位の何か、あるいはそれをも超えた何かに頼ることができない。もしも、自分の知覚がシフトしたことを示すために頼れるなんらかの高位の権威が存在するのなら、科学者にとってはその権威そのものがデータ源になるだろうし、自分自身の視覚の振る舞いは問題源になるだろう（心理学者にとっての被験者の振る舞いがそうであるように）。もしも科学者が、ゲシュタルト実験の被験者のように自分の知覚を切り替えることができるなら、ゲシュタルト実験の場合と同様の問題が生じるだろう。光が「ときには波、ときには粒子」だった時期は、危機の時期——つまり、何かがおかしかった時期——であり、その時期が終わったのは、波動力学が作られ、光は波とも粒子とも異なる、それ自体として矛盾のない実体であることが明らかになったときだった。したがって、もしも科学において知覚の切り替えにパラダイムの変化がともなうのであれば、科学者がそれを直接的に証言すると期待してはならない。コペルニクス説に転向した人は、月に目を向けて、「かつて月は惑星に見えたが、今は衛星に見える」とは言わない。そういう言い方は、昔はプトレマイオス説が正しかったという認識を含意する。新しい天文学に転向した人はそう言う代わりに、「私はかつて月を惑星と考えていたが（あるいは月を惑星として見ていたが）、それは間違いだった」と言うのだ。科学革命の後には、よくこういった言い方がされる。もしもそういう言い方が普通、科学における知覚のシフトや、それと同じ効果を持つ心的な変換を覆い隠しているのならば、そのシフトについて直接的な証言が得られるとの期待はできないだろう。むしろわれわれは、新しいパラダイムを得た科学者は、かつてとは異なるものの見方をするということを示す、行動にもとづく間接的な根拠を探さなければならない。

そこでデータに立ち返り、そんな変化があると信じる歴史家にとって、科学者の世界にどんな変換を見出せるかを問うことにしよう。最初の例であるサー・ウィリアム・ハーシェルによる天王星の発見は、細部に至るまで変則的トランプ実験に酷似している。一六九〇年から一七八一年にかけて、ヨーロッパ最高の観測家たちの何人かを含む大勢の天文学者たちが、少なくとも十七回に及ぶ別々の機会に、今日のわれわれならばそのときその場所を占めていたのは天王星に違いないと考える位置に恒星を見た。とくに優秀な観測家のひとりは、一七六九年に四晩続けてその恒星を見たが、その天体の正体に気づく手がかりになったはずの位置の変化には気づかなかった。それから十二年後にその天体を見たハーシェルは、格段に性能の上がった自作の望遠鏡を使うことができた。そのおかげで彼は、見かけ上の円盤のサイズが、控えめに言っても恒星としては異常な大きさであることに気づくことができた。何かがおかしかった。そこで彼は、さらに詳しく調べるまで、その天体の正体についての判断を保留した。そうして詳細に調べた結果、その天体は、恒星たちのあいだを動いていることがわかった。そこでハーシェルはなんと、自分が見たものは新しい彗星だと発表したのである！　それから数か月が過ぎて、観測されたその天体の運動を彗星の軌道に一致させようという試みが失敗に終わってはじめて、[*3]レクセル[*4]が、その軌道はおそらく惑星のものだろうという考えを示した。(4)その提案が受け入れられたとき、プロの天文学者の世界では、恒星がいくつか減り、惑星がひとつ増えた。[*5]一世紀にわたりときどき観測されていた天体が、一七八一年以後、それまでとは違うものに見えるようになったのは、変則的トランプの場合と同じく、その天体が、既存のパラダイムによって与えられた（恒星か彗星かという）知覚のカテゴリーに当てはまらなくなったからなのだ。

しかしながら、天文学者たちが天王星、すなわち件(くだん)の惑星を見ることを可能にした視覚のシフトには、すでに観測されていたその天体の知覚だけに留まらない影響があったように見える。その影響はより広範に及んだ。確かな証拠があるわけではないが、一八〇一年以降、膨大な数の小惑星、つまりアステロイドが急速に発見されたのは、おそらくはハーシェルによって余儀なくされた小さなパラダイムの変化が、天文学者たちが心の準備をするために一役買ったからだろう。これらの天体は小さかったため、ハーシェルに何かおかしいと警戒させた、大きさに関するアノマリーは示さなかった。それにもかかわらず、ほかにも惑星が発見されるかもしれないと心の準備をしていた天文学者たちは、標準的な観測装置を使って、十九世紀前半の五十年間に二十個の小惑星を同定することができたのだ。(5) 天文学の歴史には、パラダイムに誘導された科学上の知覚変化の例をこれ以外にもたくさん見出せるし、なかには不確かさのより少ない例さえある。たとえば、西欧の天文学者たちが、かつては不変と

（4）Peter Doig, *A Concise History of Astronomy* (London, 1950), pp. 115–16.

（5）Rudolph Wolf, *Geschichte der Astronomie* (Munich, 1877), pp. 513–15, 683–93. ウォルフの説明によると、これらの発見がボーデの法則のおかげだと考えるのは非常に難しいという点に注意しよう。

*3 イギリスと大陸の両方で、ラプラスをはじめとする多くの学者たちがその計算を行った。

*4 アンダース・レクセル（一七四〇－一七八四） スウェーデン系フィンランド人で、サンクトペテルブルクで活動した数学者。

*5 天文学者たちはさまざまな時期にあちこちで恒星を記録していたが、それらの恒星が消滅し、新たな惑星が発生するという変化が起こった。

されていた天が変化するのを初めて見たとき、コペルニクスの新しいパラダイムが提唱されてから半世紀と経っていなかったのを単なる偶然と思えるだろうか？　天が変化する可能性を排除していなかった中国人は、もっとずっと早くから、新星の出現を何度も記録していたのだ。また中国人たちは、ガリレオや彼の同時代人たちに何世紀も先駆けて、望遠鏡の助けを借りることさえせずに、太陽黒点を継続的に記録してもいた。(6)　さらに、コペルニクスの仕事からまもなく西欧天文学の天に出現した変化は、太陽黒点と新星だけではなかった。十六世紀後半の天文学者たちは、従来の観測器具を使って——そのなかには糸のようなごく簡単なものもあった——かつては惑星や恒星だけしか存在しなかった不変の宇宙を、彗星が気ままに進んでいくのを繰り返し発見した。(7)　古い対象を、古い観測器具を使って見ることにより、新しいものが、これほど容易に、かつすみやかに発見されたとなれば、コペルニクス以降、天文学者たちは異なる世界に住むようになったと言ってみたくなるのも不思議はないだろう。いずれにせよ、天文学者たちの研究は、そうであるかのように応答したのである。

以上の例を天文学から選んだのは、天体観測の報告で用いられる言葉は、比較的純粋な［理論に依存しない］観察的な語彙で書かれていることが多いからだ。科学者による観察と、心理学実験の被験者による観察とのあいだに、完全な類似と言えそうなものが見つかると期待できるのは、そういう報告の中だけである。しかし、その類似が完全であることにこだわる必要はないし、基準を緩めることで得られるものは多い。もしも「見る」という動詞の日常的な用法に満足できるのであれば、パラダイムの変化にともなって起こる科学上の知覚のシフトについて、これら［天文学分野の例］以外にも、すでに多くの例に出会っていることにすぐに気づくだろう。「知覚」や「見る」という言葉の拡張された用法については、このすぐ後で明示的に擁護する必要が生じるが、まずはその拡張された用法が、実際にどのように用いられるかを例示させてもらいたい。

ここで少しのあいだ、電気学の歴史から引いた例のうちのふたつに、ふたたび目を向けよう。研究があれこれの流体説［effluvium theory］に導かれていた十七世紀には、エレクトリシャンたちは、帯電した物体に引き寄せられた細かい籾殻のくずが、その物体に触れるなりはね飛ばされるのを、つまりはその帯電物体から離れて落下するのを繰り返し見た。少なくとも十七世紀の観測家たちは、そのような現象を見たと述べており、知覚に関する彼らの報告をことさら疑う理由がないのは、われわれの時代の報告をことさら疑う理由がないのと同じことだ。現代の観測家が同じ装置の前に立たされれば、そこに（力学的ないし重力による反跳ではなく）静電斥力を見るだろうが、ほとんど誰にも顧みられることのなかったひとつの例外を別にして、[*6] 歴史的には、ホークスビー[*7]が大掛かりな装置を使ってその効果を拡大して見せるまでは、静電斥力を電気現象とみなす者はいなかった。一方、接触による帯電後に見られる斥力は、ホークスビーが見たいくつもの新しい斥力効果のひとつにすぎなかった。彼の

（6） Joseph Needham, *Science and Civilization in China*, III (Cambridge, 1959), 423–29, 434–36.

（7） T. S. Kuhn, *The Copernican Revolution* (Cambridge, Mass., 1957)［『コペルニクス革命』], pp. 206–9.

*6 オットー・フォン・ゲーリケ（一六〇二－一六八二）は、一六七二年の著書 *Experimenta Nova* で、その現象は、従来説明されていたさまざまな要因によるものではなく、電気的な斥力であることを論証した。

*7 フランシス・ホークスビー（一六六〇頃－一七一三頃） イギリスの物理学者。ホークスビーの装置は、ガラス球を高速回転させて羊毛で擦り、ガラス球の内部を紫色の光が満たすようになっていた。ロンドンの王立協会で聴衆を楽しませるデモンストレーションに用いられた。

研究によって、あたかもゲシュタルトの切り替えのように、斥力は突如として帯電を表す現象そのものになり、むしろ引力のほうが説明を要する現象となったのだ。[8] 十八世紀のはじめに見えるようになった電気現象は、十七世紀の観察者たちが見たものよりも、わかりにくいうえに多様でもあった。また、フランクリンのパラダイムが同化されてからは、ライデン瓶に目を向けるエレクトリシャンは、かつてその同じ人物が見たものとは別の何かを見た。ライデン瓶はコンデンサになり、コンデンサにとっては、装置が瓶の形状をしている必要もなければ、ガラスという素材が用いられている必要もなかった。その代わりに、導体［鉛などの金属箔］による二か所のコーティングが重要になり、コーティングの一方は、もとの装置にはないものだった。書き残された議論と、図による説明の両方が少しずつ証言するように、二枚の金属箔と、それらに挟まれた絶縁体［もとのライデン瓶の素材であるガラスに相当する］が、その部類の装置の原型(プロトタイプ)になった。[9] それと同時に、以前には取り上げられることのなかった誘導効果も記述されるようになり、さらに、初めて気づかれた誘導効果もあった。

この種のシフトが起こるのは、天文学と電気学だけに限らない。化学の歴史から引き出せる同様の視覚の転換についてはは、そのいくつかについてすでに述べた。プリーストリーが脱フロギストン空気を見て、ほかの人たちが何も見なかったところに、ラヴォアジエは酸素を見たとも言った。しかし酸素が見えるようになる過程で、ラヴォアジエはほかの多くの身近な物質の見方も変えなければならなかった。たとえば、プリーストリーや彼と同時代の人たちが元素としての土を見たところに、化合物である鉱石を見なければならなかったし、そういう変化はほかにもあった。最低でも、酸素を発見した結果として、ラヴォアジエの自然に対する見方は変わった。そして、彼がなんらかの仮定にもとづく固定された自然について「別の見方をするようになった」のだと考えようにも、そんな自然にアクセスするすべがない以上、われわれは節約の原理に強く促されて、酸素を発見した後のラヴォアジエは、それまでとは異なる世界で仕事をしたのだと述べることになるだろう。

このすぐ後で、この奇妙な言い方をせずにすむ可能性を探るが、その前にもうひとつ、この言い方の用例を見ておく必要がある。その例は、ガリレオの仕事の中でも、もっともよく知られた部分のひとつから導かれるものだ。古来ほとんどの人が、あれこれの重い物体が紐や鎖で吊り下げられてぶらぶらと揺れ、最終的には静止するのを見てきた。重い物体は、それ自体の性質によって、高い位置から、より低い位置の自然な静止状態へと動かされると信じたアリストテレス主義者にとって、紐で吊り下げられて揺れている物体は、単に苦労しながら落下しているだけのことだった。鎖に拘束された物体は迂遠な道のりをたどり、長い時間をかけて最低点にたどり着いてはじめて静止できるのだ。一方のガリレオは、揺れている物体を目にして、そこに振り子、すなわち同じ運動を永久に繰り返すことにほぼ成功している物体を見た。それを見たガリレオは、振り子が持つその他の特徴も観察して、彼の新しい力学の中で、もっとも重要にして独創的な部分の多くを作り上げた。たとえばガリレオは、振り子の特性から、斜面を滑り落ちる物体の最終速度と垂直方向の高さとに関係があること、さらに物質の重さと落下速度は無関係であることを論じるために、彼の議論としては唯一完全にして健全な

(8) Duane Roller and Duane H. D. Roller, *The Development of the Concept of Electric Charge* (Cambridge, Mass., 1954), pp. 21–29.

(9) 第VII節の議論と、そこに挙げた注9の文献を参照されたい。

ものを導き出した。[10] これらの自然現象すべてを、彼はそれまでの人たちとは違うものとして見たのだ。

その視覚のシフトは、なぜ起こったのだろうか？　もちろん、ガリレオという個人の天賦の才のおかげである。しかし、その天賦の才は、紐に吊るされて揺れている物体を、より正確に、あるいはより客観的に観測するというかたちで現れたのではないという点に注意しよう。記述されたものを見る限り、アリストテレス主義者たちが知覚したことも、まったく同等に正確なのである。ガリレオが、振り子の周期は、振幅が［角度にして］九十度の大きさになっても振幅に依存しないと述べたとき、彼は振り子に関するおのれの観点に引きずられて、今日のわれわれが見出すことのできる規則性よりもはるかに大きな規則性を見ていた。[11] むしろここに関係しているのは、中世のパラダイム・シフトによって開かれた知覚の可能性を、天才ならではのやり方でとことん利用することだったように見えるのである。ガリレオは、何から何までアリストテレス主義者として育てられたわけではなかった。それどころか彼は、インペトゥス［運動力］理論、すなわち、重い物体が継続的な運動を行うのは、その運動を引き起こした投射体に与えられた内的な力のためだとする中世末期のパラダイムの観点に立って運動を分析するように教育されていた。インペトゥス理論をその完成形に至らせた十四世紀のスコラ学者、ジャン・ビュリダンとニコル・オレームは、ガリレオが振り子の運動に見たもののうち、なにがしかの部分を見ていたことが知られている最初の人たちである。ビュリダンは振動する弦の運動を次のように記述した。はじめに弦が爪弾かれたとき、インペトゥスが弦に注入される。そのインペトゥスは、張力による抵抗に逆らいながら弦を移動させることで消費される。その後、張力が弦をもとの位置に引き戻そうとし、運動の中点に達するまで弦にインペトゥスを注入する。その後インペトゥスが、やはり弦の張力に逆らいながら弦を反対側に移動させる、等々、どこまでも続くかもしれないこの対称的なプロセスが、振動する弦の運動だというのである。オレームもまたビュリダンと同じ十四世紀に、吊り下げられて揺れている石について同様の分析の概略を示しており、その記述は今日、振り子に関する最初の議論とみなされている。(12) オレームの見方が、ガリレオが初めて振り子の運動に取り組んだときの見方にきわめて近いのは明らかだ。少なくともオレームの場合には、そしてほぼ間違いなくガリレオの場合にも、この見方ができるようになったのは、アリストテレスの理論からスコラ学者による運動のインペトゥス理論へと、パラダイムが転換していたためだった。スコラ的な運動のパラダイムが発明されるまでは、科学者が見る対象としての振り子は存在せず、あったのはただ、吊り下げられて揺れている石だけだった。振り子が存在するようになったのは、パラダイムに誘導されたゲシュタルトの切り替えと非常によく似た何かのためだったのだ。

しかし、ガリレオをアリストテレスから、あるいはラヴォアジエをプリーストリーから隔てるものを、視覚の変換として説明する必要は本当にあるのだろうか？　この人たちは本当に、同じ種類の対象に目を向けながら、異なるものを見たのだろうか？　彼らは別の世界で研究を行ったのだと述べることに、何か正統的な意味はあるのだろうか？　もはやこれらの問いを後まわしにすることはできな

(10) Galileo Galilei, *Dialogues concerning Two New Sciences*, trans. H. Crew and A. de Salvio (Evanston, Ill., 1946)［今野武雄ほか訳『新科学対話』(上・下) 岩波文庫］, pp. 80–81, 162–66.

(11) *Ibid.*, pp. 91–94, 244.

(12) M. Clagett, *The Science of Mechanics in the Middle Ages* (Madison, Wis., 1959), pp. 537–38, 570.

い。というのも、これまでの部分で概略を示した歴史上の例のどれに対しても、はるかに普通の説明ができることは明らかだからだ。多くの読者は、きっとこう言いたいのではないだろうか。パラダイムと一緒に変化するのは、観測に対する科学者の解釈だけであって、観測そのものは、周囲の状況と知覚装置の性質により動かしようもなく決定されている、と。その観点に立つなら、プリーストリーとラヴォアジエはどちらも酸素を見たのだが、自分の観察に別の解釈を与えたのだ、ということになる。また、アリストテレスとガリレオはどちらも振り子を見たのだが、自分の見たものに対する解釈が違っていたのだ、ということになる。

ここでただちに言わせてもらうと、科学者が基本的な事柄に関する考えを変えるときに起こることに対する、このごく普通の見方は、まったくの間違いではありえないし、単なる考え違いでもありえない。それどころかその見方は、デカルトが創始し、ニュートン力学と同時期に発展した哲学的パラダイムの本質的な部分なのだ。そのパラダイムは、科学と哲学の両方に役立ってきた。そのパラダイムを利用することで、力学そのものを利用するのと同じく、さもなければ得られなかったであろう基本的な知識が得られた。しかし、やはりニュートン力学の例が示すように、過去に絶大な成功を収めたからといって、危機を永遠に先延ばしできるという保証にはならないのである。今日では、哲学、心理学、言語学の分野における研究や、さらには芸術史の分野の研究までもが、この伝統的パラダイムはどこか歪んでいることを示す方向で収束しつつある。そのパラダイムが現実に合っていないことは、ここでは必然的にわれわれがもっぱら注目する科学の歴史的研究によってもますます明らかになっている。

危機を深めているこれらの学問分野はどれも、その伝統的な認識論のパラダイムに代われるほどのパラダイムをまだ生み出していないが、新しいパラダイムの特徴になるであろうものをいくつか示唆しはじめてはいる。たとえば、吊り下げられて揺れている石に目を向けたとき、アリストテレスは拘束された落下現象を見、ガリレオは振り子を見たのだと述べることにより生じる困難があることについては、私は重々意識している。それらの困難と同じものが、本節冒頭のいくつかのセンテンスにいっそう基本的なかたちで提示されている――パラダイムの変化にともなって世界が変わることはないが、パラダイムが変わった後の科学者は、それまでとは異なる世界で仕事をするようになるというくだりに。そういう困難にもかかわらず、少なくともこれらに類似した言明を、われわれは理解できるようにならなければならないということを私は確信している。科学革命の時期に起こることは、ゆるぎない個々のデータの再解釈に完全に還元できるようなものではない。そもそもデータはいっさいゆるがないようなものではない。振り子は落下する石ではないし、酸素は脱フロギストン空気ではない。その結果として、このすぐ後に見るように、これらさまざまな対象から科学者が収集するデータは、データそのものが違うのだ。さらに重要なのは、個人あるいはコミュニティーが、拘束された落下から振り子へ、脱フロギストン空気から酸素へと転換するプロセスは、解釈のプロセスとは似ても似つかないということだ。科学者の解釈の対象である不変のデータが存在しない以上、科学者が考えを変えるプロセスが、どうすれば解釈のプロセスに似たものになりうるだろうか？　新しいパラダイムを完全に受け入れた科学者は、解釈する人よりはむしろ反転レンズのメガネをかけた人に似ている。その人は、以前とまったく同じものごとの集合体（コンステレーション）を見て、しかも自分は以前と同じものを見ていると知りながら、自分が見ている対象は、多くの細部において以前とはすっかり変わってしまったと感じるのだ。

しかし、今述べたことはどのひとつを取っても、科学者はその特質上、観察結果とデータを解釈しないと言っているのではない。それどころか、ガリレオは振り子についての観察を解釈したし、アリストテレスは落下する石についての観察を解釈したし、ミュッセンブルーク[*8]は電荷を満たした瓶についての観察を解釈したし、フランクリンはコンデンサについての観察を解釈した。しかしこれらの解釈はみな、パラダイムを前提としていた。この人たちが行った解釈は、通常科学という事業――これまで見てきたように、既存のパラダイムを磨き上げ、拡張し、明確化することを目的とする事業――の一部だったのだ。第III節では、解釈が中心的な役割を果たした例をたくさん挙げた。それらの例は、研究の圧倒的多数がどのようなものかを典型的に示している。どの例においても、受け入れられたパラダイムがあるおかげで、科学者たちは、あるデータが何なのか、そのデータを得るためにはどんな装置を使えばよいか、データの解釈にはどんな概念が関係するかを知った。パラダイムがひとつ与えられれば、データの解釈は、そのパラダイムを探る通常科学にとって中核をなす仕事になるのだ。

しかし、その解釈的な事業にできることは、パラダイムを明確化することだけであって、パラダイムの誤りを正すことはできない――それが、ふたつ前の段落の要点なのだった。パラダイムは、通常科学によってはけっして正すことができないのである。すでに見たように、通常科学にできるのは、パラダイムを正すことではなく、最終的にはアノマリーを認め、さらに危機へと向かうことだけなのだ。そして危機は、熟慮と解釈によって終わるのではなく、ちょうどゲシュタルトの切り替えのように、比較的短期間に起こる、とくに決まった形式のない出来事で終わる。科学者はよく、「目から鱗が落ちる」とか、それまで摑みどころのなかったパズルが「稲妻の如き光」で「満たされ」、そのおかげでパズルの要素が新しい姿で見えて、はじめて解けるようになったなどと言う。他の場合には、そんなひらめきが睡眠中に得られることもある。[13]新しいパラダイムを生み出す突発的な直観には、「解釈」という言葉が普通に持っているいかなる意味も当てはまらない。その種の直観は、従来のパラダイムのもとでどんな経験をしたか――アノマラスな経験であれ、パラダイムに沿った経験であれ――に依存するが、解釈ならそうであろうように、特定の経験には論理的にも断片としても結びつかない。むしろその種の直観は、従来のパラダイムのもとで経験した多くのことをひとまとめにして、それらとは大きく異なる一群の経験に変換するようなものなのだ。そうして変換された後に、その一群の経験は、古いパラダイムではなく新しいパラダイムに、個々バラバラに結びつけられていくのである。

経験におけるそれらの違いがどういうものになりうるかをもっと知るために、少しのあいだアリストテレスとガリレオ、そして振り子に話を戻そう。相異なるパラダイムと、共通する環境との相互作用は、両者をどんなデータにアクセスさせただろうか？　アリストテレス主義者は、拘束された落下を見て、落下する石の重さと、石が［落下に先立って］持ち上げられた高さと、石が静止するまでにか

(13) ［Jacques］Hadamard, *Subconscient intuition, et logique dans la recherche scientifique* (*Conférence faite au Palais de la Découverte le 8 Décembre 1945* [Alençon, n.d.]), pp. 7-8. より充実した記述に、数学的な革新に限定されてはいるが、同じ著者による次の文献がある。*The Psychology of Invention in the Mathematical Field* (Princeton, 1949).［伏見康治ほか訳『数学における発明の心理』みすず書房］

*8　ピーター・ファン・ミュッセンブルーク（一六九二―一七六一）　オランダの物理学者。ライデン瓶の原理を発見した。

かった時間を測定しただろう（少なくとも、それらのデータについて論じただろう——アリストテレス主義者はめったに測定をしなかった）。これらの量に媒質の抵抗を加えたものが、落体を扱う際にアリストテレス主義の科学が利用した概念のカテゴリーである。(14) これらの概念のカテゴリーに導かれた通常研究には、ガリレオが発見した法則を生み出せるはずはなかった。そんな研究にできたのは、吊り下げられて揺れる石に対するガリレオの観点を出現させた一連の危機に向かって進むことだけだった——実際、その研究は、［振り子の研究とは］別の経路で危機に到達している。その危機と、知識に起こったその他の変化の結果として、ガリレオは吊り下げられて揺れる石をまったく別のやり方で見た。液体に浮かぶ物体に関するアルキメデスの仕事は媒質を非本質的なものにし、インペトゥス説が運動を対称的で持続的なものにし、新プラトン主義は吊り下げられて揺れる石が円を描くことにガリレオの注意を向けさせた。(15) こうしてガリレオは、重さ、半径、角変位、一往復にかかる時間という、まさに彼の振り子の法則をもたらすように解釈可能なデータだけを測定した。そして実際に測定してみれば、ほとんど解釈する必要すらなかった。ガリレオのパラダイムが与えられれば、振り子の規則性はすぐにも見えるところにあったのだ。おもりの振動周期は振幅によらないというガリレオの発見に対し、それ以外にどんな説明ができるだろうか？　それは、ガリレオに始まる通常科学が否定しなければならなかった発見であり［等時性は振幅が小さい場合にしか成り立たない］、今日のわれわれには説明の非常に難しい発見なのだ。アリストテレス主義者にとっては存在しなかった（そして実際、自然界では厳密な例のない）規則性は、吊り下げられて揺れる石をガリレオのように見た人間にとっては、直接経験の帰結だったのである。

アリストテレス主義者たちは、吊り下げられて揺れる石についての議論を書き残していないのだから、この例はいささか空想に走りすぎているかもしれない。アリストテレス主義者のパラダイムから見ると、この現象はとてつもなく複雑だった。しかしアリストテレス主義者たちは、不自然な拘束を受けずに落下する物体という、より簡単な場合についてはたしかに論じており、その議論には、今述べたものと同じ見え方の違いが見て取れる。落下する石について考察するアリストテレスが見たのは、［石が落下する］プロセスではなく、［始状態から終状態への］状態の変化だった。それゆえ彼にとって運動の尺度とするべきは、石が落下した全距離と、それに要した全時間であり、それらふたつのパラメータから得られるのは、今日ならば〈速さ〉ではなく〈平均の速さ〉と呼ぶべきものだった[16]。同様に、石はその性質により、いずれ到達するはずの静止点に向かうのだから、運動中の任意の時刻における距離を表すパラメータとしては、運動の起点からの距離ではなく、運動の終着点までの距離を用いるべきだ、というのがアリストテレスの理解だった[17]。これらの概念的パラメータは、有名なアリストテレスの「運動法則」のほとんどを基礎づけ、それらの法則に意味を与えるものだった。しかし、スコラ哲学からの批判は、ひとつにはインペトゥスのパラダイムを介して、またひとつには〃図形の幅〃

(14) T. S. Kuhn, "A Function for Thought Experiments," in *Mélanges Alexandre Koyré*, ed. R. Taton and I. B. Cohen (Hermann [Paris], 1963).［「思考実験の機能」、『科学革命における本質的緊張』］

(15) A. Koyré, *Etudes Galiléennes* (Paris, 1939)［菅谷暁訳『ガリレオ研究』法政大学出版局］, I, 46–51; "Galileo and Plato," *Journal of the History of Ideas*, IV (1943), 400–428.

(16) Kuhn, "A Function for Thought Experiments," in *Mélanges Alexandre Koyré*（注14参照）。

(17) Koyré, *Etudes* . . . , II, 7–11.

として知られる学説[*9]を介して、運動に対するこのような見方を変化させた。インペトゥスにより動かされる石は、出発点［落下を始めた地点］から遠ざかるにつれて、ますます多くのインペトゥスを獲得する。こうして、パラメータとして重要なのは終着点までの距離ではなく、出発点からの距離になった。それに加えて、アリストテレスの〈速さ〉の観念は、スコラ哲学者たちによってふたつに分裂させられ、それらはガリレオの時代の直後に、今日で言うところの〈平均の速さ〉と〈瞬間の速さ〉になった。しかし、これら［ふたつの速さ］の捉え方を含むパラダイムを通して見れば、落下する石は、振り子がそうだったように、調べるやいなやそれを支配する法則をあらわにしたのである。ガリレオは、石は等加速度運動で落下すると言った最初の人たちのひとりではなかった。[18] さらに彼は、斜面の実験を行う前に、落体の運動に関する定理を、それから導かれる多くの結論も含めて作り上げていた。落体運動の定理は、ガリレオや彼の同時代人たちを育んだパラダイムと自然とが合わさって決定される世界の中で、天才には手の届く新たな規則性のネットワークのひとつだったのである。ガリレオはそんな世界に住みながらも、自分がそうすることを選んだときには、アリストテレスはなぜ、アリストテレスが見たようにものごとを見たのかを説明することができた。それでも、落下する石についてのガリレオの直接経験の内容は、アリストテレスのそれとは違っていたのだ。

もちろん、「直接経験」——すなわち、パラダイムがその知覚的特徴をあまりにもくっきりと目立たせるせいで、ほとんど目を向けるやいなや規則性が見えるような経験——にそれほど重きを置く必要があるのかどうかはまったく明らかではない。そういう知覚的特徴が、科学者がコミットするパラダイムに応じて変わらなければならないのは明らかだが、科学研究が前進するときの出発点になると考えられている生データや生の経験について語る際にわれわれが普通念頭に置いているものとは、まったく別のものなのである。直接経験は状況しだいで変わりやすいので除外して、むしろ科学者が実験室で行う具体的な操作や測定について論じるべきなのかもしれない。あるいは、分析を直接所与〔いわゆるセンスデータ〕から始めてさらに先にまで進めるべきなのかもしれない。その分析には、パラダイム中立的な何らかの観察言語、たとえば科学者が見ているものを伝達する網膜上の像と同じになるようにデザインされた言語が用いられるかもしれない。経験が二度とゆるがなくなる領域――すなわち、振り子と拘束された落下とが、異なる経験になるのではなく、吊り下げられて揺れる石を観測して得られた確定的なデータに対するふたつの異なる解釈になるような領域――を取り戻すことが望めるのは、これらの路線のどれかにおいてだけである。

しかし、知覚経験は、ひとつに決まった中立的な〔理論ないしパラダイムに依存しない〕ものなのだろうか？　理論は、与えられたデータから人間が作り出した解釈にすぎないのだろうか？　過去三世紀にわたり西欧哲学の主要な指針だった認識論の立場が教えるところによれば、その問いに対する答えは、きっぱりとした「イエス」だ。私の見るところ、きちんと肉づけされた代案がない以上、その立場を完全に棄てることはできそうにない。だがその立場はもはや有効に機能しておらず、中立的な観察言語を

(18) Clagett, *op. cit.*, chaps. iv, vi, ix.

*9　図形の幅――ニコル・オレームの図形化の方法では、たとえば等加速度運動は直角三角形で表される。直角をなす二辺の一方は、運動に要した時間という外延量の「長さ」を表し、他方の辺から下した垂線の長さが、速さという内包量の「幅」を表す。長さと幅を持つ領域を足し上げて得られる面積が、運動による移動の「距離」となる。

導入することによって、その立場をうまく機能させようとする試みに望みはなさそうだ。

科学者が実験室で行う操作や測定は、「与えられた」経験ではなく、むしろ「苦労して手に入れたもの」だ。それらは科学者が見るものではない――少なくとも、研究が十分に進展して、注意を向けるべき対象が絞り込まれるまでは、科学者が見るものにはならない。むしろそれら〔操作や測定〕は、より基礎的な知覚の中身の具体的表示であり、受け入れられたパラダイムを実り多いかたちに彫琢する機会になることを約束するという、ただそれだけの理由により、通常研究で調べてみるべき対象として選ばれたものなのである。操作や測定は、部分的には直接経験から導かれるが、それらがパラダイムによって決定されていることは、直接経験の場合よりもはるかにわかりやすい。科学は、実験室で行える操作のすべてを行っているのではない。むしろ科学は、パラダイムと、一部にはパラダイムにより決定されている直接経験との突き合わせに関係する操作や測定を、選択的に行っているのである。結果として、パラダイムが異なる科学者たちのあいだでは、実験室で行う操作も異なる。振り子に対して行われるべき測定は、拘束された落下に対して行うのが適切な測定と同じではない。また、酸素の特性を明らかにするために行うのが適切な測定と、脱フロギストン空気の特徴を調べるために必要とされる測定もまた一律に同じにはならない。

純粋な〔理論ないしパラダイムに依存しない〕観察言語について言えば、いつかは何かそういった言語が考案されるのかもしれない。しかし、デカルト以来三世紀を経て、いつかは、というわれわれの願いは、いまだに知覚と心に関するひとつの理論だけに依存している。そして現代の心理学実験は、その理論ではほとんど扱うことのできない現象をどんどん増やしつつある。〔ゲシュタルト実演における〕アヒルとウサギは、網膜上の映像としては同じものを得ているふたりの人間が、異なるものを見る場合があることを示している。反転レンズの実験は、網膜上の映像としては異なるものを得ているふたりの人間が、同じものを見る場合があることを示している。心理学は、それと同じ効果の証拠をほかにもたくさん提供しており、そこから引き出される疑念をさらに強めたければ、実際に観察言語と呼べるものを作ろうという試みの歴史に目を向けさえすればよい。その目標を達成しようと現在行われている試みの中で、純粋な知覚対象に広く当てはめうる言語に近づいたものはまだひとつもない。そしてその目標にもっとも近づいたいくつかの試みには、この小論の主要な論点のいくつかを強く支持する共通の特徴がある。それらの試みははじめから、現在通用している科学理論から得られたパラダイムか、または日常的な談話の断片から得られたパラダイムを前提とし、その後、そのパラダイムから、論理的でない、または知覚的でないすべての用語を取り除こうとしている。二、三の論考の領域では、この努力は非常に大きく進展し、魅力的な結果が得られている。この種の努力が、やるに値するものであることに疑問の余地はない。しかし、その努力の結果として得られる言語には――さまざまな科学分野で使われている言語と同じく――自然に関する多くの期待が含まれており、それらの期待が裏切られたとたん、その言語は機能しなくなる。ネルソン・グッドマン[*10]は、著書『現れの構造』のねらいについて述べた一文で、まさしくこの点を指摘した。「〔存在することがわかっている現象以上のことを〕問題として取り上げなくてもよいのはさいわいだ。〝ありうる〟ケース、すなわち、存在しないが、存在したかもしれないケースという概念は、およそ明確ではないからである」[(19)]。あらかじめ完全に理解されている世界について報告することに限定された言語の中に、「所与」について、中立的かつ客観的な報告を生み出せるものはない。どんな言語ならそれができるのかについては、哲学的な研究からはまだヒントすら得られていないのである。

こうした状況下では、酸素や振り子を（そしてひょっとすると原子と電子も）、自分の直接的な経験の基本構成要素として取り扱う科学者たちは、実践的に正しいだけでなく、原理的にも正しいのではないかと、少なくとも疑ってみるぐらいはしたほうがよいだろう。人類としての経験、文化の中での経験、そして最後に科学者という専門職としての経験を、それぞれパラダイムが体現するかたちで経験してきた結果として、科学者の世界には、惑星、振り子、コンデンサ、化合物としての鉱物、等々が住まうようになった。こうした知覚の対象物と比較すれば、計器の表示と網膜に結ばれた像は、科学者が研究上の特別な目的のためにアクセスできるようにしたときだけ直接的に経験できる複雑な構成物だ。こう述べたからといって、たとえば振り子は、吊り下げられて揺れる石に目を向けたときに科学者に見ることができる唯一のものだと言いたいわけではない。（すでに述べたように、別の科学コミュニティーの構成員は、そこに拘束された落下を見ることもできる。）私が言いたいのは、吊り下げられて揺れる石に目を向ける科学者には、原理的に、振り子を見ること以上に基礎的な経験はできないということだ。振り子の代わりに見る可能性があるのは、なんらかの仮定にもとづく「固定された」映像ではなく、吊り下げられて揺れる石を振り子以外の何かにするような、別のパラダイムを通した映像なのである。

科学者もそうでない人も、世界の見方を学ぶときには、少しずつ学んでいくのでも、要素ごとに学んでいくのでもないということをもう一度思い出せば、今述べたことはいっそう妥当に思えるかもしれない。概念のカテゴリーと操作のカテゴリーのすべてが事前に用意されている場合――たとえば、新たな超ウラン元素を発見する場合や、見たことのない家が新たに目に入る場合など――を別にすれば、科学者もそうでない人も、流れ込んでくる経験から、すべての領域を一挙につかみ取る。「ママ」という言葉を、すべての人間からすべての女性へ、さらに自分の母親へと移行させる子どもは、ただ単に「ママ」という言葉の意味だけを学んでいるのでも、誰が自分の母親なのかだけを学んでいるのでもない。その子どもは、そういうことを学ぶと同時に、男性と女性の違いのうちのいくつかや、特定の女性だけが自分に対して示すであろう振る舞いについても、多少のことを学ぶ。その学習の進み方に応じて、子どもの応答、期待、信念は――実際、その子どもが知覚する世界の多くは――変化する。同様に、太陽に対して「惑星」という伝統的な呼称を使うことをやめたコペルニクス説の支持者たちは、「惑星」という言葉の意味だけを学びつつあったのでも、太陽とは何かだけを学びつつあったのでもない。むしろその人たちは、太陽ばかりかあらゆる天体が以前とは違って見えるようになっ

(19) N. Goodman, *The Structure of Appearance* (Cambridge, Mass., 1951), pp. 4-5. この部分はその周辺も含めて引用しておくに値する。「ウィルミントン［デラウェア州の町］に一九四七年に住んでいた、体重が百七十五から百八十ポンドの人たち全員が、そしてその人たちだけが赤毛なら、〃一九四七年にウィルミントンに住んでいた赤毛の人たち〃と〃一九四七年にウィルミントンに住んでいた、体重が百七十五から百八十ポンドの人たち〃は、構成的定義としては一緒に扱ってよいことになるだろう。……これらの属性の一方が当てはまり、他方が当てはまらない人物が「いたかもしれない」という疑問は、いったんわれわれがそういう人物はいなかったと断定すれば、問題ではなくなる。……存在するとわかっている現象以上のことが問題視されていないことは幸いだ。〈可能的な〉ケース、すなわち存在しないけれども存在したかもしれないケースという観念は、およそ明確ではないからである」。

*10　ネルソン・グッドマン（一九〇六―一九九八）　アメリカの哲学者。認識論、言語哲学、美学などの分野に業績を残した。

た世界の中で、「惑星」という言葉がなおも有用な区別を表すように、この言葉の意味を変えつつあったのだ。それと同じことは、これまでに挙げた例のすべてに当てはまりそうだ。脱フロギストン空気ではなく酸素を見ること、ライデン瓶ではなくコンデンサを見ること、拘束された落下ではなく振り子を見ることはみな、それぞれに関連する膨大な化学的、電気的、力学的現象に対する科学者の見方に起こった総合的なシフトの一部にすぎないのである。

しかしながら、経験がそうして決定されるまでは、操作的な定義を探したり、純粋な観察言語を探したりすることはできない。振り子を振り子にしているのは、いかなる測定、または網膜に結ばれた像なのかと問う科学者や哲学者は、すでに振り子を見れば振り子と認知できるようになっていなければならない。もしもその人が、振り子の代わりに拘束された落下を見たのなら、その問いはそもそも問われるはずの問いなのだ。また、たとえその人が振り子を見たとしても、音叉やテンプ［機械式時計の心臓部］を見るときと同じ見方をしたのなら、その問いに対して答えが与えられることはないだろう。少なくとも、それは同じ問いではないだろうから、同じやり方で答えられるはずはないのだ。したがって、網膜に結ばれた像や実験室での操作の影響について問うことはつねに正統で、ときにはその問いから多大な成果が上がることもあるにせよ、そういう問いは、視覚的にも概念的にも、なんらかの方法ですでにさらなる分割がほどこされた世界を前提としている。そういう問いはパラダイムに依存し、パラダイムが変われば別の答えが与えられるのだから、ある意味では通常科学の一部なのだ。

この節を締めくくるにあたり、以下では網膜に結ばれた像のことは忘れて、科学者がすでに見たものについて断片的ではあるが具体的な指標となる、実験室での操作にもう一度注意を集中しよう。実験での操作がパラダイムとともに変わるときのやり方のひとつは、すでにたびたび観察されてきたものである。科学革命の後には、古い測定や操作の多くが見当違いになり、別のもので置き換えられる。脱フロギストン空気に対するテスト方法のすべてが、酸素に対して用いられることはない。しかしこの種の変化は、けっして全面的なものにはならない。科学革命の後に何を見るにせよ、科学者が見ているのはやはり前と同じ世界だ。さらに、以前は異なる使い方をしていたにせよ、科学者が用いる言語の多くと、実験室で用いられる装置のほとんどすべては、革命後もそれまでと同じ言語であり、同じ装置である。その結果として、革命後の科学には、革命前と同じ装置、同じ言語、同じ実験操作が含まれる。もしも革命に耐えて残った操作に多少とも変化があれば、その変化は、操作とパラダイムとの関係に起こったものか、あるいは操作の具体的な結果に起こったものでなければならない。そこで私は、最後にもうひとつ新しい例を導入することで、これら二種類の変化は、どちらも起こるという考えを提起したい。ドルトンと彼の同時代人たちの仕事を詳しく調べてみれば、同じひとつの操作が異なるパラダイムを通して自然と結びつけられるときには、自然の規則性の大きく異なる側面を指し示すものとなりうることがわかるだろう。それに加えて、新たな役割を与えられた古い操作が、折に触れてかつてとは異なる具体的な結果をもたらすのを見るだろう。

十八世紀の大部分と、十九世紀に入ってしばらくのあいだ、ヨーロッパの化学者はほとんど全員が、あらゆる化学種を構成する基本構成要素としての原子は、相互間に働く親和力によって結びついていると考えていた。したがって、銀の塊がまとまっているのは、銀の粒子間の親和力のためだった（ラヴォアジエの後になるまで、それらの粒子自体が、より基本的な粒子からなる化合物と考えられていた）。その同じ理論によると、銀が酸に溶けるのは（あるいは食塩が水に溶けるのは）、酸を成す粒子が銀の粒子を（あるいは水の粒子が塩の粒子を）引きつける力のほうが、溶質［銀や塩］の粒子同士が互いに引き合う力よりも強いからだった。また、銅が銀溶液に溶けて銀を沈澱させるのは、銅と酸の親和力のほうが、酸と銀の親和力よりも強いからだった。このほかにも多くの現象が、同様の考え方で説明された。十八世紀には、選択的親和力の理論は、称賛に値する化学のパラダイムだったのであり、化学実験をデザインしたり分析したりするために広く利用されて、ときに大きな成果を挙げることもあった。(20)

しかし、化学的な化合物と物理的な混合物の線引きをするために親和力の理論が使った方法は、ドルトンの仕事が同化されてからは廃れるようなたぐいのものだった。十八世紀の化学者たちは、混合のプロセスに二種類あることはたしかに認めていた。混合したときに熱や光が生じたり、混合溶液が発泡したりするのが観察されれば、そこで起こっているのは化学的な結びつきだとされた。一方、混合物中の粒子を目で見て区別できたり、機械的に分離できたりすれば、そこで起こっているのは単なる物理的混合だとされた。しかしそんな大雑把な判定規準は、その中間にある膨大なケース――たとえば、塩の水溶液、合金、ガラス、大気中の酸素など――には、ほとんど役に立たなかった。大半の化学者は自分が従うパラダイム［親和力説］に導かれて、その中間領域全体を構成するプロセスは、どれも同じ種類の力［親和力］に支配されているのだから、化学的なものだと考えた。水に溶けた塩や、窒素に混じった酸素は、酸化銅の結合と同じく、化合の例とされた。溶解物を化合物に分類することには、非常に強力な論拠があった。親和力説は、きちんと証明された理論だったのだ。そのほかにも、溶解物が均一に見える理由も、化合物ができていると考えれば説明できた。たとえば、酸素と窒素は大気中で混じり合っているだけで化合していないのなら、より重い気体である酸素が低いところに溜まるはずだった。大気を混合物としたドルトンは、酸素が容器の底に溜まらない理由をついに説明できなかった。彼の原子論を取り入れて同化することにより、かつては存在しなかったアノマリーが生まれたのである。[21]

溶解物を化合物とみなした化学者たちと、のちに彼らに取って代わった化学者たちとでは、定義が違っていただけだと言ってみたくなる。ある意味では、そうだったのかもしれない。しかしその「ある意味」を採る観点においては、定義というものが単に便宜上の規約ではなくなるのである。十八世紀には、混合物は操作的なテストによって化合物ときっぱり区別されてはおらず、おそらく区別することはできなかっただろう。たとえ化学者たちがそれをするためのテスト方法を探していたとしても、彼らが求めたのは溶解物を化合物に区分するような判定規準だったろう。混合物と化合物をそのように区別することが、彼らのパラダイムの一部——自分たちの研究分野を全体として見る方法の一部——だったのであり、蓄積された化学的経験の総体に先立って存在した、とまでは言わずとも、実験室で行われるいかなるテストにも先立って存在した区別だったのだ。

しかし化学という分野がこのように見られているうちは、化学現象は、ドルトンの新しいパラダイムが同化されるにつれて出現した法則とは異なる法則を例証していたのである。とくに、溶解物が化

(20) H. Metzger, *Newton, Stahl, Boerhaave et la doctrine chimique* (Paris, 1930), pp. 34–68.

(21) *Ibid.*, pp. 124–29, 139–48. ドルトンについては次の文献を参照のこと。Leonard K. Nash, *The Atomic Molecular Theory* ("Harvard Case Histories in Experimental Science," Case 4; Cambridge, Mass., 1950), pp. 14–21.

合物であり続けるうちは、どれだけ化学実験を重ねようと、実験だけによって定比例の法則を生み出すことはできなかった。十八世紀の末には、化合物の中には、構成要素の重量比が普通は一定になるようなものがあることが広く知られていた。ドイツの化学者リヒター[*11]は、いくつかのカテゴリーの反応について、今日では化学当量の法則の一部となっている新しい規則性に気づいてさえいた。(22) しかし、薬を調合するのでもない限り、その規則性を利用した化学者はおらず、十八世紀もいよいよ末になるまで、その規則性の一般化を試みる者もいなかった。ガラスや塩水のような明らかな反例［化合物とみなされていたにもかかわらず、重量比がつねに同じではなかった］がある以上、その規則性を一般化するためには、親和力説を棄てて化学者の領分の境界を見直すしかなかったのだ。その結果として、十八世紀末に、フランスの化学者プルーストとベルトレのあいだで有名な論争が起こった。前者は、すべての化学反応は定比例の法則に従うと主張し、後者はそれに反対した。両者ともに、自説を支持する堅固な実験的証拠を集めた。しかし両者の主張は必然的にすれ違い、その論争から決定的なことは何も生まれなかった。ベルトレが比率の変化する化合物を見たところに、プルーストは物理的な混合物しか見なかったのである。(23) その点については、実験も、定義という規約の変更も、関係しようがなかった。プルーストとベルトレは、ガリレオとアリストテレスがそうだったように、根本的なところで嚙み合わなかったのだ。

これが、最終的には有名な化学的原子論につながる研究にジョン・ドルトンが取り組んでいた年月の状況だった。しかしドルトンは、その研究の最終段階に入るまで、化学者だったわけでも、化学に興味を持っていたわけでもなかった。彼は、水による気体の吸収と大気による水の吸収という、彼にとっては物理学の研究課題だったものに取り組む気象学者だったのだ。ひとつには、別の専門分野で研究者としての訓練を受けたために、またひとつには、その専門分野で彼自身が行った仕事のために、ドルトンは同時代の化学者たちとは異なるパラダイムでこれらの課題にアプローチした。とくに彼は、気体の混合と、水による気体の吸収は、親和力には出る幕のない物理現象だと考えていた。それゆえ彼にとってみれば、溶体が均質になるという観察はひとつの問題ではあったが、実験で混合する原子の相対的なサイズと重さを決めることができれば解決できる問題だった。ドルトンがついに化学に目を向けたのは、原子のサイズと重さを決めるためであって、彼が化学的だとみなした限られた範囲の反応においては、原子は一対一、または簡単な整数比でのみ結合するものと、彼ははじめから仮定していたのである。[(24)] その自然な仮定を置いたおかげで、ドルトンは基本粒子のサイズと重さを決めることができたが、その一方で、定比例の法則はトートロジーになった。ドルトンにとって、構成要素が定比例の法則に従わない反応は、その事実により純粋な化学反応ではなかったのだ。ドルトンの仕事以前は実験的裏づけのない法則だったものが、ドルトンの仕事が受け入れられてからは、少々の化学測定ぐらいではひっくり返るはずもない大原理になった。おそらくは科学革命のもっとも完璧な例で

(22) J. R. Partington, *A Short History of Chemistry* (2d ed.; London, 1951), pp. 161–63.

(23) A. N. Meldrum, "The Development of the Atomic Theory: (I) Berthollet's Doctrine of Variable Proportions," *Manchester Memoirs*, LIV (1910), 1–16.

(24) L. K. Nash, "The Origin of Dalton's Chemical Atomic Theory," *Isis*, XLVII (1956), 101–16.

*11　イェレミアス・リヒター（一七六二－一八〇七）　化学に定量的手法を導入し、酸と塩基が中和される際、その量の比は一定であることを見出した。

あろうこの成り行きの結果として、同じ化学上の操作が、かつてそれらの操作が関係していたものとは大きく異なる化学的一般化と結びついたのである。

言うまでもないが、ドルトンの結論が最初に公表されたときには、広範な攻撃を受けた。とくにベルトレは断じて納得しなかった。問題の性質を考えるなら、ベルトレが納得する必要もなかったのだろう。しかしほとんどの化学者にとって、ドルトンの新しいパラダイムは、プルーストのパラダイムが説得力を持たなかったところで説得力を持っていた。なぜなら、ドルトンのパラダイムは、混合物と化合物とを区別するための新たな規準を与えただけでなく、はるかに広範かつ重要な帰結を持ったからだ。たとえば、もしも原子がある簡単な整数比でしか結合できないのなら、既存の化学データを調べ直せば、定比例の法則や倍数比例の法則を満足する例が見つかるはずだった。化学者たちは、炭素のふたつの酸化物は、重さにして五十六パーセントと七十二パーセントの酸素を含むと書くことをやめて、その代わりに、重さにして一単位の炭素は、重さにして一・三、または二・六単位の酸素と結合すると書くようになった。そして、古い操作の結果がこのように記録されたとき、1:2という比が目に飛び込んできた。書き方に起こったこの変化は、よく知られた多くの反応についてだけでなく、新しい反応の分析についても起こった。また、ドルトンのパラダイムのおかげでリヒターの仕事が同化され、その一般性が十分に理解できるようにもなった。さらに、ドルトンの仕事はいくつかの新しい実験、とくにゲイ＝リュサック[*12]による気体反応の実験につながり、そこからさらに、かつて化学者たちが夢想だにしなかったさまざまな規則性が見出されることになった。化学者たちがドルトンから得たものは、実験から得られた新しい法則ではなく、化学を実践する新しい方法であり（ドルトン自身はそれを、「化学哲学の新体系」と呼んだ）、役に立つことがあまりにもすみやかに証明されたために、フランスとイギリスの化学者でその方法に抵抗できたのは一握りの老人だけだった。[25]その結果として化学者たちは、化学反応が以前とは大きく異なる振る舞いをする世界に住むことになったのである。

それと並行してもうひとつ、典型的かつきわめて重要な変化が起こった。化学の数値的データそのものが、あちこちでシフトしはじめたのだ。ドルトンが自分の物理学的理論を裏づけるためのデータを求めて化学の先行研究をあさりはじめた時点では、理論に合う実験記録も多少はあったが、合わない記録もあることは認めざるをえなかった。たとえば、銅の二種類の酸化物に関するプルーストその人の測定から、ふたつの酸化物に含まれる酸素の重量比は、原子論から要請される2：1ではなく、1.47：1という値が得られていた。そしてプルーストこそは、ドルトンの比を得ることが期待されていい人物だった。[26]プルーストは優れた実験家で、混合物と化合物との関係については、ドルトンときわめて近い考え方をしていた。しかし、自然をパラダイムに従わせるのは容易なことではない。だからこそ、通常科学のパズルは非常にやりがいがあり、パラダイムなしに行った測定から、何であれ結

(25) A. N. Meldrum, "The Development of the Atomic Theory: (6) The Reception Accorded to the Theory Advocated by Dalton," *Manchester Memoirs*, LV (1911), 1-10.

(26) プルーストについてはMeldrum, "Berthollet's Doctrine of Variable Proportions," *Manchester Memoirs*, LIV (1910), 8. 化合物の組成と原子量の測定において測定値が徐々に変化した詳細な歴史はまだ書かれていないが、Partington, *op. cit.* は有益な手がかりを与えてくれる。

*12　ジョゼフ・ルイ・ゲイ＝リュサック（一七七八―一八五〇）　フランスの化学者、物理学者。気体の温度と体積の関係を明らかにした研究で知られる。

論が引き出せることは稀なのだ。このようなわけで、証拠の多くは相変わらず否定的だったため、化学者たちは証拠にもとづいてドルトンの説を単純に受け入れることができなかった。それどころか、ドルトンの説が受け入れられてからでさえ、自然を従順にさせるためには鞭を振るう必要があり、最終的には、そのプロセスのために、ほとんどもう一世代が必要だった。そのプロセスが完了したとき、よく知られた化合物の構成比率までもが以前とは違うものになっていた。データそのものが変わったのだ。これが、革命後の科学者たちは、ある意味では別の世界で仕事をしているのだと言ってみたくなるときの、最後の意味である。

第XI節　革命の不可視性

残る問いは、科学革命はどのように終わるのかということだ。しかしそれを問う前に、最後にあと一押し、科学革命の存在と性質について確信を強めるための試みが求められているように思う。私はこれまで、例を挙げることで革命とはどういうものかを示そうとしてきたし、例ならばそれこそうんざりするまで増やしていけるだろう。しかし明らかに、これまでに挙げた例——よく知られたものを意図的に選んだ——のほとんどは、普通は革命ではなく、科学知識の増大とみなされている。このうえどんな例をつけ加えても同じ見方をされる可能性が高く、効果は上がらないだろう。革命はほとんど不可視と言っていいほど見えにくいのだが、それには実にもっともな理由があるというのが私の主張なのだ。科学者もそうでない人も、創造的な科学活動のイメージのかなりの部分を権威ある情報源から得ているが、その情報源は、科学革命の存在およびその意義を——その情報源が果たすべき機能上の重要な理由もあって——一貫したやり方で覆い隠している。その権威の性質がしっかりと理解され、分析されてはじめて、歴史上の例を挙げることに十分な効果が期待できるようになる。さらに、これはこの小論のまとめとなる最終節にならなければ十分には展開できない論点だが、ここで求められている［その権威の性質についての］分析は、おそらくは神学を別にすれば他のあらゆる創造的な探究と科学研究とをもっとも明確に画しているひとつの側面を示唆しはじめるだろう。

権威ある情報源として私が念頭に置いているのは、主として科学の教科書と、教科書を下敷きとして書かれた一般向けの科学書および哲学的著作である。これら三つのカテゴリー——研究実践を通して得られる情報を別にすれば、科学については最近まで、これら以外にこれといった情報源はなかった——には、ひとつの共通点がある。これらの本は、すでに明確化された研究課題、データ、理論の集まり、すなわちほとんどの場合、その本が書かれた時期に、その科学コミュニティーがコミットしている諸々のパラダイムの、まさにその集合を扱っているということだ。教科書それ自体の目的は、その時代に通用している科学的な言語の語彙および統語法を伝えることにある。一般向けの科学書は、それと同じ言葉の用法を、日常生活で用いられている言語により近い言葉で説明しようとする。そして科学哲学は、とくに英語圏では、完成された総体としての、その同じ科学的知識の論理構造を分析しようとする。より十分な取り扱いをしようとすれば、これら三つのジャンルのあいだに厳然と存在する相違点について論じなければならないだろうが、ここでわれわれにとってもっとも関心があるのは、これらの類似性だ。これら三つのジャンルの本はすべて、過去の革命によりゆるぎないものとなった結論［outcome］を記録し、それゆえその時点で通用している通常科学の伝統の基礎をわかりやすく示している。そういう本が果たすべき機能を全うするためには、その基礎が最初に認知されたときの経緯や、のちにプロの科学者たちがその基礎を受け入れたときの成り行きについて、信頼できる情報を提供する必要はない。少なくとも教科書の場合には、そのあたりはあえて系統的に読者を誤解させておく十分な理由さえあるのだ。

第II節では、どんな科学分野でも、最初のパラダイムが出現したときには、教科書およびそれと同等のものへの依存が必ず高まると述べた。この小論のまとめとなる最終節では、教科書のような書物に支配されることにより、成熟した科学分野の発展のパターンは、そうでない分野のパターンと大きく異なったものになると論じることになるだろう。当面は単に、門外漢であれ現場の科学者であれ、人の科学知識は、教科書とそれから派生したいくつかのタイプの文献に、他に類がないほど大きく依存していると認めることにしよう。しかし教科書は、通常科学を永続させることを目的とする教育の手段なのだから、通常科学で用いられる言語、問題構成、判断基準に変化があれば、教科書は必然的に、全面的または部分的に書き換えられなければならない。要するに、科学革命が起これば、教科書はその影響下で必ず書き換えられなければならず、いったん書き換えられてしまえば、教科書が、その教科書を生み出した革命の役割ばかりか、革命の存在をも必然的に覆い隠すことになるのである。現場の科学者であれ、教科書的文献を読む一般の読者であれ、人の歴史感覚は、その人が一生のあいだに革命を経験したのでない限り、その分野で直近に起こった革命の成果までの広がりしか持たないのだ。

かくして教科書は、まず科学者が自分の研究分野の歴史に対して持つ感覚を切り詰め、次に、そうして切り捨てた部分の代わりになるものを提供する。科学の教科書には典型的なところで歴史はわずかしか含まれず、そのわずかばかりの歴史は、導入部に置かれるか、または――こちらほうが例は多いのだが――過去の偉大な英雄たちの業績として本文のあちこちに置かれる。歴史へのそんな言及の仕方から、学生も専門家も、歴史の長い伝統に参加しているような気になる。だが、教科書から導き出され、科学者たちが参加しているような気になるその伝統は、実は一度も存在したことがないのだ。科学の教科書は（かつては科学史の分野でも、あまりにも多くの教科書がそうだった）、きわめて明快に、そしてそれが果たすべき機能上の理由により、過去の科学者たちの仕事の中でも、その教科書のパラダイムとなる研究課題を提示することに貢献したか、または提示された課題に答えを与えることに貢献したと容易にみなせる仕事にしか言及しない。ひとつには選択により、またひとつには歪曲により、昔の科学者たちは暗黙のうちに、科学の理論および実践に起こった最近の革命によって科学的であるとされ科学であるための条件ともされた一連の原則（カノン）を満たす研究課題、すなわち現代と同じように規定された研究課題に取り組んでいたことにされてしまう。教科書も、教科書がほのめかす歴史的な研究伝統も、革命が起こるたびに書き換えられなければならないのはなんら驚くには当たらない。また、そのように書き換えられる際に科学が、またもやほぼ累積的に見えるようになることも、なんら驚くには当たらないのである。

もちろん、自分の研究分野の過去を、現在の有利な立場へと直線的に発展しているものと捉えがちなのは、科学者だけに限ったことではない。現在から振り返って歴史を書きたいという誘惑は、どの分野にも、いつの時代にもあるものだ。しかし、ほかのグループに比べて科学者たちは、歴史を書き直したいという誘惑にかられやすいのである。その理由のひとつは、科学研究の結果は歴史的文脈への依存性をはっきりとは示さないから。もうひとつは、危機と革命の時期を別にすれば、その科学者の同時代における足場はきわめて安泰そうに見えるからだ。科学の現在についてであれ、過去についてであれ、歴史的な詳細が増えれば増えるほど、あるいは提示された歴史的詳細に背負わせる責任が重くなればなるほど、人間の特異さ、誤り、勘違いに、偽りの地位を与えるだけなのではないか。科学が懸命に努力してようやく棄てることができたもの［人間の特異さ、誤り、勘違い］に、なぜそれほどの重要性を与えなければならないのか。歴史的な事実を軽んじるこの態度は、それ以外の種類の事実的詳細には、あらゆる価値の中で最高の価値を与える科学という職業のイデオロギーに、深く、そしておそらくは機能として染み込んでいる。ホワイトヘッドが、「創設者たちを忘れることをためらう学問は終わっている」と述べたとき、彼は歴史を軽視する科学コミュニティーの精神を捉えていたのだ。[*1]とはいえ、ホワイトヘッドが完全に正しいというわけでもない。なぜなら、科学もまた他のあらゆる専門職の分野と同じく、自分たちの英雄を必要とし、実際に英雄たちの名前を後世に伝えるからだ。さいわいにも科学者たちは、自分たちの英雄を忘れる代わりに、英雄たちが成し遂げた仕事を忘れるか、またはその仕事を修正することができたのである。

その結果が、科学の歴史を直線的ないし累積的なものに見せかけようとする執拗な傾向であり、その傾向は、自分自身の研究を振り返る科学者たちにさえ影響を及ぼす。たとえばドルトンは、化学的原子論を作り上げた自身の研究の成り行きについて両立しない三つの記述を残しているが、三つとも、のちに彼が解決して名を揚げることになった化学上の問題、すなわち化合物の組成の元素比にかかわる諸問題に、ごく初期から興味を持っていたかのような書きぶりになっている。しかし現実には、それらの問題は答えと一緒に彼の頭に浮かんだらしく、しかもその時期は、彼の創造的な仕事がほぼ完了する頃だったようなのだ。(1)ドルトンの三つの記述のすべてから抜け落ちているのは、それまで物理学と気象学だけのものだった一群の問いと概念を、化学に当てはめたことの革命的な影響だ。それこそはドルトンがやったことであり、その結果として化学分野の再教育が起こり、その再教育によって化学者たちは、古いデータについて新しい問いを発することと、古いデータから新しい結論を引き出すことを学んだのである。

あるいはまた、ニュートンは、重力という一定不変の力により時間の二乗に比例する移動が生じることをガリレオは発見したと書いた。実際、ニュートンその人の力学的諸概念のマトリックスの中にガリレオの運動学の定理を持ち込むなら、その形式をとる。しかしガリレオは、そのようなことは何も言っていないのだ。落体に関するガリレオの議論が力をほのめかすことはほとんどなかったし、物体を落下させる均一な重力に暗に言及することはさらになかった。(2) ニュートンの記述は、ガリレオのパラダイムでは問われるはずのない問いに答えを与えた栄誉をガリレオに与えることで、科学者たちが運動について発する問いと、受け入れ可能だと考える答えに起こった、小さくはあるが革命的な再定式化の影響を覆い隠しているのである。しかし、問いと答えの定式化におけるまさにそういう変化こそは、経験的になされた新奇な発見よりも、アリストテレスの力学からガリレオの力学へ、さらにニュートン力学への転換が起こった理由をはるかにうまく説明するものなのだ。科学の発展を直線的なものにする教科書の傾向は、そういう変化を覆い隠すことで、科学の発展においてもっとも重要なエピソードの核心にあるプロセスを見えなくさせるのである。

右に挙げた〔ドルトンとニュートンの〕例が、それぞれにひとつの革命の文脈の中ではっきりと示しているのは、革命後の科学の教科書によってそのつど完成される、歴史の再構成の始まりである。しかし、その再構成の完成にかかわるのは、右に例を示した、誤った歴史構成が増えることだけではない。誤った歴史構成は革命を不可視にする。しかも、それでもまだ見えている素材を教科書に並べるときのやり方は、［科学の発展のあり方として］ひとつのプロセスを含意するのだが、そのプロセスは、もしもそれが存在したならば、革命の機能は否定されるであろうようなものなのだ。教科書は、その時代の科学コミュニティーが知っているつもりのことを手早く学生に教えるのが目的なので、その時代の通常科学のさまざまな実験、概念、法則、理論を、できるだけ個々に切り離して、あたかもひとつの流れの中でほぼ逐次的に起こったかのように扱う。教育の観点からは、この提示のテクニックには非の打ちどころがない。しかし、科学についての書物全般に漂う歴史軽視の気分と、右に論じた、ときおり系統的になされる誤った歴史構成が合わさると、まず間違いなくひとつの強烈な印象が生まれるだろう。いわく、科学は一連の発明と発見によって現在の状態に到達し、それらの発明と発見の総体が近代の専門的知識体系を構成している。科学という事業が始まったそのときから、科学者たちは今日のパラダイムが指し示す目標に向かって努力を続けてきた。科学者たちは、しばしば煉瓦をひとつず

(1) L. K. Nash, "The Origins of Dalton's Chemical Atomic Theory," *Isis*, XLVII (1956), 101–16.
(2) ニュートンの言葉については'Florian Cajori (ed.), *Sir Isaac Newton's Mathematical Principles of Natural Philosophy and His System of the World* (Berkeley, Calif., 1946), p. 21 を参照。その件は' *Dialogues concerning Two New Sciences*, trans. H. Crew and A. de Salvio (Evanston, Ill., 1946)［今野武雄ほか訳『新科学対話』（上・下）岩波文庫］, pp. 154–76 におけるガリレオ自身の議論と比較されるべきである。
*1　ホワイトヘッドが一九一六年に、英国科学振興協会の会合で、自ら会長を務めるA部門（数学および物理科学）で行った講演からの引用。ここで学問と訳したのは、原文では a science. そのときの彼の話は学問全般を視野に入れたものだったが、具体的な論点は自然科学にあった。

つ積み上げる作業にたとえられる行為によって、それぞれの時代の科学の教科書に示された知識体系に、新たな事実、概念、法則、理論を、ひとつずつ付け加えてきた、というのがそれだ。

　だが、それは科学の発展の仕方ではない。今日の通常科学のパズルの多くは、直近の科学革命の後になるまで存在しなかったものだ。そういうパズルの中で、現在そのパズルが生じている科学分野の歴史の始まりのときにまで時間をさかのぼれるものはほとんどない。前の世代の人たちは、その時代の装置を用い、その時代の解決法の原則（カノン）に従って、その時代の問題を探究していたのである。しかも、変化したのは問題だけではない。むしろ、教科書のパラダイムが自然に対して適合（フィット）させた、事実と理論から織りなされたネットワークが全体としてシフトしたのだ。たとえば、化学組成の不変性は、化学者たちがその中で研究を行うことのできる複数の世界のうち、どのひとつの中で実験を行っても発見できる経験的事実にすぎないのだろうか？　それともそれは、ドルトンがそれ以前の化学的経験全体に対し、その経験を変化させながら適合させた、関連する事実と経験から織りなされた新しい織物の中のひとつの要素――しかも疑いようのない要素――なのだろうか？　あるいはまた、一定の力は一定の加速度を生じさせるというのは、力学を探究する者たちがつねに探し求めていた事実にすぎないのだろうか、それともそれは、ニュートンの理論の内部ではじめて生じ、問いが発せられる以前に得られていた情報の総体にもとづいて、その理論には答えることのできた問いなのだろうか？

　ここでこれらの問いは、教科書の提示の仕方によれば漸次少しずつ発見されたように見える事実について問われている。しかしこれらの問いは、教科書が理論として提示するものについても含意を持つのは明らかだ。教科書が提示する理論は、もちろん「事実に適合する」。しかしそれは、すでに得られていた情報を、先行するパラダイムにとっては存在すらしなかった事実に変換したからでしかない。そしてそのことが意味するのは、理論もまた、いつの時代にも存在した事実に適合するように、漸次少しずつ進化してきたわけではないということだ。むしろ理論は、先行する科学の伝統——その内部では知識を介した科学者と自然との関係がかなり異なっていた伝統——が革命的に再定式化されたときに、その理論を適合させる対象である事実と一緒に出現したのである。

最後にあとひとつ例を挙げれば、教科書の提示の仕方が、科学の発展に関するわれわれのイメージに与える影響についての以上の説明が理解しやすくなるかもしれない。初等的な化学の教科書はどれも、化学元素の概念について論じなければならない。その概念が導入されるときにはほとんどつねに、十七世紀の化学者ロバート・ボイルにその起源が求められるし、注意深い読者ならば、ボイルの著書『懐疑的化学者』に、今日のものにきわめて近い「元素」の定義を見出すだろう。ボイルの貢献に言及することは、化学はサルファ剤の発見とともに始まったのではないことを初学者に教えるために役立つ。[*2]また、ボイルの名前を挙げることは、そういった概念を発明することが科学者の伝統的な仕事のひとつだと教えることにもなる。教育が人を科学者にするために使う手段の一部として、元素の起源をボイルに求めることは多大な成功を収めている。それにもかかわらず、この例もまた、歴史的な誤りによって学生と一般の人たちの両方が科学という事業の性質を誤解するというパターンの例なのである。

*2　一九三五年にドイツのゲルハルト・ドーマクによって発見されたサルファ剤は、人類が手にした初めての抗菌剤であり、戦場の様相や医師の役割、医薬品開発の仕組みを根底から変えた。

ボイルによれば、彼の元素の「定義」は、伝統的な化学のひとつの概念を言い換えただけのことで、この点においては彼はまったく正しかった。ボイルはその定義を、化学元素などというものは存在しないと論じるためだけに持ち出したのだ。つまり歴史的には、教科書が描き出すボイルの貢献は、まったくの間違いなのである。(3) もちろん、取るに足りない間違いではある――データを誤って提示する他の例が取るに足りないと言うのと同程度にではあるが。一方、取るに足りないとは言えないのは、この種の間違いが、まず増幅され、その後、教科書本文の専門的な構造に組み込まれたときに助長される科学の印象だ。「時間」や「エネルギー」、「力」や「粒子」などと同じく、元素という概念もまた、しばしば発見も発明もされていない教科書の構成要素なのである。とくにボイルの定義については、その起源をたどれば少なくともアリストテレスにまでさかのぼり、時間を前に進めれば、ラヴォアジエを介して現代の教科書に持ち込まれたものだ。しかしそれは、科学は現代的な元素の概念を古くから持っていたということではない。ボイルの場合のような言葉による定義は、それだけを取り出して考えるなら、科学的な内容をほとんど持たない。そういう定義は、十分に論理的に意味を規定するのではなく（十分に論理的な意味の規定などというものがあるとしてだが）、むしろ教育の助けになるものなのだ。そういう定義が指し示す科学的概念が十分な意味を持つのは、教科書やそれに類する書物が系統的に提示する枠組みの中で、他の科学的概念と、操作的な手続き、そしてパラダイム的な応用に結びつけられたときだけである。そのため、元素のような概念が、文脈から切り離されて発明されることはめったにない。さらに、文脈が与えられれば、概念はすでにその文脈に存在しているのだから、発明される必要はほとんどない。ボイルとラヴォアジエはともに、「元素」という言葉が科学において示す意味を、それぞれに重要なやり方で変化させた。しかしこのふたりは元素の観念を発明したのではなく、その定義として使われる文言を変えることすらしていない。すでに見たように、アインシュタインもまた、「空間」と「時間」の概念を発明する必要はなかったし、自分の仕事の文脈においてこれらの概念に新しい意味を与えるために、明示的に再定義することさえしていないのだ。

では、有名な「定義」を含むボイルの著作のその部分で、彼が果たした歴史的な機能とは何だったのだろうか？　彼は、ひとつの科学革命のリーダーだったのだ。彼が率いたその革命は、「元素」と、化学における器具の取り扱いおよび化学理論との関係を変化させることにより、「元素」の概念を従来とはまったく異なるツールに変換し、その過程で、化学と化学者の世界の両方を変換した。[4]ラヴォアジエを中心とするものを含めてその他の革命は、「元素」の概念に現代的な形式と機能を与えるために必要だった。しかしボイルの事例は、そうした変換の個々の段階がどういうプロセスを経るのかということのひとつの典型例であるとともに、既存の知識が教科書の記述になるときに、そのプロセスがどう扱われるかの典型例にもなっている。こういう教育のやり方が、科学の性質についてのわれわれのイメージを、そしてまた発明および発見が科学の進展に果たす役割についてのわれわれのイメージを、科学の他のどんな側面よりも強く決定してきたのである。

（3）T. S. Kuhn, "Robert Boyle and Structural Chemistry in the Seventeenth Century," *Isis*, XLIII (1952), 26–29.

（4）次の本は、ボイルが化学元素の概念の進化になした肯定的な貢献を多くの箇所で取り上げている。Marie Boas, *Robert Boyle and Seventeenth-Century Chemistry* (Cambridge, 1958).

第XII節　革命の終わり方

前節で論じた教科書が作られるのは、科学革命の直後の時期だけである。そんな教科書が、通常科学の新しい伝統の基礎になる。そういう教科書がどんな構造を持つのかという問題を取り上げるにあたって、われわれが踏むべきステップをひとつ飛ばしていたのは明らかだ。新しいパラダイム候補はいかなるプロセスで、先行するパラダイムに取って代わるのだろうか？　自然についての新しい解釈はどれもみな、それが発見であれ理論であれ、はじめはひとりないし数名ほどの人たちの頭の中に出現する。その人たちが、科学と世界に対して異なる見方を最初にできるようになるのだが、その転換を遂げるその人たちの能力は、同じ分野のほとんどのメンバーに普通は当てはまらないふたつの事情によって発揮されやすくなっている。ひとつは、その人たちは例外なく、危機を招いた問題に集中的に注意を向けていたこと。もうひとつは、その人たちは普通、年齢的にかなり若いか、または危機に陥った分野に参入してまもないために、たいていの同時代人に比べ、古いパラダイムに規定された世界観やルールに、その分野での実践を通じて深くはまり込んでいないことだ。その人たちはどうやって、自分の専門分野全体を、あるいは関係する専門家たちのサブグループを、科学と世界に対する自分たちの観点に転向させるのだろうか、そしてそのために、彼らは何をしなければならないのだろうか？　何がそのグループに、通常研究のひとつの伝統を放棄させ、もうひとつの伝統を選ばせるのだろうか？

これらがもはや後まわしにできない重要な問いであることを理解するために、確立された科学理論のテスト、確証、または反証に関する哲学者からの問い合わせに対し、歴史家に提供できる再構成［歴史記述］は、これら［実際、何が起こっているのか］だけだということを思い出そう。通常科学に従事する限り、研究者はパズルを解く者であって、パラダイムをテストする者ではない。なんらかのパズルの答えを探しながら、候補となるいくつかのアプローチを試し、望ましい答えを与えないアプローチは棄てることもあるにせよ、それをしているときの研究者はパ、ラ、ダ、イ、ム、をテストしているのではない。むしろその人は、明確に規定された問題を持ち、目の前にあるか、または頭の中にあるチェス盤を使って答えを探しながら、さまざまな指し手を試しているチェスプレイヤーに似ている。チェスプレイヤーによるものであれ、科学者によるものであれ、そこで試されているのは試行そのものだけであって、ゲームのルールではない。そういう試行が可能なのは、パラダイムそれ自体は当然のこととして受け入れられているうちだけだ。したがって、パラダイムがテストされるのは、顕著なパズルがどうしても解けず、危機が生じた後のこととなる。そうなった後でさえ、危機感からほかのパラダイム候補が持ち出されるまでは、もとのパラダイムがテストされることはない。科学分野でパラダイムがテストされるというその状況が、パズル解きにおいてはそうであるように、単にひとつのパラダイムと自然とを比較することだけから構成されることはけっしてない。むしろ、パラダイムのテストは、科学コミュニティーの忠誠を勝ち取ろうとするふたつのライバル・パラダイムのあいだの、競争の一部として起こるのである。

綿密に検討すると、この定式化は、確証に関する現代哲学の学説の中でもっとも人気のあるものふたつと、意外な、そしておそらくは意義深い類似性をはっきりと示している。科学理論を確証するための絶対的な規準をいまだに探し求めている科学哲学者はほとんどいない。どんな科学理論もありうる限りの適切なテストにかけることはできないと気づいた科学哲学者たちは、理論が確証されたかどうかではなく、現に存在している証拠に照らして理論が確証される確率を問う。そしてその問いに答えるために、ひとつの重要な学派は、異なる理論が、すでに得られている証拠をどれだけ説明できるかを比較するという路線を突き進んでいる。理論を比較しなければならないという主張は、新しい理論が受け入れられるときの歴史的状況を特徴づけてもいる。確証の議論が今後進むべき方向のひとつをその路線が指し示していることは、ほぼ間違いないだろう。

しかしながら、確率論的確証理論は、そのもっとも普通の形式においてはどれもみな、第X節で論じた、純粋な、ないしは中立的な［理論ないしパラダイムに依存しない］観察言語のいずれかに頼っている。ある確率論的確証理論は、検討対象となっている理論と、その理論が合う観測データの集まりとまったく同じデータの集まりに合うと想像される他のすべての理論とを比較せよと言う。また別の理論は、検討の対象となっている科学理論が合格することを求められそうな、ありとあらゆるテスト方法を想像の中で構成せよと言う。(1) 絶対的なものであれ、相対的なものであれ、特定の確率を計算するためには、何かそういったものを構成する必要があるのは明らかだが、いったいどうすればそんな構成ができるのかは容易にはわからない。これはすでに論じたことだが、もしも科学的ないし経験的に中立な言語や概念の体系などというものはありえないのだとすれば、検討対象となっている検証方法や理論に代わるものを構成する手続きとして提案されたものはすべて、パラダイムに基礎づけられた伝統の内部に由来するはずだ。そんな制約があるなら、その手続きには、可能な経験のすべて、または可能な理論のすべてにアクセスするすべはないだろう。結果として、確率論的確証理論は、確証の状況を明らかにすると同時に、それを覆い隠しもする。主張されているように、たしかに確証の状況は、理論同士の比較と、広く受け入れられた証拠の比較に依存するが、検討対象となる理論および観測はつねに、既存の理論および観測と密接に結びついている。確証は、自然選択に似ている。それは、いずれかの歴史的な状況で実際に取りうる選択肢の中で、生き残りの能力がもっとも高いものを選び出す。その選択が、ほかにも選択肢があったり、別の種類のデータが与えられていたりするときにも最善なのかどうかは、問うても仕方のない問いだ。その問いへの答えを探すために使える道具はないのである。

いかなる確証の手続きの存在も否定するカール・ポパーは、こうした問題のネットワーク全体へのアプローチとして、今述べたものとは大きく異なるものを作り上げた。(2) 彼は、反証、すなわち、結果が否定的であるために、確立された理論を棄てざるをえなくさせるテストの重要性を力説する。反証に与えられたその役割は、この小論がアノマラスな経験、すなわち危機を引き起こすことで新理論へ

(1) 確率論的確証理論に至るいくつか主要な道筋についての概説は、以下の文献を参照されたい。Ernest Nagel, *Principles of the Theory of Probability*, Vol. I, No. 6, of *International Encyclopedia of Unified Science*, pp. 60–75.

の地ならしをする経験に割り当てた役割とよく似ているのは明らかだ。しかし似てはいても、アノマラスな経験は反証の経験そのものではないかもしれない。実際、私は、反証の経験というものの存在を疑わしく思っている。これまで繰り返し力説してきたように、与えられた任意の時期に出くわすパズルのすべてを解決する理論はそもそも存在しないし、すでに得られている答えが完璧であることもそれほど多くはない。それどころか、既存のデータと理論との一致の程度が不十分にして不完全であることこそは、いかなる時代にも、通常科学を特徴づけるパズルの多くに認められる顕著な特徴なのだ。もしも理論とデータが一致しない事例がひとつでもあれば理論を棄てなければならないというなら、いつの時代もすべての理論を棄てなければならないだろう。一方、もしも理論とデータのあいだに重大な不適合がある場合にのみ理論を棄てることが正当化されるのなら、ポパー派は、「ありえなさの程度」ないし「反証の程度」について、何らかの判定規準を必要とするだろう。そういう規準を作り上げる過程で、ポパー派の人たちは、ほぼ間違いなく、さまざまな確率論的確証理論を唱える人たちを悩ませているのと同じ、困難のネットワークに出会うだろう。

これまで述べてきた困難の多くは、科学的探究の基礎をなす論理に関するこれらふたつの観点——互いに相容れない、今日主流のふたつの観点——の両方が、おおむね別個のふたつのプロセスを圧縮してひとつにしようとしてきたことに気づけば回避することができる。ポパーのアノマラスな経験が科学にとって重要なのは、既存のパラダイムに対する競争相手を喚起するからだ。しかし、反証はたしかに起こるものの、アノマリーないし反証事例の出現とともに起こるわけでも、それらの出現を単純な原因として起こるわけでもない。むしろ反証は、アノマリーないし反証事例が出現した後に、それとは別個のプロセスとして起こるのであり、新しいパラダイムが古いパラダイムに勝利するという意味で確証と呼んでよさそうなプロセスなのだ。さらに、確率主義者が言うところの理論の比較が中心的な役割を演じるのは、その［確証と反証が］合体した確証－反証のプロセスにおいてなのである。この二段階の定式化［まずアノマリーが出現し、次に確証－反証のプロセスが起こる］には、私の見るところ、実際に起こっていることと非常によく合うという長所があり、この定式化を用いれば、事実と理論の一致（または不一致）が確証のプロセスに果たす役割を明らかにする仕事に取り掛かれるかもしれない。少なくとも歴史家にとっては、確証とは事実と理論の一致を確立することだ、と述べることには意味がない。歴史的に重要な理論はすべて事実と合っていたのであって、その合い方に程度の差があっただけなのだ。個々の理論は事実と合うのか、どの程度合うのかという問いに対して、これより厳密な答えはない。しかし、理論を集合として捉えるときには、あるいはふたつの理論を一組として捉えるときでさえ、それとよく似た問いを発することはできる。現実に存在して、互いに競争しているふたつの理論の、どちらがより事実と合っているのかと問うことには、大いに意味があるのだ。たとえば、プリーストリーの理論とラヴォアジエの理論はともに、既存の観測結果と厳密には合わなかったが、ラヴォアジエの理論のほうがよく合うという結論を出すまでに十年以上かかった者はほとんどいなかったのである。

しかしながら、この［二段階の］定式化は、ふたつのパラダイムのどちらか一方を選ぶという作業を、

（2） K. R. Popper, *The Logic of Scientific Discovery* (New York, 1959)［大内義一ほか訳『科学的発見の論理』（上・下）恒星社厚生閣］, esp. chaps. i–iv.

実際よりも簡単でおなじみのものに見せかける。もしも科学上の問題が一組しかなく、それらの問題に対する取り組みが行われる世界もひとつしかなく、何を答えとするかを決定するための判断基準も一組しかないのなら、パラダイム同士の競争は、多かれ少なかれルーチン化されたプロセス、たとえばそれぞれのパラダイムが解決した問題の数をかぞえるといったプロセスで決着されるかもしれない。しかし実際には、これらの条件が完全に満たされることはけっしてないのである。競争する異なるパラダイムを支持する人同士はつねに、少なくとも若干は話が嚙み合わない。どちらの陣営も、相手方が自らの主張に説得力を持たせるために必要とする非経験的仮定のすべてを受け入れはしないだろう。化合物の組成について論争したプルーストとベルトレのように、両者は部分的に話がすれ違わざるをえないのだ。両陣営が、科学について、そして科学において取り組むべき課題について、自分と同じ見方に相手を転向させたいと願うのはかまわないが、自分の見方の正しさを相手に対して証明できると期待してはならない。パラダイム同士の競争は、証明によって決着できるような種類の戦いではないのである。

競争するパラダイムの支持者たちが、お互いに相手の観点に完全には接触できない理由はすでにいくつか見た。それらの理由をひとまとめにして、革命前の通常科学の伝統と革命後のそれとの通約不可能性として記述したので、ここでは要点を簡単におさらいするだけでよい。第一に、競争するふたつのパラダイムを支持する人たちのあいだでは、パラダイム候補はどんな問題を解決しなければならないのかについて、しばしば意見が異なる。科学かどうかの判断基準、ないしは科学の定義が、両者のあいだで同じではないのだ。運動の理論は、物質粒子間に働く引力の原因を説明しなければならないのだろうか、それとも、そういう力が存在すると述べるだけでよいのだろうか？　ニュートンの力学が幅広く多くの人たちから拒絶されたのは、アリストテレスの理論ともデカルトの理論とも異なり、この問いに対して後者の答えを含意したからだった。そのため、ニュートンの理論が受け入れられたとき、ひとつの問いが科学から追放された。しかしその問いは、一般相対性理論が解決したと誇りを持って主張してよいものだった。あるいはまた、十九世紀に普及したラヴォアジエの化学理論は、金属はなぜそれほどよく似た性質を持つのかという、フロギストン説にもとづく化学が提起し、答えも与えた問いを化学者たちが発することを禁じた。ラヴォアジエのパラダイムへの転換が起こった結果として、ニュートンのパラダイムへの転換の場合と同じく、許される問いがひとつ失われただけでなく、その問いに対してすでに得られていた答えも失われた。しかしその問いもまた、永遠に失われたわけではなかった。二十世紀になると、化学物質の質に関する問いは、いくつかの答えとともにふたたび科学の領分に入ってきたのである。

とはいえ、判断基準の通約不可能性だけが［通約不可能性の］すべてではない。新しいパラダイムは古いパラダイムから生まれるのだから、新しいパラダイムは普通、従来のパラダイムが採用していた語彙と装置――概念的なものと操作的なものの両方――の多くを取り入れる。しかし、新しいパラダイムが、そうして借用した要素を完全に従来通りに使うことはまずない。新しいパラダイムの内部では、古い言葉、概念、実験は、互いに新しい関係性を持ちはじめる。その不可避的な結果として、競争するふたつの学派のあいだに、あまり良い言葉ではないけれども、誤解が生じる。空間が「曲がる」ことはありえない――空間は、そういう種類のものではない――という理由により、アインシュタインの一般相対性理論を嘲笑した門外漢たちは、完全に間違っていたのでもなければ思い違いをしていたのでもなかった。それと同じことは、アインシュタインの理論のユークリッド幾何学版を作ろうとした数学者や物理学者や哲学者についても言える。(3) それまで空間という言葉が意味していたのは、必然的に平坦で、均一で、等方的で、物質の存在に影響されないようなものだった。もしもそうでなかったなら、ニュートン物理学は機能しなかっただろう。アインシュタインの宇宙への転換を引き起こすためには、空間、時間、物質、力などを糸として編み上げられた概念のネットワークを別のものに取り替えたのち、ふたたび自然全体を覆うように被せる必要があったのだ。自分たちは何について意見が一致したのかあるいは一致しなかったのかを正確に知ることができるのは、その変換を一緒にくぐり抜けた人たち同士、あるいはくぐり抜けることができなかった人たち同士だけだろう。革命の分割線を挟んで行われる対話は、どうしても不完全なものにならざるをえないのである。もうひとつの例として、地球［the earth］は動くと公言したという理由で、コペルニクスを狂人呼ばわりした人たちのことを考えよう。その人たちは、完全に間違っていたのでもなければ大幅に間違っていたのでもない。その人たちが「earth」という言葉で表していたことの一部は、不動の大地だった。少なくとも、彼らの大地は動かすことができなかった。それに対応して、コペルニクスが打ち出した新機軸は、単に地球を動かすことではなかった。むしろそれは、物理学と天文学の問題を見るためのまったく新しい方法だったのであり、「大地」と「運動」という言葉の意味をどちらも変えずにはすまないようなものの見方だった。(4) それらふたつの言葉の意味が変化しない限り、大地が動くという考えは馬鹿げていた。一方、いったんそれらが変化して理解されたあとでは、デカルトとホイヘンスはともに、地球

が動いたところで科学にとっては何も問題はないと気づくことができたのだ。(5)

これらの例は、競争するパラダイムのあいだの通約不可能性が持つ、第三の、そしてもっとも基本的な面を指し示す。私にはこれ以上明確に述べることのできないある意味において、競争するふたつのパラダイムを支持する人たちは、異なる世界の中で仕事をしているのである。一方の世界には、ゆっくりと落下する拘束された物体が含まれ、他方の世界には、永久に振動を繰り返す振り子が含まれる。一方の世界では、溶液というものは化合物であり、他方の世界では混合物である。一方の世界は平坦な空間という基盤に埋め込まれており、他方の世界は曲がった空間という基盤に埋め込まれている。異なる世界の中で研究しているふたつの科学者グループは、同じ地点から同じ方向を眺めたときに異なるものを見る。ここでもまた、このように述べたからといって、科学者は自分が見たいものを何でも見ることができると言いたいわけではない。どちらのグループもこの世界を見ているのであり、見ているものが変わったわけではない。しかしこれらの科学者グループは、いくつかの領域において別のものを見、それら別のもの同士が別の関係にあるのを見る。一方の科学者グループには論証する

(3) 曲がった空間という概念に対する一般の人たちの反応については次の文献を参照されたい。Philipp Frank, *Einstein, His Life and Times*, trans. and ed. G. Rosen and S. Kusaka (New York, 1947)〔矢野健太郎訳『評伝アインシュタイン』岩波現代文庫〕, pp. 142–46. 一般相対性理論の利点をユークリッド空間の中で保存しようという試みのいくつかについては、次の文献を参照のこと。C. Nordmann, *Einstein and the Universe*, trans. J. McCabe (New York, 1922), chap. ix.

(4) T. S. Kuhn, *The Copernican Revolution* (Cambridge, Mass., 1957)〔『コペルニクス革命』〕, chaps. iii, iv, vii. 太陽中心説が厳密には天文学の問題にとどまるものではないということが、この本の大きなテーマである。

(5) Max Jammer, *Concepts of Space* (Cambridge, Mass., 1954)〔高橋毅ほか訳『空間の概念』講談社〕, pp. 118–24.

ことさえできない法則が、他方の科学者グループにとっては直観的に明らかに思える場合があるのはそのためだ。また、それだからこそ、十分な意思疎通を望むなら、どちらかのグループが、この小論でパラダイム・シフトと呼んできた転向を経験しなければならないのである。競争するパラダイムの一方から他方への転換は、まさしく通約不可能なもののあいだの転換であるがゆえに、論理と中立的経験〔理論ないしパラダイムに依存しない経験〕に背中を押されながら、一歩ずつ進めることはできない。むしろその転換は、ちょうどゲシュタルトの切り替えがそうであるように、いっぺんに起こるか（とはいえ、一瞬のうちに起こるわけでは必ずしもない）、まったく起こらないかのふたつにひとつなのだ。

では、科学者たちはいかにして、この置き換えをするに至るのだろうか？　この問いに対する答えの一部は、科学者は多くの場合、それをするに至らないというものだ。コペルニクスの死後ほぼ一世紀のあいだ、コペルニクス説に転向した者はほとんどいなかった。ニュートンの仕事は、『プリンキピア』が登場してから半世紀以上にわたり、とくに大陸では、広く受け入れられることはなかった。[6] プリーストリーは最後まで酸素説を受け入れなかったし、ケルヴィン卿は電磁気理論を受け入れなかった。こうした例は枚挙にいとまがない。しばしば科学者自身が、その転向の難しさを書き記してきた。ダーウィンは『種の起源』の末尾に置かれた、とりわけ鋭い見解を示す一節に次のように書いた。「私は本書に示した見解の正しさを十分に確信しているが、……多くの事実をことごとく私とは正反対の観点から眺め、長い年月をかけて頭に詰め込んできた経験豊かな博物学者たちを納得させることはまったく期待していない。……しかし私は、未来の展望には――若くて育ち盛りの博物学者たちについては――確信がある。彼らはこの問題の両面を公平に眺めることができるだろう」[7]。また、マックス・プランクは著書『科学的自伝』の中で、科学者としての人生を振り返り、物悲しげにこう述べた。「新しい科学的真理は、その反対者たちを納得させ、光を見させることによって勝利するのではなく、むしろ反対者たちが最終的には死んで、新しい真理に慣れ親しんだ世代が成長するから勝利するのである」(8)。

これらの事実、およびこれらに似た他の事実は、非常に広く知られているため、このうえ強調する必要はないだろう。しかし、それらを再評価する必要はある。過去においてこれらの事実は、科学者も人間にすぎず、厳密な証明を眼前に突きつけられてさえ、おのれの誤りを認めることがつねにできるとは限らないことを示していると受け取られることが多かった。しかしこの件に関しては、証明も誤りも重要ではないというのが私の主張だ。パラダイムからパラダイムへと忠誠を変えることは、強制することのできない転向の経験なのである。死ぬまで続く抵抗、とくに創造的な研究者としての生涯を通して通常科学の古い伝統にコミットしてきた人たちが示す抵抗は、科学の基準に反する行為ではなく、むしろ科学研究そのものの性質を指し示している。その抵抗の源泉は、従来のパラダイムでいつかはすべての問題を解決できるだろうという確信、そのパラダイムが提供する箱に自然を押し込むことは可能だという確信だ。革命期にはそんな確信が、強情で頑迷な態度に見えてもしかたがない

(6) I. B. Cohen, *Franklin and Newton: An Inquiry into Speculative Newtonian Experimental Science and Franklin's Work in Electricity as an Example Thereof* (Philadelphia, 1956), pp. 93–94.

(7) Charles Darwin, *On the Origin of Species* (authorized edition from 6th English ed.; New York, 1889)［渡辺政隆訳『種の起源』光文社古典新訳文庫、ほか邦訳あり］, II, 295–96.

(8) Max Planck, *Scientific Autobiography and Other Papers*, trans. F. Gaynor (New York, 1949), pp. 33–34.

し、実際、確信が固執になることもある。しかしその確信は、単にそれだけのことではないのである。通常科学、すなわちパズル解きの科学を可能にしているのは、まさにその確信なのだ。そして、科学者の専門家コミュニティーが、最初は古いパラダイムの潜在的な視野と精度を利用して成功を収め、続いて、新しいパラダイムがそこから出現することになるかもしれない困難を取り出すことができるのは、通常科学を通してこそなのだ。

とはいえ、抵抗は不可避であり正統だと言ったり、パラダイムの変化を証明によって正当化することはできないと言ったりすることは、議論をしても無駄だとか、説得によっては科学者の考えは変えられないと言うことではない。その変化が完了するまでに、ときに一世代かかることがあったとしても、科学コミュニティーは繰り返し新しいパラダイムへの転向を遂げてきた。さらに、そういう転向は、科学者が人間であるにもかかわらず起こるのではなく、科学者が人間だからこそ起こるのである。一部の科学者、とくに年輩の熟練した人たちは、どこまでも抵抗を続けるかもしれないが、ほとんどの科学者は、なんらかのやり方で対話ができるものだ。抵抗する最後のひとりがついに死んだのち、専門家たちがふたたび全員そろってひとつの、しかしいまや以前とは異なるパラダイムのもとで仕事をするようになるまで、転向は少しずつ起こり続けるだろう。したがって、われわれが問わなければならないのは、転向はいかにして引き起こされるのか、そして、いかなる抵抗を受けるのかということだ。

この問いへの答えとして、どんなものを予想すればいいだろう？　これはまさしく説得のテクニックについての問い、すなわち、証明がありえない状況での議論と反論についての問いだというだけでも、かつて行われたことがない種類の研究を必要とする新しい問いである。したがってわれわれとしては、きわめて不完全で漠然とした調査に甘んじなければならない。それに加えて、すでに述べたことと、そういう調査の結果とを合わせたものが示唆するのは、証明ではなく説得となると、科学的な議論の性質に関する問いに対し、単一の答え、あるいは一律に当てはまる答えはなさそうだということだ。個々の科学者が新しいパラダイムを受け入れる理由は実にさまざまで、たいていは一度にいくつかの理由があるものだ。そういう理由の中には、一見して科学とされる領域から完全にはみ出したものもある――たとえば、ケプラーをコペルニクス主義に転向させる際にひと役買った太陽崇拝などがそれだ。[9] また、経歴や気質という、その人固有の特質に依存する理由もあるに違いない。革新的な仕事をした人と、その人の先生たちの国籍や、それまでに得ていた名声さえも、重要な役割を演じることがある。[10] したがって究極的には、われわれは別の問いを立てられるようにならなければならない。そのときわれわれが興味を持つのは、誰かひとりの人を実際に転向させるのはどんな議論かという問いではなく、最終的には必ずひとつのグループに再編成されるコミュニティーは、どういった種類の

(9) ケプラーの思考における太陽崇拝の役割については、次の文献を参照のこと。E. A. Burtt, *The Metaphysical Foundations of Modern Physical Science* (rev. ed.; New York, 1932) [市場泰男訳『近代科学の形而上学的基礎』平凡社], pp. 44–49.

(10) 名声の役割については次の例を考えてみてほしい。レイリー卿は、彼の名声が確立された時点で、電気力学のいくつかのパラドックスに関する論文を英国科学振興協会［科学の進歩と発展を目的として一八三一年に設立された］に投稿した。その論文が初めて投稿されたときには、うっかり彼の名前が抜けており、その論文はどこぞの「パラドックス好き」の仕事として却下された。その後間もなく著者の名前を掲げた論文が、丁寧な謝罪とともに受理された (R. J. Strutt, 4th Baron Rayleigh, *John William Strutt, Third Baron Rayleigh* [New York, 1924], p. 228)。

ものかという問いになるだろう。とはいえ、それを問うことは最後の節まで棚上げするとして、当面、パラダイムの変化をめぐる戦いで、とくに有効であることが示されている議論をいくつか検討することにしよう。

おそらく、新しいパラダイムを擁護する人たちの主張としてよくあるのは、自分たちは古いパラダイムを危機に陥れた問題を解決することができるというものだろう。正統な理由でそう言えるのなら、その主張はしばしばありうる中でもっとも効果的だ。そんな主張がなされる分野では、その［古い］パラダイムがうまく機能していないことが周知の事実になっている。その機能不全は繰り返し調査され、解決への努力はそのつど徒労に終わっている。新しいパラダイムがまだ考案されてもいないうちから、「決定的実験」――ふたつのパラダイムの良し悪しを、とりわけ鮮明にできる実験――の存在が認知され、その実験を行えばよいと明言されている。そんなわけで、コペルニクスは長らく人びとを悩ませていた一年の長さを求めるという問題を解決したと主張し、ニュートンは天上の力学と地上の力学とを統一したと主張し、ラヴォアジエは気体の同定および重さの関係についての問題を解決したと主張し、アインシュタインは電気力学を、改良された運動の科学［特殊相対性理論］と矛盾しないものにしたと主張したのだった。

この種の主張は、新しいパラダイムが古いパラダイムよりも際立って高い精度を示す場合には、とくに説得力を持ちやすい。ケプラーのルドルフ表が、プトレマイオスの理論を使って計算されたどの天文表よりも定量的に優れていたことは、天文学者をコペルニクスの体系に転向させた大きな要因だった。ニュートンが天文学の観測結果を定量的に予測できたことは、彼の理論が、より理に適ってはいたがおしなべて定性的だった他の諸理論に勝利した、おそらくは最大の理由だったろう。そして今世紀〔二十世紀〕には、プランクの放射法則とボーアの原子〔模型〕が定量的に際立った成功を収め、物理科学全体として見れば解決した問題よりも作り出した問題のほうが多かったにもかかわらず、多くの物理学者を納得させ、すみやかに受け入れられた。(11)

しかし、危機を引き起こした問題を解決したという主張が、それだけで十分であることは稀だ。またそれは、つねに正統に主張できることでもない。実際、コペルニクスの理論はプトレマイオスの理論に比べて正確だったわけでも、そこから直接的に暦の改良がもたらされたわけでもなかった。光の波動説にしても、最初に発表されてから何年ものあいだ、光学の危機を引き起こした最大の原因であった偏光効果を説明するという点では、ライバル理論の光の粒子説と同程度の成功すら収めなかった。通常科学の枠に収まらない研究に特徴的な比較的粗い実践は、はじめのうちは、危機を引き起こした問題の解決にはまったく役立たないパラダイム候補を作り出すこともあるだろう。そうなると、いずれにせよしばしば行われることではあるが、同じ分野の別の領域から証拠を持ち込まなければならなくなる。その別の領域で、新しいパラダイムによって、古いパラダイムに支配されていたときには思いもよらなかった現象の存在を予測することができれば、とりわけ説得力のある議論を作ることができる。

たとえば、コペルニクスの理論が示唆するところによれば、惑星たちは地球に似ているはずであり、

(11) 量子論により作り出された問題については、次の文献を参照のこと。F. Reiche, *The Quantum Theory* (London, 1922), chaps. ii, vi–ix. このパラグラフで取り上げた他の例については、本節ですでに挙げた文献を参照されたい。

金星は満ち欠けを示すはずであり、宇宙は従来の想定よりはるかに大きいはずだった。その結果として、彼の死から六十年後になって、月には山々があり、金星には満ち欠けがあり、それまで存在するとは思われていなかった途方もなく多くの恒星が存在することが、望遠鏡のおかげで突如としてはっきりと示されると、それらの観測により、とくに天文学者ではない人たちのあいだから、この新理論への転向者が大勢出てきた。(12) 波動説の場合には、それよりもさらに劇的な出来事が、専門家の転向を引き起こす主要な原因になった。円板が投げかける影の中心部に明るい点が存在することをフレネルが示すと、フランスにおける波動説の反対勢力は、一挙に、そして比較的完全なかたちで総崩れになった。フレネルが予想すらしていなかったその効果を、最初は彼に反対する人たちのひとりだったポアソンが、フレネルの理論から導かれる馬鹿げてはいるけれども必然的に生じるはずのものとして示したのである。(13) このような議論は与える衝撃が大きく、また、あらかじめ新理論に「組み込まれていた」のではないことが明らかであるため、とりわけ大きな説得力を持つ。また、かなり前から観測されていた現象が、のちに作られた理論により説明された場合でさえ、さらなる説得力を理論に与えることもある。たとえば、アインシュタインは、水星の近日点移動にみられる周知のアノマリーを相対性理論が十分高い精度で説明するとは予想していなかったようだが、説明したときには相応の勝利を味わった。(14)

新しいパラダイムを支持する議論としてこれまで取り上げたものはすべて、競争するパラダイム同士の相対的な問題解決能力に基礎づけられていた。科学者にとってはそういう議論が、普通はもっとも重要であり、もっとも説得力を持つ。これまでに挙げた例は、そうした議論が持つ絶大な魅力の出所に疑問の余地を残さないはずだ。ところが、このすぐ後で見るいくつかの理由により、そうした議論は、個人としての科学者にとっても、また科学者たちの集団にとっても、従わざるをえないというほどの力は持たないのである。さいわいにも、これら以外にもうひとつ、古いパラダイムを棄てて新しいパラダイムを選ぶように科学者たちを導くことのできる、［相対的な問題解決能力にもとづく議論とは］別の種類の考察がある。適切性とか審美性とかいった、あらわに表明されることはめったにない、科学者個人の感性に訴える議論がそれだ――新しい理論は古い理論よりも、「無駄がない」とか、「しっくりくる」とか、「シンプルだ」などというのがそれだ。おそらくそういう議論は、科学においては数学におけるほどの影響力は持たないかもしれない。新しいパラダイムの大半は、初期のバージョンでは粗削りだ。新しいパラダイムの審美的な魅力を完全に展開できるようになる頃までには、その分野の科学コミュニティーのメンバーはほぼ全員が、それ以外の手段で説得されている。それにもかかわらず、審美的な考察は、ときに決定的に重要になるのである。そういう考察は多くの場合、わずか数名ほどの科学者を新しい理論に引きつけるだけなのだが、最終的にその理論が勝利を収めるかどう

(12) Kuhn, *op. cit.*, pp. 219–25.

(13) E. T. Whittaker, *A History of the Theories of Aether and Electricity*, I (2d ed.; London, 1951)［霜田光一ほか訳『エーテルと電気の歴史』講談社］, 108.

(14) 一般相対性理論の発展については次の文献を参照のこと。*Ibid.*, II (1953), 151–80. 水星の歳差運動についての観測結果と理論とが精密に一致したときのアインシュタインの反応については、次の文献に引用された手紙を参照のこと。P. A. Schilpp (ed.), *Albert Einstein, Philosopher-Scientist* (Evanston, Ill., 1949)［渡辺正訳『アインシュタイン回顧録』ちくま学芸文庫など邦訳あり］, p. 101.

かは、それら一握りの人たちにかかってくるかもしれない。もしもその人たちが、きわめて個人的な理由から新しい理論をすみやかに受け入れなかったなら、その新しいパラダイム候補が科学コミュニティー全体の忠誠心を引きつけるところまで発展することはけっしてなかったかもしれない。

より主観的で審美的なこうした考察がなぜ重要なのかを理解するために、パラダイム論争とは何についての論争だったかを思い出そう。新しいパラダイム候補が初めて提唱されたときには、直面する問題をふたつか三つ以上解決していることは稀で、解答のほとんどは完璧というには程遠いものでしかない。ケプラーが登場するまで、コペルニクスの理論は、プトレマイオスが行った惑星の位置の予測よりも良い予測をほとんどしなかった。ラヴォアジエが酸素を「もとのままの空気」とみなした時点では、彼の新理論は、新種の気体が次々と発見されたために生じた多くの問題にまったく対処できず、プリーストリーの反撃はまさにその点で多大な成功を収めた。フレネルの明るい点のようなケースはきわめて稀なのだ。一見して決定的であることが明らかな議論――地球の自転を実証するフーコーの振り子や、光の速度が水中よりも空気中で大きいことを示すフィゾーの実験――が作り上げられるのは、新しいパラダイムが作られ、受け入れられて、利用されるようになった後のことであるのが普通で、時期的にはだいぶ遅くなる。そういう議論を作ることは通常科学の一部であり、それらが果たすべき役割は、パラダイム論争の中にではなく、革命後に作られる教科書の中にあるのだ。

そういう教科書が書かれる前、パラダイム論争が続いているあいだは、状況は［「通常科学の中で決定的な議論が作られる状況とは」］大きく異なる。新しいパラダイムに反対する人たちは、危機に陥った領域においてさえ、新しいパラダイムは従来のライバル・パラダイムと比べてとくに優れているわけではないと正統に主張できるのが普通だ。もちろん、新しいパラダイムはいくつかの問題をよりうまく扱うし、新しい規則性をいくつか明らかにしてもいる。しかし、古いほうのパラダイムは、他の難問に対してもそうしてきたように、おそらくはそれらの難題〔新しいパラダイムがよりうまく扱うもの〕に対処するための明確化を施すことができるだろう。ティコ＝ブラーエの地球中心の天文体系と、フロギストン説の後期の改良版はともに、新しいパラダイム候補が提起した諸々の難題への応答だったのであり、それに関して両者はともにかなりの成功を収めた。(15) 加うるに、伝統的な理論と手続きを擁護する人たちは、新しいライバル理論がまだ解決しておらず、自分たちの観点に立てばそもそも問題ではない問題を示すことができるのが普通だ。水の組成が発見されるまでは〔ラヴォアジエ、一七八三〕、水素の燃焼は、フロギストン説を支持してラヴォアジエの理論に反対するための強力な議論だった。そして〔燃焼の〕酸素説が勝利した後でさえ、この説は、なぜ炭素から可燃性の気体〔一酸化炭素〕が調整されるのかを説明することができず、フロギストン派の人たちは、自分たちの観点を支持する有力な証拠としてその現象に注目したのである。(16) 危機に陥った領域においてさえ、賛成と反対の議論の重みは、ときにほぼ拮抗する。その領域の外ともなれば、従来の説を支持するほうに天秤がはっきりと傾くこと

(15) ブラーエの天文体系は、幾何学的にはコペルニクスの天文体系と完全に同等だった。これについては次の文献を参照のこと。J. L. E. Dreyer, *A History of Astronomy from Thales to Kepler* (2d ed.; New York, 1953), pp. 359–71. フロギストン説の最後のいくつかのバージョンとその成功については、次の文献を参照のこと。J. R. Partington and D. McKie, "Historical Studies of the Phlogiston Theory," *Annals of Science*, IV (1939), 113–49.

(16) 水素が提起した問題については、J. R. Partington, *A Short History of Chemistry* (2d ed.; London, 1951), p. 134. 一酸化炭素については、H. Kopp, *Geschichte der Chemie*, III (Braunschweig, 1845), 294–96 を参照のこと。

も少なくない。コペルニクスは、地上の運動を説明するための時の試練に耐えた理論を、それに変わるものを与えることなく破棄した。ニュートンは、重力を説明する古い理論に対してそれと同じことをやり、ラヴォアジエもまた、金属はなぜどれもみなよく似ているのかという問題に説明を与えなかった。こうした例は枚挙にいとまがない。要するに、新しいパラダイム候補が、パズルをいくつ解くかという相対的な問題解決能力ばかり検討する融通のきかない人たちの判断を最初から受けなければならないのなら、科学は大きな革命をほとんど体験しないだろうということだ。前にパラダイムの通約不可能性と呼んだものによって生み出される［新しいパラダイムに対する］反論をそれに加えれば、科学は革命をただのひとつも経験しないかもしれない。

しかし、パラダイム論争が相対的な問題解決能力という言葉でくくられるのが普通なのには十分な理由があるとはいえ、実はこの論争は、解決した問題の数に関するものではない。むしろ争点は、どちらのパラダイム候補もまだ完全に解決したとは言えないものまで含めた一群の問題についての研究を、将来どちらの候補が導くことになるかということなのだ。科学を実践するふたつの方法のうちの一方を選択することが求められているのであり、過去の成果よりも将来性にもとづいて決断を下さなければならない状況でそれを下すことが求められているのである。ごく早い段階で新しいパラダイムを受け入れる人は、しばしばパズル解きからもたらされた証拠に反してそれをしなければならない。つまりその人は、古いパラダイムがいくつかの問題を解決することに失敗したということだけを知って、新しいパラダイムは、それが直面する多くの大きな問題を解決するだろうという信念［faith］を持たなければならないのだ。その種の決断は、信念にもとづいてのみ下すことができる。

これが、先立つ危機が非常に重要であることの理由のひとつだ。危機を経験していない科学者たちは、幻影であることが容易に証明されるかもしれず、幻影であったと広くみなされるかもしれないものに従うために、問題解決という確かな証拠を棄てることはまずないだろう。しかし、危機だけでは［新しいパラダイムを選び取らせるには］十分ではない。選ばれた特定の候補を信じる根拠は、合理的である必要もなければ、最終的に正しい必要もないが、なんらかの基礎はなければならない。少なくとも数名ほどの科学者たちに、新しく提案された候補は正しい路線に乗っていると信じさせるだけの何かがなければならず、それを信じさせる何かは、ときにはごく個人的で、はっきりと言葉にすることのできない審美的考察にすぎないこともある。専門的な議論の大半が別の路線を指し示しているときに、人はそのような考察によって転向させられてきた。コペルニクスの天文学説も、ド・ブロイの物質［波］の理論も、最初に導入された時点では、審美的な考察以外に魅力の基礎となるものが多数あったわけではない。アインシュタインの一般相対性理論は、今日でさえ、主として数学の門外漢にはほとんど感じることのできない審美的な魅力によって人びとを引きつけているのである。

こう述べたからといって、新しいパラダイムが究極的に勝利するのは、謎めいた美しさのためだと言いたいわけではない。むしろ、そんな理由だけで伝統を放棄する者はごく少数だ。そういう人たちは、結局、間違っていたとわかることも多い。しかし、もしもどれかのパラダイムがともかくも勝利するのなら、そのパラダイムは、手堅い議論がなされ、そういう議論が増えていけるようになるまで、そのパラダイムを発展させてくれる最初の支持者を何人か獲得しなければならない。そして、そういう手堅い議論でさえ、登場した時点では、単独で決定的なものになることはない。科学者は理性的な人たちだから、最終的にはいずれかの議論が、科学者の多くを説得することになるだろう。だが、科学者全員を説得できる、あるいは全員を説得してしかるべき、たったひとつの議論があるのではない。むしろそこで起こるのは、集団が一度に転向することではなく、専門家たちが支持する説の分布が、徐々にシフトすることなのだ。

新しいパラダイム候補には、最初はほとんど支持者がいないかもしれないし、最初の支持者たちの動機が疑わしいこともあるかもしれない。それでも、もしもその支持者たちの能力が高ければ、そのパラダイム候補を改良し、そのパラダイムでどこまで行けるかを探り、それに導かれて研究するコミュニティーに属するというのはどういうことかを示すだろう。その状況が続くうちに、もしもそのパラダイムが勝利を運命づけられているのなら、そのパラダイムを支持する論証の数と説得力が増していくだろう。さらに多くの科学者が転向し、その新しいパラダイムの探究が続くだろう。新しいパラダイムにもとづく実験、装置、論文、書籍がしだいに増えていくだろう。そうなると、その新しい観点に立てば多くの実りが得られるという確信を得て、さらに多くの人たちがその新しい通常科学の実践モードを採用するようになり、最終的には、一握りの年老いた頑固者だけが取り残されるだろう。そうして取り残された人たちでさえ、間違っているとは言えない。歴史家は、そこまで長く抵抗を続けるのは合理的ではないという人たち——たとえばプリーストリー——を見出すことはつねにできるが、抵抗がどこかの時点で非論理的、あるいは非科学的になるという、その一点を見出すことはないだろう。歴史家が望んでよいのは、せいぜいのところ、自分の同業者たち全体が転向してもなお抵抗を続ける人たちは、事実上科学者ではなくなったと述べることなのだ。

第XIII節　革命を通しての進歩

これまでのページには、科学の発展についての私の考えを、この小論で扱える範囲の概略として示した。しかし、以上に述べたことには、何かひとつの結論を与えるまでのことはできない。もしも本書に述べたことが、科学のたゆみない進化が持つ本質的構造を多少なりとも捉えているとすれば、それは同時に、以下の特殊な問題を提出したことになるだろう。これまでに概略を述べた科学という事業が、たとえば芸術や政治理論や哲学にはないやり方で着実に前進するのはなぜだろうか？　なぜ進歩は、われわれが科学と呼ぶ活動以外にはほとんど享受するもののない特典なのだろうか？　この問いに対するもっとも定石的ないくつかの答えは、この小論の中ですでに否定されている。それら定石的な答えの代わりになるものを見出せるかどうかを問うことで、この小論を終えなければならない。

ここでただちに注意したいのは、この問いの一部は、完全に語義の問題だということだ。「科学」という言葉はほとんど例外なく、明白なかたちで進歩している分野に対してしか用いられない。そのことが他のどんな場面よりも鮮明なのが、今日の社会科学のあれこれの分野は本当に科学なのかという繰り返される論争においてだ。そういう論争によく似たものが、今日ではためらうことなく科学に分類される分野の、パラダイム成立以前の時期にも起こっている。これらの論争に一貫して認められる顕著な争点は、科学というやっかいな言葉の定義だ。ある分野、たとえば心理学は、かくかくしかじかの特徴を持つから科学だと論じる人たちがいる。その一方で、ある分野が科学であるためには、そんな特徴は必要ないとか、それらの特徴だけでは不十分だと反論する人たちがいる。そういう論争にしばしば多大なエネルギーが注がれ、大いに感情的にもなるが、部外者はなぜそうなるのかわからず途方にくれる。「科学」という言葉の定義が、そこまで重要になりうるものだろうか？ 言葉の定義が、自分が科学者なのかそうでないのかを教えてくれるのだろうか？ もしそうなら、なぜ自然科学者や芸術家は、科学という言葉の定義にそれほどこだわらないのだろう？ そうなると当然ながら、争点はもっと根本的なところにあるのではないかという疑いが生じる。おそらく、真に問われているのは次のことなのだろう。なぜ自分の分野は、たとえば物理学のように前進できないのだろうか？ テクニックや方法、あるいはイデオロギーにどんな変化があれば、前進できるようになるのだろうか？ しかしこれらの問いは、定義に関する合意が得られたからといって答えが出るようなものではない。さらに言えば、もしも自然科学系の分野の先例が参考になるなら、これらの問いが悩みの種でなくなるのは、科学の定義が見出されたときではなく、今日自分たちの地位を疑っているグループが、そのグループの過去と現在の業績についてコンセンサスを得るに至ったときだろう。たとえば経済学者が、社会科学の他の分野で仕事をしている人たちと比べて、自分たちの分野は科学なのか否かについて論争しないことは示唆的かもしれない。それは経済学者が、科学とは何かを知っているからなのだろうか？ それとも、経済学者が合意に達しているのはむしろ、経済学とは何かについてなのだろうか？

これには裏返しの論点があって、それはもはや単に語義に関するものではないが、科学と進歩というふたつの概念の錯綜した関係をわかりやすく示すために役立つかもしれない。古代には、そして近代初期のヨーロッパでもふたたび、絵画は何世紀ものあいだ、まさしく累積的な学問分野そのものとみなされていた。それらの時期には、芸術家の目標は、再現［representation］にあると当然のごとく考えられていた。プリニウスやヴァザーリのような批評家や歴史家は、短縮法［遠近法の一種で奥行きを縮めて描く手法］から明暗法［光の効果を再現して凹凸感や立体感を与える手法］まで、自然をより完璧に描写することを可能にした一連の発明を、敬意をもって記録した。(1) しかし、それらの時期、とりわけルネサンス期は、科学と芸術のあいだにほとんど溝が感じられない時代でもあった。レオナルドは、のちにはっきりと別のものになる科学と芸術のあいだを自由に行き来していた大勢の人たちのひとりだった。(2) さらに、科学と芸術のあいだに定常的な交流がなくなってからでさえ、「アート」という言葉は、絵画と彫刻だけでなく、やはり進歩する分野とみなされた技術(テクノロジー)と工芸(クラフト)を指すために引き続き用いられた。絵画と彫刻が、再現という目標を完全に放棄して、ふたたびプリミティブなモデルに学びはじめてようやく、今ではあって当然とされている溝が、今日あるような深い断層になったのだ。ここでふたたび分野を［絵画から科学に］切り替えると、科学と技術のあいだの溝が今日なお見えにくいのは、

(1) E. H. Gombrich, *Art and Illusion: A Study in the Psychology of Pictorial Representation* (New York, 1960)［瀬戸慶久訳『芸術と幻影』岩崎美術社］, pp. 11–12.

(2) *Ibid.*, p. 97; Giorgio de Santillana, "The Role of Art in the Scientific Renaissance," in *Critical Problems in the History of Science*, ed. M. Clagett (Madison, Wis., 1959), pp. 33–65.

これらの分野は両方とも、進歩を明らかな属性としていることと多少とも関係があるに違いない。

しかしそれ［裏返しの論点］は、進歩という特徴を持つ分野はなんであれ科学とみなす傾向がわれわれにはあると気づくのが難しいという、現在われわれが抱えている困難を明らかにできるだけで、その困難を解消することはできない。なぜ進歩は、この小論で記述してきたテクニックと目標を持って行われる事業の、かくも顕著な特徴なのかという問題は残されたままだ。この問題を調べてみると、いくつかの問題が合体してひとつになっていることがわかるのだが、それらの問題は個々に切り離して考えなければならないだろう。しかし最後のひとつを別にすれば、その他の問題を解決できるかどうかは、一部には、科学的な活動と、それを行う科学コミュニティーとの関係についての、普通の見方を逆転させられるかどうかにかかってくるだろう。普通は結果と考えられているものが、実は原因だと認知できるようにならなければならないのだ。それができれば、「科学の進歩」という表現、さらには「科学の客観性」という表現さえも、いくぶん冗語的に聞こえるかもしれない。実は、その冗語性のひとつの側面を、たった今示したばかりなのだ。ある分野が進歩するのは、それが科学だからだろうか、それともその分野は、進歩するから科学なのだろうか？

そこで、通常科学のような事業はなぜ進歩するのかを問うことにして、通常科学の特徴としてとくに目立つものをいくつか思い出すことから始めよう。成熟した科学コミュニティーのメンバーは、たいていはひとつのパラダイム、または互いに密接に関係する一組のパラダイムを起点として仕事を始める。きわめて稀に、異なる科学コミュニティーが、まったく同じ問題に取り組むことがある。そういう例外的なケースでは、同じ問題に取り組むグループは、いくつか主要なパラダイムを共有している。一方、科学者のコミュニティーか、科学者ではない人たちのコミュニティーかによらず、なんであれ単一のコミュニティーの内部から見れば、成功した創造的な仕事の結果は進歩以外の何ものでもない。それ以外の何でありうるだろう？　たとえば、少し前に述べたように、芸術家が自然の再現を目標としているうちは、批評家も歴史家も、ひとつにまとまって見えるそのグループの進歩を年代記として記録した。ほかの創造的な分野が示す進歩も、それと同種のものだ。教義を明確化する神学者であれ、カントの定言命法を洗練させる哲学者であれ、その人と前提を同じくするグループにとっては、その人は進歩に貢献しているのである。一方では創造的な成功だが、他方ではその学派の集団としての成果につけ加わらないというカテゴリーの仕事を認知する創造的な学派はない。もしもわれわれが、多くの人たちと同じく、科学ではない学問分野が進歩しているのを疑わしく思うとしても、それは個々の学派が進歩していないからではありえない。むしろその理由は、競争する学派がつねに存在して、他の学派のまさに基礎のところをたえず疑問視しているからであるに違いない。たとえば、哲学は進歩していないと論じる人が力説するのは、アリストテレス主義者が進歩していないということではなく、いまだにアリストテレス主義者がいるということなのだ。

しかし、進歩に関するこうした疑いは、科学の分野でも持ち上がる。競争する学派がいくつも存在するパラダイム成立以前の時期には、学派内部のものを別にすれば、進歩の証拠を見つけるのはきわめて難しい。パラダイム成立以前の時期とは、第II節で、個々人は科学を実践しているのだが、その人たちが取り組んだ事業の結果を足し合わせてもわれわれが知るところの科学にはならない時期として記述したものだ。そしてまた、分野の根本信条がふたたび問い直される革命の時期にも、もし対立するパラダイムのどちらかを採用すれば進歩し続けられるのかという、まさに進歩の可能性に関する疑いが繰り返し表明される。ニュートン主義を拒絶した人たちは、この立場が固有力［物質に植えつけられた力］に依拠していることは、科学を暗黒時代に逆戻りさせるものだと主張した。ラヴォアジエの化学に反対した人たちは、実験室で見つかるたぐいの元素を選び取って、化学の「諸原理」を棄てることは、単なる名辞に慰めを見出そうとする連中によって、すでに得られている化学的説明が棄てられてしまうことだと主張した。より穏やかな言い方ではあるが、これらと同様の心情が、量子力学の主流の確率解釈に反対するアインシュタインやボームらの主張の基礎にもありそうだ。要するに、進歩が明白かつ確実に見えるのは、通常科学の時期だけなのである。しかしその時期には、科学コミュニティーは自分の仕事の成果を、それ以外のやり方で見ることはできなかったのだ。

そのようなわけで、通常科学に関しては、進歩の問題への答えの一部は、単にそれを見る者の目の中にある。科学の進歩は、他の学問分野の進歩と種類が異なるわけではないが、互いの目標と判断基準に疑問を呈するライバル学派がほとんどつねに存在しないために、通常科学に取り組むコミュニティーの進歩ははるかに見えやすいということだ。しかし、それはあくまでも答えの一部にすぎず、答えのもっとも重要な部分ではけっしてない。たとえば、すでに述べたように、科学コミュニティーが共通のパラダイムをいったん受け入れて、そのコミュニティーの第一原理をたえず検討し直す必要から解放されれば、そのコミュニティーのメンバーたちは、そのコミュニティーが関心を持つ現象の中でも、もっとも捉えにくくて一部の人たちにしか近づきがたいものに集中的に取り組めるようになる。すると当然ながら、グループ全体として新しい問題を解決する力が強まり、解決の効率も上がる。このきわめて特殊な効率の高さは、科学の諸分野で研究をする人たちの専門職としての生活が持つその他の側面によりさらに高められる。

そうした側面の中には、成熟した科学分野のコミュニティーが、一般の人たちや日常生活の要請から他に類がないほど隔離されているために生じるものがある。完全な隔離が起こったことはない——ここで論じているのは程度の問題だ。それにもかかわらず、個々の創造的な仕事が、これほどまでに同業者だけに向けて発表され、同業者だけによって評価される専門職のコミュニティーはほかにない。どれほど難解な作品を書く詩人でも、どれほど抽象的な議論をする神学者でも、世間からの承認全般については科学者よりもさらにいっそう無頓着かもしれないが、自らの創造的な仕事に対する門外漢からの承認については、科学者よりもはるかに気にかけている。実はその違いは、当然の帰結なのである。価値観と信念を同じくする研究仲間という聴衆だけを相手に仕事をしているという、ただそれだけの理由により、科学者は、一組の基準を当たり前のこととして受け入れることができる。科学者は、どれかほかのグループや学派がどう考えるかを気にしなくてもよいため、考えの違う人たちを含むグループの中で仕事をしている人たちと比べて、ひとつの問題を片づけて次の問題に向かうということが、よりすばやくできる。さらに重要なことに、科学コミュニティーが社会から隔離されているために、個々の科学者は、自分に解けるだろうと考えるだけの理由がある問題だけに集中して取り組むことができる。工学者や、多くの医者、そしてほとんどの神学者とは異なり、科学者は、至急解決が求められているからという理由により、解決のために使える道具があるかどうかを顧慮せずに問題を選ぶということをしなくてもよい。また、その点において、自然科学者と多くの社会科学者とのコントラストは教訓的だ。社会科学者はしばしば、研究テーマの選択——たとえば、人種差別の影響や、景気循環の原因などをテーマに選んだこと——を、主としてその問題を解決することには社会的な意義があるという観点から擁護する傾向があるのに対し、自然科学者はほとんどそれをしない。では、どちらのグループのほうが、より速いペースで問題を解決すると予想されるだろうか？

より大きな社会から隔離されていることの影響は、科学の専門家コミュニティーが持つもうひとつの特徴——科学コミュニティーで行われる教育面でのイニシエーションの性質——のために著しく増幅させられる。音楽、絵画、文学の分野で仕事をする人たちは、他の芸術家たち、とくに過去の芸術家たちの作品に触れることで教育を受ける。オリジナルな作品についての概要やハンドブックを別にすれば、教科書には副次的な役割しかない。歴史、哲学、社会科学の分野では、教科書的文献はもう少し重要になる。しかし、これらの分野においてさえ、大学の入門コースの副読本として採用されるのは、その分野の「古典」や、研究者のために書かれた研究報告などの原典だ。結果として、これらの分野では、学生は、やがて自分が参加することになるグループのメンバーたちが時の流れの中で解決しようとしてきた、途方もなく多様な問題をたえず意識させられることになる。いっそう重要なのは、学生はつねに、それら多様な問題に対する、互いに競争し、互いに通約不可能ないくつもの答えを目の当たりにすることだ。学生は、究極的には、それらの答えを自分で評価しなければならない。

この状況を、少なくとも現代の自然科学の状況と対比させてみよう。自然科学系の諸分野では、大学院の三年目や四年目になって自分自身の研究を始めるまで、学生は主として教科書に頼った勉強をする。科学のカリキュラムの多くは、大学院生に対してさえ、学生向けに書かれたのではない著作を学ぶことを求めない。研究論文や研究書（モノグラフ）を副読本として読むことを求めるわずかばかりのカリキュラムも、実際にその課題が与えられるのはもっとも上級の授業だけだし、素材としても、手に入る教科書の続きにあたる部分を多少とも扱っているものだけに限られる。科学者の教育においては、いよいよ最終段階に入るまで、教科書の存在を可能にした創造的な科学の文献ではなく、徹底して教科書が与えられるのである。この教育のテクニックを可能にした自分たちのパラダイムに対する信頼が厚いことからして、このやり方を変えたいと思う科学者はほとんどいないだろう。物理学を例に取れば、ニュートン、ファラデー、アインシュタイン、シュレーディンガーらの著作について知る必要があることのすべてを、簡潔にして正確に、そして系統的に教えてくれる最先端の教科書がたくさんあるというのに、この人たちの著作そのものを学生が読まなければならない理由があるだろうか？

このタイプの教育が、ときにあまりにも長期に及んできたことを擁護するつもりはないが、概してこのやり方は途方もなく効率が良かったことに注目せずにはいられない。もちろん、このやり方は視野が狭くて柔軟性がない――おそらくは正統派の神学を別にして、他のどんな分野の教育よりもそうだろう。しかし、通常科学の仕事をするためには、つまり教科書が定義する伝統の内部でパズル解きをするうえでは、［このタイプの教育を受けた］科学者はほぼ完璧な知識を身につけている。さらにその科学者は、もうひとつの任務――通常科学の研究をすることによって、重大な危機を生じさせること――を果たすうえでも、十分な知識を身につけている。危機が生じれば、当然ながら、その科学者の知識は十分とは言えなくなる。長引く危機の影響として、おそらくはより柔軟性のある教育が行われるようになるだろうが、それでもなお、科学の訓練は、斬新なアプローチをあっさり見出すであろうような者を育成するのに適したデザインにはなっていない。しかし、誰かが――たいていは年齢的に若いか、あるいはその分野に参入してまもない者が――新しいパラダイム候補をひっさげて登場する限りにおいて、柔軟性のない教育のせいで損をするのは、その教育を受けた当の科学者だけだ。パラダイムの変化が受容されるまでに一世代かかってもよければ、個人に柔軟性がないことと、コミュニティーが必要に応じてパラダイムを切り替えられることとは、両立可能なのである。とくに、その硬直性それ自体が、何かがうまくいかなくなったことをそのコミュニティーに教える、感度の高い装置になる場合はそうだ。

このように、通常の状態にある科学コミュニティーは、そのコミュニティーのパラダイムが規定する問題ないしパズルを解くための装置としては、すばらしく効率が良い。さらに、そういう［パラダイムが規定する］問題を解いた結果は、必然的に進歩でなければならない。ここには何も問題はない。しかしこれだけのことを見てしまえば、科学における進歩という問題の、ふたつ目の主要部分がいやでも目に入ってくる。そこで今度はその第二の部分に目を向けて、異常科学を通しての進歩について問うことにしよう。なぜ進歩は、［通常科学にはつきもののように見えるだけでなく］科学革命にもつきもののように見えるのだろうか？　ここでもまた、革命の結果として起こることが進歩以外の何かでありうるかを問えば、学べることは多い。革命は、対立するふたつの陣営の一方が完全な勝利を収めることで終結する。勝利したグループが、自分たちの勝利の結果は進歩とはいえないような何かだったなどと言うだろうか？　そんなことを言えば、自分たちは間違っていて、敵のほうが正しかったと認めるようなものだろう。少なくとも勝者にとっては、革命の結果は進歩でなければならないし、勝者は、そのコミュニティーの未来のメンバーたちが、確実に自分たちと同じ観点から歴史を見るようにさせるうえで圧倒的に有利な立場にある。第XI節では、それを成し遂げるためのテクニックを詳細に記述したし、少し前には、それと密接に関係する専門家としての科学者という側面について繰り返して述べた。科学コミュニティーは、過去のパラダイムを棄てると同時に、専門的な精査の対象としてふさわしくないという理由により、古いパラダイムを体現してきた本や論文のほとんどを棄てる。科学教育においては、美術館や古典を収蔵する図書館に相当するものが利用されることはなく、その結果として、科学者が自分の分野の過去を見る目は、ときに著しく歪む。科学者は他の創造的な分野の人たち以上に、自分が属する分野の過去を、今日の優位な立場に向かって直線的に続いているものとして見るようになる。要するに科学者は、自分の分野の過去を進歩しているものとして見るようになるのだ。その分野に留まる限り、科学者にそれ以外の選択肢はない。

このように述べれば不可避的に、成熟した科学コミュニティーのメンバーは、オーウェルの『一九八四年』の典型的な登場人物のように、当局によって書き換えられた歴史の犠牲者だとほのめかすことになるだろう。さらに、そのほのめかしはまったくの的外れとも言えないのである。科学革命では、得られるものと失われるものがあるが、科学者の目には奇妙なほど後者が見えない傾向があるのだ。(3)

（3）科学史家は、この見えなさのとりわけ衝撃的な例にしばしば出会う。科学史家にとってもっとも教育しがいのある学生は、科学分野の出身者であることが多い。しかしこのグループの学生には、最初はイライラさせられもする。というのも、科学出身の学生は「正しい答え」を知っているせいで、古い科学を、その時代の科学の言葉で分析させようとしてもなかなかうまくいかないからだ。

一方、革命を通じての進歩についての説明はどんなものであれ、ここで話を終えてはならない。ここで話を終えれば、科学においては力が正義だと匂わせることになるだろう。その［科学において力は正義だとする］定式化もまた、もしも競争するふたつのパラダイムの一方を選択するプロセスの性質と、その選択をする権威の性質について触れずにすませるのでなければ、まったくの間違いではないだろう。パラダイム論争を裁定するのが、ただ権威のみ、とくに科学の専門家ではない権威のみなら、そういう論争の結果はやはり革命かもしれないが、科学革命ではないだろう。科学の存在それ自体が、パラダイムを選択する権力を、特殊な種類のコミュニティーのメンバーに付与できるかどうかにかかっているのである。人類が科学という事業を続けていく力の弱さそのものが、もしも科学が生き延びて成長していくようなものであるためには、そのコミュニティーがどれだけ特殊なものでなければならないかを示しているのかもしれない。有史以来、記録が残されている文明のすべてに、ある種の技術、芸術、宗教、政治体系、法律、等々が存在した。多くの場合、文明のそれらの面は、われわれのものと同じぐらい高度に発達していた。しかし、ごく初等的なレベルを超える科学を手に入れたのは、古典ギリシャの後継者である文明だけである。科学知識の大部分は、ここ四世紀間にヨーロッパで作られたものだ。それ以外の場所と時代が、科学の生産性の源泉であるきわめて特殊なコミュニティーを支えたことはないのである。

そういうコミュニティーの本質的な特徴とは何だろうか？　それを知るためには、さらに膨大な量の研究が必要なのは明らかである。この研究領域では、きわめて暫定的な一般化を行うことしかできない。それにもかかわらず、プロの科学者グループのメンバーであるためのいくつかの必要条件は、すでに驚くほど明らかなはずだ。たとえば、科学者は自然の振る舞いに関する問題を解決することに関心がなければならない。加うるに、その科学者の自然に対する関心は、広がりにおいては大局的かもしれないが、実際に取り組む課題は細部に関するものでなければならない。いっそう重要なのは、その科学者を満足させる答えは、単にその人にとっての答えであるだけでなく、多くの人たちに答えとして受け入れられなければならないということだ。一方、これらの条件を共有するグループは、社会全体から単にランダムに寄せ集められた集団であってはならず、むしろその科学者の職業仲間からなる明確なコミュニティーである。科学者生活を支配するもっとも強力なルールのひとつは、たとえいまだ明記されたことはなくても、科学上の問題解決を、国家の首脳部や一般大衆にゆだねてはならないというものだ。独特の能力を持つプロのグループの存在を認知することと、プロの業績を独占的に判定するそのグループの役割を受け入れることには、さらに言外の意味がある。そのグループのメンバーだけが、それぞれ個人として、そしてまた訓練と経験を共有することで、ゲームのルールを身につけている、あるいはルールと同等の働きをする明確な判断のためのなんらかの根拠を身につけているとみなされなければならないということだ。その人たちが業績評価のための根拠を共有しているのを疑うことは、科学的な業績を判断する基準として、互いに相容れないものが複数存在するのを認めることになるだろう。それを認めれば、科学における真理はひとつなのかという問いを提起することにならざるをえないだろう。

科学コミュニティーに共通する特徴を挙げたこの短いリストは、全面的に通常科学の実践から導き出されたものであり、またそうであるべきものだった。通常科学は、科学者たちが普通、それを行うために訓練を受ける活動だ。しかしながら、右に挙げた項目は数こそ少ないが、このリストがあれば、科学コミュニティーを他の専門家集団と区別するにも十分であることに注意しよう。それに加えてこのリストは、通常科学の実践から導き出されたものではあるが、革命期に、とくにパラダイム論争が行われている時期に、科学者グループが示す反応の特殊な性質の多くを説明することにも注意しよう。すでに見たように、この種のグループはパラダイムの変化を進歩とみなさなければならない。いまやわれわれは、その認識はいくつかの重要な点において自己成就的だということに気づいてもよいだろう。科学コミュニティーは、パラダイムが変化することにより解決される問題の数、およびその精度を最大化するための、すばらしく効率の良い装置なのである。

科学的業績は解決された問題の量で測られ、科学者グループはどの問題がすでに解決されたかをよく知っているから、すでに解決された多くの問題をふたたび疑問視する可能性を開くような観点を採るように言われても、容易に説得される者はまずいないだろう。最初に自然そのものが、以前になされた仕事には問題があるように思わせることで、専門家たちの安心感を揺さぶらなければならない。さらに、安心感が揺さぶられ、新たなパラダイム候補が提出されてさえ、非常に重要なふたつの条件が満たされると確信しないうちは、科学者たちはそのパラダイム候補を受け入れたがらないだろう。第一の条件は、新しいパラダイム候補は、他の方法では扱うことのできない周知の未解決問題をいくつか解決できそうに見えなければならないということ。第二の条件は、新しいパラダイムが、先行するパラダイムのおかげで科学が得た問題解決能力の多くを引き続き与えると約束しなければならないということだ。他のきわめて多くの創造的分野とは異なり、科学においては、新奇さのための新奇さはどうしてもほしいというものではない。その結果として、新しいパラダイムは、先行するパラダイムにできたことのすべてができる場合はほとんどないか、またはけっしてないにもかかわらず、過去に成し遂げられたことの実質的な部分をほぼ保持しつつ、新しい具体的な問題解決をつねに可能にするのが普通だ。

以上のことを述べたのは、問題解決能力はパラダイム選択の唯一の根拠だとか、疑う余地のない根拠だとか言いたいからではない。そんな判定規準がありえないことについては、すでに多くの理由を示した。しかし、以上に述べたことは、正確かつ詳細に扱うことのできる収集データが確実に増え続けるようにするためなら、科学の専門家コミュニティーは、できることは何でもするということを提起するものではある。専門家コミュニティーはそれをする過程で損失をこうむるだろう。古い問題の中には追放しなければならないものも多い。それに加えて、革命は、そのコミュニティーの専門的な関心の幅を狭め、専門化を進め、他のグループとの対話を――科学者のグループとの対話であれ、素人のグループとのそれであれ――減少させることもしばしばだ。科学はたしかに深まりはするが、それと同様に広がることはないかもしれない。広がるとしても、それは主として専門分野が増えるからであって、任意の専門分野の視野が広がるわけではない。しかし、個々のコミュニティーはさまざまな損失をこうむるにもかかわらず、コミュニティーのそうした性質が、科学が解決した問題のリストがどんどん長くなり、個々の答えの精度がたえず高まることを、実質的に保証する。少なくとも、それを保証することのできる方法がひとつでもある限り、［科学］コミュニティーの性質が、それを保証するのである。科学者グループが下す判断よりも良い規準がありうるものだろうか？

すぐ前のいくつかのパラグラフに示した方向性は、科学における進歩の問題に対する、より洗練された答えをそこに探すべきだと私が考えるものだ。もしかするとそれらの方向性は、科学の進歩は従来考えられていたようなものでは必ずしもないことを指し示しているのかもしれない。しかしそれと同時に、科学という事業が生き延びる限り、ある種の進歩が必然的に科学を特徴づけるであろうことを示してもいる。科学において、それらと別種の進歩はなくてもよい。より正確に言えば、パラダイムの変化が、科学者たちと、彼らから知識を得る人たちを、真理に近づけるという考えを——それは明示的なものであれ、暗黙的なものであれ——われわれは見限らなければならないのかもしれない。

さて、いよいよ言うべきときが来たが、この直前の数ページに至るまで、この小論で「真理」という言葉が登場したのは、フランシス・ベーコンからの引用の中でだけだった。そして、この直前の数ページにおいても、真理という言葉は、一組のルール以外を排除することが科学の専門家集団の主たる任務となる革命期を別にして、科学を行うための両立不可能なルールは共存できないという科学者たちの確信の出所として登場したにすぎない。この小論でこれまで記述してきた発展のプロセスは、原始的な出発点からの進化のプロセスだった——それは、段階を踏むにつれて、自然理解がより詳細かつ高度になることで特徴づけられるプロセスである。しかしそのプロセスを、何かに向かう進展のプロセスだとは一度も言っていないし、今後言うこともないだろう。そう言わないことで、すでに多くの読者を苛立たせていることだろう。科学を、自然によってあらかじめ設定されたなんらかの目標にたえず近づいていくひとつの事業とみなすことに、われわれはみな深く馴れきっているのである。

しかし、そんな目標は必要なのだろうか？　科学が存在することと、それが成功していることの両方を、与えられた任意の時点における科学コミュニティーの知識の状態からの進化という観点に立って説明することはできないだろうか？　自然に関する記述として、完全で、客観的で、真であるようなものがひとつ存在すると想像することは、そして科学的成果の偉大さが、その究極の目標にわれわれをどれだけ近づけたかによって測られると想像することは、本当に役に立つのだろうか？　もしもわれわれが、「知りたいと思うことに向かっての進歩」を、「現に知っていることからの進歩」と取り替えることができるようになれば、その過程で、頭の痛い難問がいくつか消滅するかもしれない。たとえば「帰納の問題」も、その迷路のどこかに横たわっているに違いない。

科学の前進に関するこの代替的観点に立つことの影響については、私はまだその詳細を何ひとつ特定できていない。しかし、ここで推奨した概念の置き換えは、西欧がちょうど一世紀前に取り掛かった概念の置き換えに酷似していることをはっきり理解しておくことは役に立つ。それがとりわけ役に立つのは、その置き換えをするための主たる障害は、どちらの場合もまったく同じだからだ。一八五九年に、ダーウィンが自然選択による進化論を初めて世に問うたとき、多くの専門家をもっとも困惑させたのは、種が変化することでも、人間は類人猿から進化した可能性があることでもなかった。人間の進化を含め、進化が起こっていることを示す証拠は何十年も前から蓄積されていたし、進化という考えはだいぶ前に提案されて広く普及していた。なるほど進化は進化であるがゆえに一部の宗教団体から抵抗を受けたが、それはいかなる意味においても、ダーウィン説を支持する人たちが直面した中で最大の困難ではなかった。最大の困難は、ダーウィン自身の着想であることがいっそう明らかな、あるアイディアから生じた。ダーウィン以前の進化論としてよく知られている理論――ラマルク、チエンバーズ、スペンサー、そしてドイツの自然哲学者たちの諸説――はどれもみな、目標に向かって方向づけされたプロセスとして進化を理解していた。人間の「イデア」も、今日の植物相および動物相の「イデア」も、初めて生物が作られたときから、おそらくは神の頭の中に存在していたと考えられていたのである。そのイデアないし計画が、進化というプロセスが全体として進むべき道筋を示す導きの力とされていた。進化の新しい段階はどれもみな、最初から存在していた計画を、より完全なかたちで実現するものだったのだ。(4)

多くの人にとって、ダーウィンの提案のもっとも重要にしてもっとも不快な点は、その目的論的進化観を棄てたことだった。(5)『種の起源』は、神または自然によって定められた目標の存在を認めなかった。その代わりに自然選択が、与えられた環境中で、そのとき存在する実際の生物に作用するうちに、より複雑な構造を持つ、はるかに特殊化された生物を、少しずつ、しかし着実に出現させる原因とされた。目や人間の手のような、驚異的に適応した器官――それらの器官が目的に合わせてデザインされたように見えることは、至高の名匠である神と、その神による計画の存在とを裏づける有力な証拠とされていた――さえもが、目標に向かうのではなく、原始的な始まりから徐々に遠ざかるプロセスの産物とされたのだ。生物同士の単なる生存競争の結果である自然選択により、高等な動物や植物ばかりか人間までも作ることができたという信念は、ダーウィン説のもっとも理解しにくい不穏な側面だった。特別な目標が存在しないというのに、「進化」「発展」「進歩」といった言葉にどんな意味がありうるだろう？　多くの人にとってこれらの言葉は、突如として自己矛盾をはらんだものに見えはじめた。

生物の進化を、科学概念の進化に関係づけるこのアナロジーは、容易に行き過ぎたものになりかねない。しかし、この小論のまとめとなる本節の論点について言えば、このアナロジーはほぼ完璧に成り立つのである。第XII節で〈革命の終わり方〉として記述したプロセスは、未来の科学の実践としてもっとも適応度の高いものが、科学コミュニティー内部の争いによって選び取られるというものだった。革命を通してなされるそのような選択が、通常研究の時期をあいだに挟みながら次々になされることの総体としての成果が、われわれが「現代の科学知識」と呼ぶ、みごとに適応した一組の装置である。その発展のプロセスのひとつひとつの段階は、明確化と専門化の程度が一段進むことで区切られる。そして全体としてのそのプロセスは、今日われわれが、生物学的進化はそのように起こったと仮定しているプロセスと同じく、あらかじめ固定されたひとつの目標なしに起こったのかもしれない。目標、つまりは永遠不変の科学的真理があって、科学知識の発展における各段階が前段階に比べてその真理のより良い見本例になるというような目標の恩恵を受けることなく起こったのかもしれない。

以上の議論にここまでついてきてくれた人も、進化論的なプロセスがなぜうまくいくのかについては、なお問う必要があると感じるだろう。そもそも科学が可能であるためには、人間を含めた自然はどのようなものでなければならないのだろうか？　なぜ科学コミュニティーは、他の分野には達成できないほど確固たるコンセンサスに到達できるのだろう？　なぜコンセンサスは、次から次へと起こ

（4）Loren Eiseley, *Darwin's Century: Evolution and the Men Who Discovered It* (New York, 1958), chaps. ii, iv–v.

（5）次の本には、ひとりの著名なダーウィン主義者がこの問題とどう格闘したのかに関する鋭い記述を見ることができる。A. Hunter Dupree, *Asa Gray, 1810–1888* (Cambridge, Mass., 1959), pp. 295–306, 355–83.

るパラダイムの変化を乗り越えて得られ続けるのだろう？　そしてまた、パラダイムが変化するときにはつねに、それまで知られていた装置よりも、なんらかの意味でより完成度の高い装置が生み出されるのはなぜだろう？　ひとつの観点から見れば、最初の問いを別にして、ここに挙げたすべての問いに対し、すでに答えが与えられている。しかしもうひとつの観点から見れば、どの問いも、この小論が始まったときと同じく未解決である。特殊でなければならないのは科学コミュニティーだけではない。科学コミュニティーをその一部として含む世界もまた、きわめて特殊な特徴を持たなければならず、それらの特徴がどのようなものかと問われれば、われわれは本書の出発点に立ったときと比べて答えに近づいているわけではない。しかし、その問い——「この世界が人間に理解できるようなものであるためには、世界はいかなる性質を持たなければならないか？」——は、この小論が作り出したものではない。実際、それは科学そのものと同じぐらい古く、今も答えのない問いなのだ。しかし、ここでその問いに答える必要はない。証明による科学の成長と両立する自然の捉え方はすべて、ここで発展させた進化論的科学観と両立する。この科学観は、科学者生活の綿密な観察とも両立するのだから、今も残る多くの問題の解決に挑むためにその科学観を採用することには強力な論拠があるのだ。

追記――一九六九年

本書が最初に刊行されてから、今やほぼ七年が経とうとしている。[1] この間に、批評者たちの反応と、自分としてのさらなる研究の両面から、本書が提起した若干の問題について私自身の理解が深まった。基本的な点については、私の観点はほとんど変わっていないが、その観点の最初の定式化にあったいかなる面がいらぬ困難や誤解を生み出したのかが、今ではわかるようになった。誤解の中には私自身のものもあったので、それらを取り除けば、最終的には本書の新版のための基礎を与えてくれるはずの進歩が可能になる。[2] それができるまでのあいだ、必要な見直しの概略を示し、繰り返されるいくつ

(1) この追記はもともと、かつての教え子であり、長年の友人でもある東京大学の中山茂博士から、同博士の翻訳による日本語版に寄せてはどうかとの提案を受け、そのために用意したものである。提案し、原稿の完成まで辛抱強く待ち、書き上がったものを英語版にも含めることを許可してくれた中山博士に感謝する［この経緯のため、この追記は原著（英語版）では一九七〇年刊の第Ⅱ版から収録された］。

(2) この版［第Ⅱ版を指す］では、系統的な書き直しはせず、誤植をいくつか直し、他とは切り離して扱うことのできる誤りを含んでいた二か所に手を入れるに留めた。その二か所のうちのひとつは、ニュートンの『プリンキピア』が十八世紀の力学に果たした役割に関する記述（59～63ページ）、もうひとつは危機に対する反応に関する記述（136～7ページ）である。

かの批判に対して意見を述べ、私自身の考えが現在進展しつつある方向を示すために、この機会が得られたことを嬉しく思う。(3)

もとのテクストの重大な困難のいくつかは、パラダイムという概念のまわりに集中的に発生しているため、はじめにそれらについて論じる。(4) このすぐ後に続く第1項では、パラダイムという概念を、それともつれ合った科学コミュニティーという考えから解き離すのが望ましいという考えを示し、そのための方法を提示し、その結果としてなされる分析的な分離の影響のうち、いくつか重要なものについて論じる。次に、あらかじめ確定された科学コミュニティーについて、そのメンバーの振る舞いを検討することでパラダイムを探したときには何が起こるかを考える。その手続きを取ってみるとすぐに明らかになるのは、「パラダイム」という用語は、本書のほとんどの部分において、ふたつの異なる意味で用いられているということだ。一方でこの用語は、検討対象となっているコミュニティーのメンバーが共有する、信念、価値、テクニック、等々の集合体（コンステレーション）の全体を表している。他方でそれは、その集合体の中のある種の要素、すなわち具体的なパズルの解答を表している。具体的なパズルの解答はモデルまたは例として用いられることで、通常科学に残されたパズルを解決するための基礎として明示的なルールに取って代わることができる。第一の意味のパラダイム——それを社会学的パラダイムと呼ぼう——が、このすぐ後に続く第2項の主題である。第3項では、模範となる過去の成果としてのパラダイムについて論じる。

少なくとも哲学的には、この二番目の意味での「パラダイム」のほうが、ふたつのうちではより深く、その名のもとに私が主張したことが、本書が引き起こした論争や誤解、とりわけ私が科学を主観的で非合理的なものにしたという非難の主な出所である。第4項と第5項では、それらの論争点について考察する。まず第4項では、共有される例が暗黙のうちに体現していると私が述べた知識の構成要素に対し、「主観的」とか「直感的」といった用語を適正に当てはめることはできないと論じる。そのような知識は、本質的な変更を施さない限り、ルールや判断基準へとパラフレーズすることはできないが、それでもなお、体系的で時の試練に耐えた、ある意味では修正可能な知識なのだ。第5項では、その議論を、通約不可能なふたつの理論のどちらか一方を選ぶという理論選択の問題に当てはめ、簡潔な結論として、通約不可能な観点に立つ人たちは、異なる言語を使うコミュニティーのメンバーだと考えるべきであり、その人たちのコミュニケーションの問題は、翻訳の問題として分析しなければならないと主張する。まとめとなる第6項と第7項では、残る論争点について論じる。第6項では、本書に展開される科学観は、徹底して相対主義的だという批判について考察する。続く第7項では、まずはじめに、私の議論は、記述モードと規範モードを混同していると言われてきたが、その

（3）その方向は、最近書いた次の論考にも見出せる。"Reflection on My Critics," in Imre Lakatos and Alan Musgrave (eds.), *Criticism and the Growth of Knowledge* (Cambridge, 1970)［「私の批判者たちについての省察」、森博監訳『批判と知識の成長』木鐸社；『構造以来の道』にも所収］; "Second Thoughts on Paradigms," in Frederick Suppe (ed.), *The Structure of Scientific Theories* (Urbana, Ill., 1970 or 1971).［「パラダイム再考」、『科学革命における本質的緊張』］これらふたつはともに現在印刷中である［刊行済み］。ふたつの論考のうちひとつ目を、以下では「省察」として言及し、それが収録された本を『知識の成長』として言及する。ふたつ目の論考は、「再考」として言及する。

（4）私の最初のパラダイムの提示の仕方に対する批判の中でも、とくに説得力のあるものが次の文献に見られる。Margaret Masterman, "The Nature of a Paradigm,"［「パラダイムの本質」］『知識の成長』所収；Dudley Shapere, "The Structure of Scientific Revolutions," *Philosophical Review*, LXXIII (1964), 383–94.

欠陥を本当に抱えているのかどうかを問う。そして締めくくりとして、本書に示した主要なテーゼは、科学以外の分野にどこまで正統に応用できるのかという、それだけで一篇の論考に値する問題について手短に論じる。

第1項　パラダイムとコミュニティーの構造

「パラダイム」という用語は本書で早くから登場するが、その登場の仕方は本質的に循環論法的である。パラダイムとは、科学コミュニティーのメンバーたちが共有しているものであり、かつ、科学コミュニティーは逆に、パラダイムを共有する人たちから構成されているというのだから。すべての循環性が悪循環というわけではないが（この追記の後のほうで、私はそれと同様の構造を持つ議論を擁護することになる）、この循環性からは実質的な問題が生じる。あらかじめパラダイムを前提せずとも科学コミュニティーを取り出すことはできるし、そうでなければならない。検討対象となっているコミュニティーが取り出された後で、そのメンバーたちの振る舞いを精査すれば、パラダイムは見出すことができる。したがって、もしも今本書の書き直しを行うとすれば、その改訂版では、科学コミュニティーの構造——近年社会学的な研究の重要な主題になり、科学史家も真剣に考えるようになっている問題——についての議論から始めることになるだろう。予備的な研究結果——その多くは未発表である——が示唆するところでは、それ［科学コミュニティーの構造］を調査するためには、しっかりした経験的なテクニックが必要だが、そのいくつかはすでに存在しており、その他のテクニックも今後開発されると見てまず間違いなさそうだ(5)。現場の科学者のほとんどは自分の属するコミュニティーを尋ねられれば即答するが、そこで当然の前提となっているのは、今日の多様な専攻領域を研究する責任は、少なくともある程度は固定的なメンバーからなるグループがそれぞれ担っているということだ。そこでこの追記では、コミュニティーを同定する手段として、より系統的なものが見出されるものと仮定する。予備的な研究結果を提示する代わりに、本書のこれまでの節において多くのことに基礎を与えているコミュニティーについての直観的理解を、手短に明確化させてもらいたい。ここに概略を示すコミュニティー理解は、今日、科学者と社会学者、そして何人かの科学史家に広く共有されているものである。

その観点に立つなら、科学コミュニティーは、科学の専門領域の現場にいる人たちから構成される。その人たちは、他のほとんどの学問領域には類例がないほどよく似た教育を受け、プロになるためによく似たイニシエーションを通過し、その過程で同じ専門的な先行研究に学び、そこから多くの同じ教訓を得ている。そうして学んだ標準的な先行研究の境界が、科学上の研究主題の範囲を画し、それぞれのコミュニティーは、そのコミュニティー独自の研究主題を持っているのが普通だ。科学の諸分野、つまりそれぞれのコミュニティーには、互いに相容れない観点から同じ主題にアプローチする諸

(5) W. O. Hagstrom, *The Scientific Community* (New York, 1965), chaps. iv, v; D. J. Price and D. de B. Beaver, "Collaboration in an Invisible College," *American Psychologist*, XXI (1966), 1011–18; Diana Crane, "Social Structure in a Group of Scientists: A Test of the 'Invisible College' Hypothesis," *American Sociological Review*, XXXIV (1969), 335–52; N. C. Mullins, *Social Networks among Biological Scientists* (Ph.D. diss., Harvard University, 1966), and "The Micro-Structure of an Invisible College: The Phage Group" (paper delivered at an annual meeting of the American Sociological Association, Boston, 1968).

学派が存在する。しかし他の学問分野に比べると、学派の存在ははるかに稀だ。科学分野の学派は、つねに競争関係にある。そしてその競争は、普通はすみやかに終わる。その結果として、科学コミュニティーのメンバーたちは、共有された一組の目標――そこには後進の教育も含まれる――の追究を、他の誰でもない自分たちの責任とみなし、周囲からもそのようにみなされる。そういうグループの内部では、コミュニケーションは比較的よく成り立ち、専門家としての判断も比較的異論なく下される。一方、科学コミュニティーが異なれば注目する対象も異なるため、グループの境界を越えて専門的なコミュニケーションを成り立たせようとすれば、ときに忍耐が必要になり、しばしば誤解が生じる結果になり、もしもその対話をさらに続けようとすれば、思いもよらなかった重大な意見の不一致が表面化するかもしれない。

もちろん、この意味でのコミュニティーは多層的である。もっとも包括的(グローバル)なのは、すべての自然科学者のコミュニティーだ。それよりわずかに低い階層では、主要な科学分野の専門家グループ、たとえば物理学者、化学者、天文学者、動物学者といった人たちのグループがコミュニティーとなる。これらのような大きなグループの場合、境界的な人たちを別にすれば、コミュニティーのメンバーかどうかはすぐに同定できる。そのためには、最終学位の分野、加入している学会、読んでいる学術誌がわかれば普通は十分すぎるほどだ。同様のテクニックを使って、[これら大きなグループに含まれる]主要なサブ・グループを取り出すこともできるだろう。有機化学者や、おそらく有機化学者の中のタンパク質化学者は取り出せるだろうし、固体物理学者、高エネルギー物理学者、電波天文学者なども取り出せるだろう。その次に低い階層になってはじめて、経験的な[どのデータに依拠するかという]問題が生じる。現代から例を引けば、広く名声を博する前のファージ・グループ[*1]をひとつのグループとして認識するためにはどうすればいいだろうか？　そのためには、どんな専門的会合に出席しているか、発表前の論文原稿や校正刷りをどの範囲の人たちに送っているかといった情報や、なにより、私信や論文の引用などに見出せるつながりまで含めて、公式、非公式のコミュニケーション・ネットワークに関する情報に頼らなければならない。(6) 私の考えでは、少なくとも現代を舞台とするケースと、歴史に属していても比較的最近のケースでは、コミュニティーを取り出すことは可能だし、いずれは取り出されるだろう。その結果として、おそらくは典型的なところで百人、ときにはそれよりかなり少ない人数からなるコミュニティーが明らかになりそうだ。個々の科学者、とくにもっとも優秀な人たちは、普通は、同時あるいは順次に、いくつものそうしたグループに属しているだろう。

この種のコミュニティーが、科学知識を生み出し、それを立証する主体として本書が提示してきた単位である。そういうグループのメンバーに共有されているものがパラダイムだ。本書でこれまで記述してきた科学の側面の多くは、それら共有される要素の性質を考慮することなしにはほとんど理解しえない。しかし、その他の側面は理解することができ、もとのテクストではそれらを個々に提示することはしなかった。そんなわけで、パラダイムに直接目を向ける前に、コミュニティーの構造だけ

(6) Eugene Garfield, *The Use of Citation Data in Writing the History of Science* (Philadelphia: Institute of Scientific Information, 1964); M. M. Kessler, "Comparison of the Results of Bibliographic Coupling and Analytic Subject Indexing," *American Documentation*, XVI (1965), 223–33; D. J. Price, "Networks of Scientific Papers," *Science*, CIL (1965), 510–15.

*1　ドイツの物理学者マックス・デルブリュックが主宰したグループで、バクテリオ・ファージを研究対象とし、分子生物学の誕生に大きく貢献した。

を考慮しさえすればよい一連の論争点について述べておくことには価値がある。

それらの論争点の中でおそらくもっとも注意を引くのは、私がこれまで「科学分野の発展における、パラダイム成立以前の時期から成立以後の時期への転換」と呼んでいたものだろう。本書の第II節で概略を説明したのがその転換である。その転換が起こるまでは、検討対象となっている分野の支配権をめぐって、いくつかの学派が競争している。転換が起こった後には、なんらかの注目すべき科学的成果が出現した結果として、学派の数が著しく減少し、たいていはひとつになって、より効率的な科学の実践モードに入る。後者〔より効率的な科学の実践〕は、概して少数の人たちにしか理解できない高度なものとなり、パズル解きが志向されるが、実際、グループの仕事がそのようなものになりうるのは、そのグループのメンバーが自分たちの分野の基礎を当然のこととして受け入れたときだけである。

成熟へと向かうその転換の性質は、本書の取り扱いよりもたっぷりと論じられるに値するし、とりわけ今日の社会科学系諸分野の発展に関心を持つ人たちに論じてもらいたいテーマである。これについて論じてもらうためには、その転換を、最初のパラダイムの獲得と結びつける必要はないと指摘しておくことが役に立つかもしれない（私は今では、最初のパラダイム獲得に結びつけるべきではないと考えている）。「パラダイム成立以前」の時期に存在する学派まで含めて、すべての科学コミュニティーのメンバーは、私がこれまでひとくくりに「パラダイム」とラベルづけしてきた要素を共有している。成熟へと向かう転換によって変化するのは、パラダイムの有無ではなく、パラダイムの性質なのである。それが変化してはじめて、パズル解きとしての通常科学の研究が可能になる。したがって、これまではパラダイムの獲得と結びつけてきた、発達した科学分野が持つ属性の多くを、今後は、取り組むに値するパズルを決定し、そのパズルを解くための手がかりを与え、真に優秀な科学者ならきっと解くことができると請け合ってくれるような種類のパラダイムが得られた結果として論じることになる。この変更によって何か重要なものが犠牲になったと感じることになりそうなのは、自分の属する分野（あるいは学派）にはパラダイムがあることに気づいて勇気づけられた人たちだけだろう。

第二の、少なくとも歴史家にとってより重要な論争点は、本書が暗黙のうちに科学コミュニティーを科学研究の主題に一対一対応させ、同一視していたことと関係がある。すなわち、私はこれまで繰り返し、たとえば「物理光学」や「電気」や「熱」は研究主題の名前なのだから、科学コミュニティーの名前でもあるはずだと言わんばかりの書き方をしてきた。私の書いたものがそれ以外の意味で読めるとすれば、これらの研究主題はすべて、物理学のコミュニティーで取り組まれるにふさわしいという意味でだけだろう。しかし、その種の同一視は、私の研究仲間である歴史学の人たちが繰り返し指摘してきたように、たいていは精査に耐えないのである。たとえば、物理学のコミュニティーは十九世紀の半ばになるまで存在せず、それより後になって、それまで別々のふたつのコミュニティーだった数学と自然哲学（physique expérimentale〔実験物理学〕）が合流して形成されたものだ。今日では幅広いひとつのコミュニティーの研究主題になっているものが、過去においては、多様なコミュニティーのあいだでさまざまに分配されていた。もっと狭い研究主題、たとえば「熱」や「物質の理論」は、どれかひとつの科学コミュニティーで専門的に扱われる分野にならないまま、だいぶ前から存在していた。しかしながら、通常科学と革命はどちらも、コミュニティーに基礎づけられた活動である。そういう活動を見出して分析するためには、最初に、時とともに変化する科学の諸分野のコミュニティー構造を明らかにしなければならない。パラダイムが支配するのは研究主題ではなく、まずもって現場の科学者グループである。パラダイムに沿った研究や、パラダイムを破壊する研究について調べるのなら、最初に、その研究を担うグループ——それはひとつかもしれないし、複数かもしれない——の所在を突き止めなければならない。

科学の発展を分析するためにそのアプローチを採れば、批判が集中した困難のいくつかは消滅しそうだ。たとえば、本書を論評した若干の人たちは、物質の理論を例に挙げて、科学者たちは全員一致でパラダイムに忠誠を誓うという点を私がひどく誇張しているという見方を示した。物質の理論は、比較的最近になるまで意見の不一致と論争の絶えないトピックだった、というのがその人たちの指摘だ。それはその通りなのだが、しかしそのことは、私の論点への反例にはならないと私は考える。物質の理論は、少なくとも一九二〇年頃になるまで、どの科学コミュニティーの専門分野や研究主題でもなかった。むしろ物質の理論は、多くの専門家グループのための道具だったのである。コミュニティーが異なればメンバーが選ぶ道具も異なり、お互いに相手の道具の選び方を批判することもあった。いっそう重要なのは、たとえどれかひとつのコミュニティーに限ったとしても、物質の理論は、そのコミュニティーのメンバーの意見が必ずしも一致する必要がないような種類のトピックだということだ。一致する必要があるかどうかは、そのコミュニティーでどんな研究が行われているかによるのである。その好例が、十九世紀前半の化学だ。化学のコミュニティーが用いる基本的な道具のうちのいくつか——定比例の法則、倍数比例の法則、化合が起こるときの物質の重さなど——は、ドルトンの原子論が登場したことにより共有財産になったが、そうなってからも、化学者たちはそれらの道具を使って研究を行いながら、その一方で、原子の実在性について意見が異なることは十分にありえたし、その違いはときに激烈なものになったのである。

その他の困難や誤解の中にも、同じやり方で解消されるものがあるだろうと私は信じている。ひとつには、私が選んだ例のせいで、またひとつには、関係するコミュニティーの性質と規模に関する私の書き方があいまいだったせいで、何人かの読者は、私が主として、コペルニクス、ニュートン、ダーウィン、アインシュタインと結びつけられる大きな革命を念頭に置いているのだろう、あるいはそういう大きな革命だけしか念頭にないのだろうと判断した。しかしながら、私が作り出そうとしたのはそれとは著しく異なる印象だったのであり、コミュニティーの構造をより明確に描き出せば、きっとその印象を強めるのに役立つだろう。私にとって革命とは、結果としてグループのコミットメントにある種の再構成が起こるような特殊な変化である。しかし、その変化は大きなものである必要はなく、二十五人より少ない人数からなるコミュニティーなら、おそらくその外部にいる人たちにとって革命のように見える必要すらないだろう。このタイプの変化――科学哲学の文献ではほとんど、ないしまったく認知も議論もされていない変化――が、小さなスケールでは繰り返し起こっているからこそ、累積的ではない革命的変化を理解することが切に求められているのである。

最後に挙げるもうひとつの変更点は、先に述べたものと密接に関連しており、その理解を容易にするために役立つかもしれない。本書に批判的な何人かの人たちは、革命に先立って起こる危機、すなわち、何かがおかしいという感じを多くの人が共有することは、私がもとのテクストで示唆したように、革命に先立ってつねに起こるのだろうかという疑問を投げかけた。しかしながら、私の議論にとって重要なことの中に、危機が革命の絶対的な前提条件であることに依存するものはひとつもないのである。危機は、革命の前触れとして起こることが多いといった程度のことでありさえすればよく、通常科学の確実さがいつまでも疑問視されずにはすまないことを保障する自己修正機能なのだ。危機を経ずに革命が起こることもあるが、そういうケースは稀だと私は考えている。もうひとつ、コミュニティーの構造についての議論が不十分だったせいで、これまでの話ではあいまいになっていた点を指摘しておこう。すなわち、危機は、それを経験するコミュニティー、そしてときにはその結果として革命が起こったコミュニティー自体の仕事が引き起こしたものである必要はないということだ。電子顕微鏡のような新しい装置や、マクスウェル方程式のような新しい法則が、ひとつの分野で作られ、それを受容して同化する別の分野に危機を作り出すこともあるだろう。

第2項　グループのコミットメントの集合体（コンステレーション）としてのパラダイム

さて、いよいよパラダイムに目を向け、それがどういったものでありうるかを問うことにしよう。もとのテクストに残された問題のうち、これほどあいまいなものはほかにないし、これほど重要なものもほかにない。ある共感的な読者は、「パラダイム」こそは本書の核心となる哲学的要素だという私の確信を共有しつつ、分析的な索引を部分的ながら作成して、本書ではこの用語が、少なくとも二十二の異なる使われ方をしていると結論した。[7] 今では私は、そうした違いの大半は、言葉づかいの不統一のせいで生じていると考えており（たとえばニュートンの法則は、パラダイム、パラダイムの一部、パラダイム的なもの、などと言われている）、そのような不統一は比較的容易に取り除くことができる。しかし、そういう編集的な作業を行っても、大きく異なるふたつの用法が残り、それらは別々に扱わなければならない。この項では、それらふたつの用法のうち、より包括的［global］なほうを取り上げる。もうひとつの用法については次項で考察する。

先ほど論じたものに似たテクニックを使って、どれかの専門家コミュニティーを取り出したなら、こう問うてみるのが役に立つかもしれない。そのコミュニティーのメンバーたちは、専門家としてのコミュニケーションが比較的よく成り立ち、専門家としての判断が全員一致に近いかたちで下されるのはなぜかを説明するような、何を共有しているのだろうか？　もとのテクストがこの問いに対して公認する答えが、パラダイム、ないし一組のパラダイムだ。ところが、この用法［共有された前提］に対しては、以下で論じるもうひとつの用法［模範例］に対してとは異なり、この用語［パラダイム］は不適切なのである。科学者自身は、自分たちが共有しているのは、ひとつの理論、ないし一組の理論だと言うだろうし、もしもこの用語［理論］を、最終的にこの用法［コミュニティーで共有される前提］のために取り戻すことができるなら、私としても嬉しいだろう。しかし、「理論」は、現在科学哲学で使われている意味においては、性質と適用範囲の両面において、ここで必要とされるものよりもはるかに限定された構造を言外に意味するのである。この用語［理論］を、現在それが暗示するものから解放できるときまで、別の用語を採用することで混乱を避けることにしよう。私がその目的のために提案

（7）Masterman, *op. cit.*

するのが、「専門性のマトリックス（disciplinary matrix）」である。disciplinary（学問分野の）は、特定の専門領域の研究者たちに共有されているということを表し、matrix（行列）は、さまざまな種類の順序づけられた要素から構成されており、その各要素はさらに詳しく特定する必要があるということを表す。もとのテクストでは、パラダイム、パラダイムの一部、パラダイム的などと言い表していた研究グループのコミットメントの対象のすべて、またはそのかなりの部分は、専門性のマトリックスの構成要素であり、それらの要素がひとつの全体を形づくり、一緒に機能する。しかし今後は、それらの要素のすべてが同質であるかのように論じることはしない。ここで専門性のマトリックスの構成要素の網羅的なリストを作ろうとは思わないが、主要な種類の成分について説明しておくことは、私の現在のアプローチの性格を明らかにするとともに、私の次なる主要な論点を準備することにもなるだろう。

　重要なひとつの種類の成分を、「記号的一般化」と呼ぶことにする。私が念頭に置いているのは、グループのメンバーには疑問も異議もなく便利に利用されて、$(x)(y)(z)\varphi(x, y, z)$ のような論理形式に容易に表せるものだ。記号的一般化は、専門性のマトリックスを構成する成分の中でも、形式的「数式や論理式で表されていること」であるか、もしくは容易に形式化することができる。記号的一般化の中には、$f=ma$ や $I=V/R$ のように、すでに記号表現になっているものもある。また、「元素は、重量において一定の比率で結合する」や「作用は反作用に等しい」のように、普通の言葉で表されるものもある。もしもこうした表現が広く受け入れられていなかったとしたら、グループのメンバーたちがパズル解きをする際に、論理的ないし数学的な操作という強力なテクニックを導入することはできないだろう。分類学のような例は、こうした表現をほとんど持たなくとも通常科学は前進できることを示しているが、ごく一般的に言って、科学の力は、現場の研究者が自由に使える記号的一般化の数が増えるにつれて増大するように見える。

こうした［記号的］一般化は自然法則に似ているが、グループのメンバーにとって記号的一般化の機能がそれだけであることはそれほど多くない。ときには、記号的一般化は自然法則そのもののこともある。ジュール＝レンツの法則、$H=RI^2$ はその例だ。この法則が見出されたとき、コミュニティーのメンバーは、H、R、I が何を表しているかをすでに知っており、これらの一般化は単純に、熱、電流、抵抗の振る舞いについて、彼らがそれまで知らなかった何かを教えた。しかし、本書のはじめのほうの議論が示唆するように、記号的一般化はそれと同時に、科学哲学者による分析においては、普通は［自然法則としての機能と］はっきり区別される、第二の機能を果たすことのほうが多い。$f=ma$ や $I=V/R$ がそうであるように、記号的一般化には、自然法則として機能する部分だけでなく、記号の定義として機能する部分がある。さらに、分かちがたく絡み合った記号的一般化のふたつの力——法則としての力と、定義としての力——のバランスは、時とともに変化する。法則に対するコミットメントと定義に対するコミットメントは非常に性質が異なるため、別の状況では、これらの点は詳しい分析に値するだろう。法則はしばしば少しずつ修正されるのに対し、定義は恒真式であるから修正されることはない。たとえば、オームの法則が受け入れられるために必要だったことの一部は、「電流」と「抵抗」の両方を再定義することだった。もしもこれらの用語が従来の意味で使われていたなら、オームの法則が正しいはずはなかったのである。ジュール＝レンツの法則の場合とは異なり、オームの法則が執拗な抵抗を受けたのはそのためだ。(8) おそらくこれは典型的な状況なのだろう。私は現在、すべての革命は、大なり小なり恒真式として影響力を振るっていた記号的一般化の破棄と結びついているのではないかと考えている。アインシュタインは、同時性が相対的であることを示したのだろうか？　それとも、同時性の概念そのものを変えたのだろうか？「同時性の相対性」という言葉がパラドックスのように聞こえた人たちは、単に考え違いをしていただけなのだろうか？

次に、専門性のマトリックスを構成する第二のタイプの成分について考えよう。もとのテクストでは、「形而上的パラダイム」や「パラダイムの形而上的な部分」などの表現のもと、これについてはかなりの紙幅を割いて述べた。私が念頭に置いているのは、次のような信念に対する共有されたコミットメントである。「熱とは、物体を構成する諸部分の運動エネルギーである」、「知覚可能なあらゆる現象は、真空中に存在する、定性的に中性な［力を及ぼさない］原子同士の相互作用によって（または物質と力、または場によって）引き起こされる」。今、本書を改訂するとしたら、こうした信念は特定のモデルを信じることだと述べるだろうし、そのカテゴリーのモデルを拡張して、比較的発見法的なものまで含めるようにするだろう。ここで言う発見法的なモデルとは、「電気回路は、定常状態にある流体力学的な系とみなせるかもしれない」とか、「気体分子は、弾性体でできた小さなビリヤードの玉がランダムに運動しているのと同じように振る舞う」といったモデルのことである。発見法的なモデルから存在論的なモデルまで幅がある中で、科学者グループのコミットメントの強さもモデルごとにさまざまであり、その違いは小さからぬ帰結をもたらしもするのだが、それでもすべてのモデルにはよく似た機能がある。とくに、モデルは、好ましい、ないしは受け入れ可能なアナロジーとメタファーを科学者グループに与える。モデルはそんなアナロジーを与えることで、ものごとの説明やパズルの答えとしてどんなものなら受け入れ可能かを判断するために役立つ。逆にモデルは、未解決のパズルを洗い出し、それぞれのパズルの重要性を評価する助けにもなる。一方、科学コミュニティーのメンバーは、発見法的なモデルでさえ、たいていは共有しているとはいえ、共有する必要は必ずしもないことに注意しよう。すでに述べたように、十九世紀前半に化学コミュニティーのメンバーになるためには、原子に関する何らかの信念を持つことは求められなかったのだ。

専門性のマトリックスの要素のうち、第三の種類のものを、ここでは価値観と呼ぶことにしよう。価値観は、記号的一般化やモデルと比べて、さまざまなコミュニティーに広く共有されているのが普通で、自然科学者全体にコミュニティーの感覚を与えるうえで大きな働きをしている。価値観はどんなときにも機能しているが、価値観特有の重要性がとくに鮮明になるのは、ひとつのコミュニティーに属するメンバーが、危機を危機として認めなければならないとき、あるいはそれより後になってから、その分野の実践として互いに両立しないふたつのうちの一方を選択する必要に迫られたときだ。価値観にはさまざまなものがあるが、おそらくもっとも熱烈に支持されているのは、予測に関する価値観だろう。予測は正確でなければならないとか、定性的な予測よりも定量的な予測のほうが望ましいとか、その分野における許容可能な誤差の範囲がどのようなものであれ、その誤差の範囲は、その

(8) このエピソードの重要な部分については次の文献を参照のこと。T. M. Brown, "The Electric Current in Early Nineteenth-Century French Physics," *Historical Studies in the Physical Sciences*, I (1969), 61–103; Morton Schagrin, "Resistance to Ohm's Law," *American Journal of Physics*, XXI (1963), 536–47.

分野で一貫して満たされなければならない、といったものがそれだ。一方、理論の良し悪しを判断するときに利用される価値観もある。理論は、第一にパズルの定式化とその解決を可能にするようなものでなければならず、できる限り単純で、内的に整合し、信憑性が高く、両立可能——同時期に用いられている他の理論と両立可能——でなければならない。（今では私は、危機の原因や理論選択の要因について考察したときに、内的あるいは外的な整合性という価値観にほとんど注意を払わなかったことは、もとのテクストの弱点だったと考えている。）価値観はこれら以外にもある——たとえば、科学は社会の役に立たなければならない（あるいは役に立つ必要はない）というのもそれだ。しかし、今挙げた例を見れば、価値観として私がどんなものを念頭に置いているかはわかるだろう。

しかし、共有される価値観のあるひとつの側面は、とくに取り上げて簡単に述べておく必要がある。専門性のマトリックスのその他の種類の成分と比べて、価値観は、その当てはめ方が異なる人たちにも共有される度合いが大きいかもしれない。精度の判断は、時代が変わっても、また特定のグループのメンバーのあいだでも、まったく変わらないとは言わないまでも大きくは変わらない。しかし、単純さ、整合性、説得力、等々の判断は、しばしば人により大きく異なる。アインシュタインにとっては、通常科学の追究を不可能にするものであり、支持できなかった初期量子論における不整合性は、ボーアをはじめとする人たちにとっては、通常科学の手段でおのずと解決されるだろうと思える困難だった。いっそう重要なのは、価値観を当てはめなければならない状況で、異なる価値観が、それぞれ単体ではしばしば異なる選択を命じるということだ。一方の理論は他方の理論より正確だが、整合性において劣っているかもしれず、あるいは信憑性において劣っているかもしれない。この場合もまた、初期量子論がひとつの例になる。要するに、価値観は科学者たちに広く共有されているにもかかわらず、また、価値観へのコミットメントは深く、科学の構成要素でもあるにもかかわらず、価値観の当てはめ方は、個々の科学者の性格や生い立ちなど、そのグループのメンバーに差異を生じさせる特徴によってときに大きな影響を受けるのである。

共有される価値観の働き方にそなわるこの特性は、これまでの節を読んだ人たちの多くにとって、私の立場の大きな弱点に思われた。科学者たちが共有している何かは、競争する理論の一方を選んだり、ありふれたアノマリーと危機を招くアノマリーとを区別したりすることについて、全員一致の意見を形成するには十分ではないと主張しているという理由により、私は折に触れて、主観性を礼賛しているとか、さらには非合理性を讃美しているとまで非難されている。(9) しかしその反応は、どんな分野においても価値判断というものがはっきりと示すふたつの特性をないがしろにしている。第一の特性は、共有される価値観は、グループのメンバー全員が同じやり方でそれを当てはめるわけではないけれども、それでもなお、グループの振る舞いを決定する重要な要因になりうるということだ。(もしそうでなかったら、価値論や美意識に関する、その分野に特有の哲学的問題は生じないだろう。)自然の再現が絵画の第一の価値だった時期にも、画家たち全員が同じような絵を描いたわけではなかったが、

(9) とくに次の文献を参照のこと。Dudley Shapere, "Meaning and Scientific Change," in *Mind and Cosmos: Essays in Contemporary Science and Philosophy*, The University of Pittsburgh Series in the Philosophy of Science, III (Pittsburgh, 1966), 41–85; Israel Scheffler, *Science and Subjectivity* (New York, 1967);『知識の成長』に収録のカール・ポパーとイムレ・ラカトシュによるエッセイ。

画家たちがその価値観を放棄したとき、造形美術の発展のパターンは大きく変化した。[10] また、整合性が科学のもっとも重要な要請でなくなったら、どんなことになるかを想像してみればよい。第二の特性は、共有される価値観の当てはめ方が人により異なることは、科学にとって決定的に重要な機能を持つかもしれないということだ。価値理論を当てはめなければならないときは、例外なく、リスクを取らなければならないときである。アノマリーのほとんどは通常科学の方法で解消される。提案される新理論のほとんどは、結局は間違いだったことが判明する。もしもコミュニティーのメンバー全員が、アノマリーが生じるたびに、危機を引き起こすものとして反応していたら、あるいは、同じ分野の仲間が新しい理論を提唱するたびにそれを受け入れていたら、科学は科学でなくなるだろう。一方、大きなリスクを冒してアノマリーや真新しい理論に反応する人たちがいなければ、革命はほとんど、ないしまったく起こらないだろう。こうした問題に直面したときに、個々のメンバーの選択を支配する共有されるルールに頼るのではなく、共有される価値観に頼ることは、リスクを分散させて長期的成功を収めるために、科学コミュニティーが採用している方法なのかもしれない。

さてここで、専門性のマトリックスを構成する四種類目の要素に目を向けよう。ほかの種類の要素もあるが、ここで取り上げるものとしてはこれが最後になる。文献学の観点からも、自伝的な観点からも、この種類の要素には「パラダイム」という用語がまさにふさわしいだろう。自伝的だと言うのは、そもそもこの言葉を選択するよう私を導いたのは、グループに共有されるコミットメントのうちのこの成分だったからだ。しかしパラダイムという用語はそれ自体の生命を持つようになったため、ここではその代わりに「模範例（exemplars）」という用語を使うことにする。私はひとまずこの言葉を、実験室においてであれ、試験においてであれ、あるいは科学の教科書の章末問題としてであれ、学生が科学教育のはじめから出会う具体的な問題解法という意味で用いる。しかしこれら共有される例に、学術誌の論文に見出される専門的な問題解法のうち少なくとも若干のものをつけ加えなければならないだろう――科学者は教育を終えて研究生活に入ってからそうした解法に出会うが、それらの解法もまた、実例を通して仕事の進め方を示す。模範例の集合同士の違いは、専門性のマトリックスの他のどの成分にも増して、科学コミュニティーに細かな構造を生み出している。たとえば、すべての物理学者は同じ模範例を学ぶことから始める――斜面、円錐振り子、ケプラー軌道のような問題や、バーニア、熱量計、ホイートストンブリッジのような装置などがそれだ。しかし、教育が先に進むにつれて、物理学者が共有する記号的一般化は、しだいに異なる模範例で示されるようになる。固体物理学者も、場の理論の研究者も、シュレーディンガー方程式は共有しているが、この方程式の応用として両方のグループが共有しているのは比較的初歩的なものだけである。

第3項　共有される例としてのパラダイム

共有される例としてのパラダイムは、本書のもっとも斬新で、もっとも理解されていない側面だと、私が今では考えるようになったものの中心的な要素である。それゆえ模範例には、専門性のマトリッ

（10）第XIII節の冒頭の議論を参照されたい。

クスを構成するその他の種類の成分よりも注意を払う必要があるだろう。科学哲学者はこれまで、学生が実験室や科学の教科書で出会う問題については論じないのが普通だった。なぜならそういう問題は、学生がすでに知っていることを実際に使ってみるという、練習の機会を提供するだけだと考えられていたからだ。学生は、理論と、それを応用するためのルールをいくつか学ばないうちは、問題を解くことはできないと彼らは言う。科学知識は、理論とそれを応用するためのルールに体現されているのであって、学生に問題を与えるのは、その知識を効率的に応用できるようにするためだというのだ。しかし、私がこれまで論じようとしてきたのは、科学の認知的内容を、「理論と、理論を応用するためのルールにこそあるとして」そのように局在化させるのは間違いだということだった。たくさんの問題を解いた学生にさらに問題を与えたところで、単に問題を解く能力が高まるだけかもしれない。しかし、勉強を始めたばかりの頃と、その後しばらくのあいだは、学生は問題を解くことで、自然について重要なことを学ぶ。模範例がなければ、学生がそれまでに学んだ法則と理論は、経験的内容をほとんど持たないだろう。

　私が何を念頭に置いているかを示すために、ここで少しのあいだ記号的一般化に立ち返ろう。広く共有されている例に、一般には $f=ma$ と書かれるニュートンの運動の第二法則がある。あるコミュニティーのメンバーが、これに対応する表現をとくに問題と感じることなく口にしたり聞いたりしていることに気づいた人、たとえば社会学者や言語学者は、その後かなりの調査を行わない限り、その表現の意味、またはその表現に含まれる各項の意味について——そのコミュニティーの科学者たちが、この式と自然とをどのようにして結びつけているのかについて——たいしたことはわからないだろう。

実際、科学者たちがとくに疑問もなくその表現を受け入れ、論理的、数学的な操作を導入する入り口として利用しているという事実は、それ単独では、その表現の意味や応用について科学者たちの意見が完全に一致しているということを含意しない。もちろん、科学者たちの意見は実際にかなりの程度まで一致しているか、あるいは〔あらかじめ明らかでなくても〕その後の科学者たちの会話から一致の事実はすぐ明らかになるだろう。しかし、科学者たちの意見が、どの時点で、なぜ一致するようになったのかは、なお問われてよいことだ。検討対象となっている実験状況に直面した科学者たちは、その状況に合った、力、質量、加速度を、いかにして取り出せるようになったのだろうか？

実際には、学生が学ばなければならないことはさらに複雑だ——とはいえ、状況のこの面に注目されることはまずないか、けっしてないのだが。学生が学ばなければならないことは、$f=ma$ に対して、論理的、数学的な操作を直接的に施せるようになることと必ずしも同じではない。詳しく調べてみるとすぐに明らかになるように、この表現〔$f=ma$〕は、法則スケッチないし法則図式（スキーム）なのである。学生や現場の科学者が、ひとつの問題状況から別の問題状況へと研究対象を変えれば、操作を施す対象の記号的一般化も変わる。自由落下の場合なら、$f=ma$ は、$mg=m(d^2s/dt^2)$ になる。単振り子の場合には、$mg\sin\theta=-ml(d^2\theta/dt^2)$ になる。相互作用するふたつの調和振動子の系では、ふたつの式からなる連立方程式となり、その第一のものは次のように書くことができる $m_1(d^2s_1/dt^2)+k_1s_1=k_2(s_2-s_1+d)$。より複雑な状況、たとえばジャイロスコープのような場合にはまた別の形になり、$f=ma$ との家族的類似はさらにわかりにくい。それでも、それまで出会ったことのないさまざまな物理的状況で、力、質量、加速度を同定できるようになるにつれ、学生は、それらの物理量を関係づけるのに適した

$f=ma$ のバージョンをデザインできるようになる。文字どおりの意味において完全に同じバージョンの式にはそれまで一度も出会ったことがない場合にも、できるようになることが多いのだ。では、学生はどうやってそれができるようになったのだろうか？

科学の学生と科学史家の両方にとっておなじみの現象が、それを知るための手がかりになる。科学を学ぶ学生が、教科書のある章を読み込み、その内容を完璧に理解したにもかかわらず、章末の問題が解けなくて苦労していると語るのは毎度のことだ。そうした困難も、普通は同じように解消する。学生は、自分の問題が、すでに出会ったことのある問題と似ていることに気づくための方法を、教師に助けてもらいながら、あるいは助けなしに発見するのだ。その類似性に気づき、ふたつ以上の異なる問題のあいだで成り立つアナロジーがわかるようになれば、その学生は、すでに有効性が示されている方法で記号と記号を結びつけ、さらにそれらの記号を自然と結びつけることができるようになる。たとえば $f=ma$ のような法則スケッチは、見出すべき類似性に関する情報を学生に与えることにより、目の前の状況に見て取るべきゲシュタルトの信号を発する道具として機能してきた。その結果として学生は、さまざまな状況のあいだに類似性を見て取る能力——$f=ma$ のような記号的一般化を当てはめるべき対象を見て取る能力——を身につける。そして、その能力こそは、例題を解くことにより——そのために紙と鉛筆を使うか、よくデザインされた実験室で行うかによらず——学生が手に入れるもっとも重要な力だ、というのが私の考えなのである。その能力を身につけるために問題をいくつ解かなければならないかは人によって異なるにせよ、必要なだけの問題をきちんと解いた学生は、ひとりの科学者として、自分の属する専門家グループの他のメンバーたちと同じゲシュタルトで目の前の状況を見るようになる。学生にとってその状況は、もはや訓練を始めたばかりの頃に直面した状況と同じではない。学生はその間に、時の試練に耐えて専門家グループに認められたものの見方を取り入れて同化したのである。

そうして獲得された類似関係の役割は、科学史にもはっきりと現れている。科学者たちはしばしば記号法則には最低限しか頼らず、以前のパズルの答えをモデルにしてパズルを解く。ガリレオは、斜面を転がり落ちる球は、斜面の斜度によらず、別の斜面を同じ高さまで登れるだけの速度を獲得することを発見し、その実験状況は、質点をおもりとする振り子のそれと同じであることに気づいた。その後ホイヘンスは、大きさのある物体をおもりとする振り子、いわゆる物理振り子は、質点をおもりとするガリレオ振り子の集合とみなすことができ、それら振り子同士の連結は、振動の任意の点で瞬間的に切り離すことができるとイメージすることで、物理振り子の振動中心の問題を解決した。連結が切り離されれば、質点をおもりとする振り子はそれぞれ自由に振動するだろうが、全体としての重心は、ガリレオ振り子の場合と同様、落下を開始した最高点までしか上がらないということだ。最後に、ダニエル・ベルヌーイは、タンクの横に開けた穴から噴出する水の運動は、ホイヘンスの振り子に似ていることに気づいた。最初に、タンクの水と噴出する水との重心が、無限小の時間間隔でどれだけ下がるかを求める。次に、［噴出する水の］個々の水粒子は、その後上向きに運動し、その時間間隔で獲得した速度で到達しうる最大の高さに向かうものとイメージする。そのとき、個々の粒子の重心の上昇は、タンクと流れ出す水の重心の下降と等しくなければならない。問題をその観点から見ることにより、長らく未解決だった水の流出速度がすぐさま得られたのである。[11]

この例から、状況同士の類似性を見て取る方法を問題から学ぶと述べることで、私が何を意味しているかがわかりはじめるはずだ。それと同時にこの例は、私がなぜ、類似性の関係を学ぶうちに身につき、その後、ルールや法則にではなく物理的状況の見方に体現される、自然に関する重要な知識に言及するのかも示しているはずだ。この例に含まれる三つの問題［ガリレオの斜面と振り子の問題、ホイヘンスの物理振り子の振動中心の問題、ベルヌーイの流速の問題］は、いずれも十八世紀の力学者にとっては模範例だったが、そこではたったひとつの自然法則が効果的に利用されている。いわゆる活力の原理[*2]は、「現実的下降は可能的上昇に等しい（Actual descent equals potential ascent）」と表現されるのが普通だった。[*3]ベルヌーイによるこの法則の応用例を見れば、この法則がいかに重要だったかがわかるだろう。しかし、法則を言葉で表現したものは、それだけではほとんど役に立たない。法則に含まれる単語［Actual, descent, equals . . .］はすべて知っていて、これらの問題［斜面、振り子、静水力学］はすべて、別の方法を使ってではあるが解くことのできる今日の物理学の学生に、この表現を見せてみればよい。次に、これらの問題を知りさえしなかった人に対し、これらの言葉――どれもよく知られた単語である――が何を伝えうるかを想像してみよう。その人にとって、この一般化［現実的下降は可能的上昇に等しい］は、その人が「現実的下降」と「可能的上昇」を自然の構成要素として認知するまでは機能しないし、それを認知するということは、法則以前に、自然が示す状況と示さない状況について、なにごとかを学習することなのだ。この種の学習は、言葉による方法だけで身につくものではない。むしろ、言葉による方法に加え、それらの言葉がどのように使われているかを示す具体例が与えられてはじめて身につくようなものだ。マイケル・ポランニーの有益な文言を借りるなら、そのプロセスの結果として得られるのが、科学研究を行うためのルールを学ぶことによってではなく、科学を行うことによって身につく「暗黙知」である。

第4項　暗黙知と直観

こうして暗黙知に言及したこと、そしてそれと同時にルールを棄てたことは、もうひとつの問題を浮かび上がらせる。その問題は、私の論評者たちの多くを苛立たせたものであり、私が主観性を礼賛し、科学を不合理なものにしたという非難に基礎を与えているようにも見える。本書を読んだ人たちの中に、私が科学を、論理や法則の上にではなく、分析不可能な個々人の直観の上に据えようとしていると感じた人たちがいたのである。しかしその解釈は、ふたつの本質的な点で的外れなのだ。第一の点は、仮に私が直観について語っているとしても、その直観は、個々の人間のそれではないという

(11) たとえば次の文献を参照のこと。René Dugas, *A History of Mechanics*, trans. J. R. Maddox (Neuchatel, 1955), pp. 135–36, 186–93, およびDaniel Bernoulli, *Hydrodynamica, sive de viribus et motibus fluidorum, commentarii opus academicum* (Strasbourg, 1738), Sec. iii. 十八世紀前半に、ある問題の解決方法を別の問題を手本とすることにより力学が大きく進展したことについては、次の文献を参照のこと。Clifford Truesdell, "Reactions of Late Baroque Mechanics to Success, Conjecture, Error, and Failure in Newton's *Principia*," *Texas Quarterly*, X (1967), 238–58.

*2　活力は、静力学の釣り合いに関係する vis mortua（死んだ力）に対し、運動する物体の持つ vis viva（生きた力）として、一六八六年にライプニッツが提唱した概念だが、ここで言及される保存則はホイヘンスに由来する。

*3　十八世紀前半の活力論争にかかわることを避けたダニエル・ベルヌーイは、活力という言葉を使わずに、「活力の保存」をこのように表現することを提案した。

ことだ。むしろそれは、成功したグループのメンバーによって検証され、共有された直観であって、新人がそれを身につけてグループに参入するためには、訓練が必要になるようなものなのである。第二の点は、その直観は、原理的に分析不可能なものではないということだ。不可能どころか、私は現在、その直観の特性を調べるためにデザインされたコンピュータ・プログラムを使って、初歩的なレベルであれこれ実験を試みているところだ。

そのプログラムについてここでは何も述べないが、それに言及するだけでも、私が言いたいことのいちばん重要な部分は伝わるはずだ。(12) 共有される模範例に埋め込まれた知識について語るとき、私が言わんとしているのは、ルール、法則、あるいは問題を突き止めるための判定規準に埋め込まれた知識と比べて、系統性や解析可能性において劣るような知識の様態(モード)ではない。むしろ私が念頭に置いているのは、〈まずはじめに模範例から抽出され、その後、模範例の代わりに機能するルール〉という観点から再構築されれば、解釈を誤るような知識の獲得の仕方なのだ。別の言い方をすれば、検討対象となっている状況が、すでに見たことのある状況の、どれと似ていて、どれと似ていないかを認知する能力を模範例から獲得すると言うときに私が意図しているのは、脳神経系のメカニズムとして再構築できる見込みが潜在的にもありえないようなプロセスではない。むしろそのような再構築ができたとしても、本質的に、「どういう点が似ているのか?」という問いに対する答えにはならないだろうと言っているのだ。この問いは、ルールを示せと言っている。この場合であれば、ある状況を、それと類似の状況とともに分類するための判定規準を求めているのだが、そういう判定規準を探したいという誘惑には(少なくとも一組の完全な規準の集合を探したいという誘惑には)抵抗しなければならない、というのが私の主張なのである。しかし、私が反対しているのは、組織的な方法（システム）のうちの、ある特殊な種類のものに対してであって、組織的な方法に反対しているのではない。

この論点に実質を与えるために、少しのあいだ脇道に逸れなければならない。以下に述べることは、今の私にとっては自明に思われるが、もとのテクストでは「世界が変化する」といったフレーズにたびたび頼っているところを見ると、はじめからずっと自明だったわけではないようだ。もしもふたりの人間が、同じ場所に立ち、同じ方向を見れば、唯我論のそしりを受けたくなければ、われわれはそのふたりがよく似た刺激を受けると推断しなければならない。（もしもそのふたりがまったく同じ場所に目を置くことができたなら、両者は完全に同じ刺激を受けただろう。）しかし、人が見るのは刺激ではない――刺激に関するわれわれの知識は、高度に理論的かつ抽象的である。そのふたりは、［刺激を見ているのではなく］感覚を得ているのであり、われわれはそのふたりが同じ感覚を得ていると仮定しなければならないような強制はいっさい受けていない。（そのふたりの感覚が同じとは限らないことを疑う人は、ジョン・ドルトンが一七九四年に記述するまで、色覚障害はまったく気づかれていなかったことを思い出そう。[*4]）それどころか、刺激を受けてから感覚を意識するまでのあいだには、神経系において膨大な量の処理が行われているのである。その処理について知られているわずかばかりの事柄のうち、確かだと思ってよいのは次のことだ。大きく異なる刺激が、同じ感覚を生み出す場合があること。同じ

(12) このテーマについてのある程度の情報は「再考」に見出すことができる。

*4 ドルトンには色覚障害があり、一七九四年に書いた手紙や講演の中で自らの色覚障害について報告した。そのため色覚障害は初期にはドルトニズムと呼ばれた。

刺激が、大きく異なる感覚を生み出す場合があること。そして最後に、刺激から感覚への経路は、ある程度までは学習によって条件づけされるということだ。異なる社会で育てられた人たちは、同じ状況で異なるものを見たかのように振る舞うことがある。もしもわれわれが刺激と感覚を一対一に対応させたいという誘惑に駆られなかったなら、われわれはその人たちが実際に異なるものを見ていると認知していたのではないだろうか。

そこで、同じ刺激を受けたときに、系統的に異なる感覚を得る人たちをメンバーとするふたつのグループは、ある意味ではたしかに別の世界に住んでいるのだという点に注意しよう。われわれは、世界についてわれわれが得る知覚を説明するために、刺激の存在を仮定する。また、個人的な唯我論にも社会的な唯我論にも陥らないようにするために、それらの刺激はグループが違っても同じであると仮定する。どちらの仮定も、私はいささかの躊躇もなく受け入れる。しかし、われわれの世界にまずもって居場所を占めているのは刺激ではなく、われわれの感覚の対象であり、その感覚が人やグループによらず同じである必要はない。もちろん、あるグループのメンバーが教育、言語、経験、文化を共有している度合いに応じて、メンバーたちの感覚も同じだと仮定するだけの理由はある。もしもそうでなかったなら、グループの内部でコミュニケーションが完全に成り立ち、環境に対して同じ反応をするという事実を、どう理解すればよいのだろう？　その人たちは、ほとんど同じようにものを見、ほとんど同じように刺激を処理しているに違いない。しかし、グループに差別化が起こって専門化が始まると、感覚は変わらないと考えるための同様の証拠［コミュニケーションは完全に成り立ち、環境に対して同じ反応をすること］はなくなる。われわれは、おそらくは単なる同族意識のようなもののために、刺激から感覚へと至る経路は、すべてのグループのどのメンバーでも同じだと決め込んでいるのだろう、というのが私の考えなのだ。

ここで模範例とルールに話を戻すと、これまで私が、予備的なかたちなりに示そうとしてきたのは次のことだった。グループ——それはひとつの文化全体かもしれないし、その文化内の専門家たちのサブ・コミュニティーかもしれない——のメンバーたちに、同じ刺激に直面して同じものを見るようにさせるための基本的なテクニックのひとつは、そのグループの先人たちが、相互に似ているとみなし、ほかとは似ていないとみなした状況の例を提示することだ。その相互に似た状況は、同じ人物がたびたび感覚器に提示されることかもしれない——たとえば［赤ん坊にとって］母親は、最終的には、見たとたんに父親や姉とは違う人物として認知されるようになる。あるいは、提示されるのは、自然な家族［80～81ページ参照］のメンバー、たとえば、「白鳥」のメンバーや「鵞鳥」のメンバーかもしれない。あるいはまた、より専門化したグループのメンバーにとっては、ニュートン物理学的な状況——すなわち $f=ma$ という記号形式のどれかのバージョンに従うという点で類似している、つまり、光学の法則スケッチが当てはまるものとは異なる状況——の例かもしれない。

当面、何かこうしたことが実際に起こっているものと認めることにしよう。そのときわれわれは、模範例から獲得されたのは、ルールとそれを応用する能力だと言うべきなのだろうか？　その通りだと言ってみたくなる。なぜなら、われわれがある状況を、以前に見た状況と同じだとみなすのは、完全に物理法則と化学法則に支配された神経処理の結果であるに違いないからだ。この意味において、類似性の認知は、心臓の拍動と同じく、いったん身につけば完全に系統的に行われるようなものでなければならない。しかし、まさにその［心臓の拍動との］平行関係が、認知は自発的な作用ではなく、われわれには制御できない作用である可能性を指し示すのである。もしもそうだとすれば、認知を、ルールや判定規準を当てはめることにより制御可能なプロセスだと考えるのは不適切なのかもしれない。これらの用語［ルールや判定規準］を使って認知について語れば、別の認知の仕方もありうるかのような、たとえば、ルールに従わなかったり、規準を間違った当てはめ方をしたり、ためしに別のものの見方をしてみたりすることがあたかも可能であったかのような印象を与えてしまう。[13] これらのことはまさしく、われわれにはできない種類のことだ、というのが私の考えなのである。

あるいは、より正確には、われわれがそれをできるようになるのは、感覚を得た後、つまり何かを知覚した後のことだ。われわれはしばしば感覚を得た後に判定規準を探し、それらの規準を当てはめてみる。さらにその後、解釈をしはじめるかもしれない。解釈は、いくつかある選択肢の中から、熟慮のうえでひとつを選ぶという、知覚そのものでは行われないプロセスである。たとえば、今見たものは何かおかしいと感じる場合について考えてみよう（変則的トランプの例を思い出そう）。角を曲がると、家にいるものとばかり思っていた母親が商店街の店に入って行くのが見えた。その女性のことをよく考えるうちに、突然、「あれは母さんじゃない、赤毛だったもの」という言葉が口を突いて出てくる。店に入ってその女性をもう一度見てみると、どうしてこの人を母親と思ったのかわからないほどだ。あるいはまた、浅い池の底にあるものを食べている水鳥の尾が見えるという場合を考えてもいいだろう。その鳥は白鳥だろうか、それとも鷺鳥だろうか？　われわれは、すでに見たことのある白鳥と鷺鳥の尾を頭の中で比較しながら、今見たものについて熟慮する。あるいは、原始（プロト）的な科学者であるわれわれは、単純に、すでに容易に認知できるようになっている自然な家族の一般的特徴（たとえば「白鳥は白い」など）を知りたいと思うかもしれない。その場合もやはり、われわれは検討対象となっている家族のメンバーが共通に持つものを探しながら、すでに知覚したものについて熟慮するのである。

これらはすべて熟慮のプロセスであり、われわれはそれらのプロセスの中で判定規準やルールを探し、そうして見つけたものを使う。つまりわれわれは、すでに得られている感覚を解釈しようとするのであり、われわれにとって既定の事実となっているものを分析しようとするのである。どんな方法で行うにせよ、そのプロセスには最終的には神経が関与しているはずであり、したがって、一方では知覚を支配し、他方では心臓の拍動を支配しているのと同じ、**物理化学**の法則に支配されている。しかし、その組織的な方法［システム］が、三つの場合［解釈、知覚、心臓の拍動］のすべてにおいて同じ法則に従うからといって、解釈においても、知覚や心臓の拍動の場合と同様に作動するようにプログラムされていると仮定する理由にはならない。そんなわけで、私がこれまで本書の中で反対してきたのは、知覚を解釈のプロセスとして分析しようとする、つまり知覚を、それを得た後になってわれわれが行うことの無意識バージョンとして分析しようとする、デカルト以来の――しかしその前にはなか

（13）すべての法則［law］がニュートンの法則のようなもので、すべてのルールが十戒のようなものだったなら、このことは言わずもがなだったかもしれない。その場合、「法則を破る」という表現はナンセンスであり、ルールを棄てることが、法則に支配されないプロセスの存在を意味するとは思えないだろう。しかし残念ながら、交通法規［traffic law］など、立法の産物は破ることできるため、この手の混乱は容易に起こる。

った——伝統なのである。

知覚の信頼性は強調するに値するが、それはもちろん、刺激を感覚に変換する神経装置には過去の経験がたっぷりと埋め込まれているからだ。適切にプログラムされた知覚のメカニズムは生存に役立つ。同じ刺激を受けたときに、異なるグループのメンバーの得る知覚は異なってもよいと述べたからといって、メンバーそれぞれがどんな知覚を得てもよいということにはならない。多くの環境下において、オオカミとイヌが区別できないグループは生き残れなかっただろう。今日、アルファ粒子の軌跡と電子の軌跡を区別できない原子核物理学者のグループがあったとすれば、その人たちは科学者として生き残れないだろう。生き残りに役立つものの見方はごくわずかしかないからこそ、グループとして使用するかどうかのテストに合格したものの見方は、世代から世代へと伝えるに値するのだ。同様に、刺激から感覚への経路に埋め込まれた自然に関する経験と知識は、歴史的な時間の中で成功を収めたから選択されたのであり、だからこそわれわれは、そうした知識と経験について語らなければならないのである。

おそらく「知識」という言葉が良くないのだろうが、しかしこの言葉を採用するのにはいくつか理由がある。刺激を感覚に変換する神経プロセスに組み込まれている何かには、次のような特徴がある。教育によって伝達されること。そのグループが現在置かれている環境においては、歴史上の競争相手たちよりも有効であることが経験的に明らかなこと。そして最後に、さらなる教育が行われたり、環境への不適応が判明したりすれば、変化せざるをえないことだ。これらは知識が持つ特性であり、「その神経プロセスに」これらの特性があるということが、私が知識という言葉を使う理由を説明している。

しかし、今挙げた特性のリストからは、知識のもうひとつの特性が欠け落ちているため、言葉の使い方としてはおかしいのである。われわれは、〈われわれは知っている〉という状況それ自体に直接アクセスするすべを持たない、その知識を表現するために利用できるルールや一般化を持たない、というのがその特性だ。それにアクセスさせてくれるようなルールは感覚についてのものではなく、刺激についてのものになるだろうし、刺激は、精巧な理論を介してしか知ることができない。それにアクセスするすべがない以上、刺激から感覚に至るルートに組み込まれているその知識は、暗黙知に留まるのである。

これは明らかに試論であり、あらゆる細部にわたって正しいものである必要はないが、感覚については、私は文字通りの意味でこう考えている。ここに述べたことは視覚に関するひとつの仮説であり、直接的に検証されることはおそらくないだろうが、最低でも、実験で調べてみるべきことではある。しかし、見ることと感覚に関するこのような話は、本書の本文中でもそうだったように、メタファーとしての機能も果たす。われわれは電子を見るのではなく、電子の軌跡、あるいは霧箱の中にできた水滴の連なりを見るのである。われわれが電流を見ることはけっしてなく、見るのは電流計や検流計の針だ。それにもかかわらず、私は本書のこれまでのページで、とくに第X節において、電流、電子、場といった理論的な対象をわれわれはたしかに知覚するかのような、そして、模範例を詳しく調べればそれらを知覚できるようになるかのような、そしてこれらの場合においてもやはり、見ることに関するそうした話を、判定規準と解釈に関する話で置き換えるのは間違いであるかのような言い方をしてきた。「見ること」をこうした文脈に移行させるメタファーが、そのような主張をするに足る基礎になることはまずない。長期的にはそんなメタファーを取り除いて、より直接的な語り方をする必要があるだろう。

前に言及したコンピュータ・プログラムは、そのために使えそうな方法をいくつか示唆しはじめているが、ここでそのメタファーを取り除けるほどの紙幅もなければ、私の現在の理解の広がりも不十分である。[14] ここではその代わりに、メタファーの使用を手短に擁護することを試みよう。霧箱や電流計のことをよく知らない人にとって、水滴の連なりを見たり、計器の目盛りを指す針を見たりすることとは、素朴な知覚経験だ。したがって、その人が電子や電流についての結論にたどり着けるようになるまでには、考察、分析、解釈（あるいは外的権威の介入）が必要になる。しかし、これらの装置の使い方に習熟し、それらについて模範例にもとづく経験を積み重ねてきた人の見解はそれとは大きく異なり、その違いに対応して、装置からもたらされる刺激を処理する方法も異なる。寒い冬の午後に、自分の吐く息が白くなるのを見るような場合なら、その人の感覚は科学の門外漢のそれと同じかもしれないが、霧箱中にできた霧を目にしてその人が（文字通りの意味において）見るのは、小さな水滴ではなく、電子やアルファ粒子などの軌跡だ。それらの軌跡は、対応する粒子の存在を示唆する指標としてその人が解釈するところの判定規準だと言いたければ言ってもよいが、それに至るまでの経路は、水滴を解釈する人がたどる経路より短く、それとは別の経路なのである。

あるいは、計器の針が指した数値を読み取ろうとして電流計を見ている科学者を考えよう。その科学者の感覚は、おそらくは科学の門外漢のそれと同じだろう。とくに後者に、何らかの計器を読み取った経験がある場合はそうだ。しかし科学者は、その計器を回路全体の文脈において見ているのであり（この場合も、しばしば文字通りの意味で「見」ている）、その計器の内部構造についてもなにがしかのことを知っている。科学者にとって針が示す位置は判定規準ではあるが、電流の値についての判定規準でしかない。解釈のために科学者がしなければならないことは、読み取ったものの尺度を決めることだけだ。一方、科学の門外漢にとって電流計の針が指した位置は、針の位置それ自体の判定規準であることを別にすれば何の意味もない。その位置を解釈するためには、電流計の内外の配線を詳しく調べ、電池や電磁石の働きを実験で確かめなければならない。「見る」ことのメタファーとしての用法においても、「見る」という文字通りの意味の用法においても、解釈は知覚が終わったところから始まる。これらふたつのプロセスは同じではなく、知覚が解釈に残す余地の大きさは、それまでの経験と訓練の質および量に依存するのである。

(14)「再考」を読んだ人には、以下の暗号めいた記述も手がかりになるかもしれない。自然な家族のメンバーを即座に認知できるかどうかは、神経処理がなされた後に、識別されるべき家族と家族のあいだに認知空間上の隙間があるかどうかに依存する。たとえば、もしも鵞鳥から白鳥まで、鳥の連続体が認知されているなら、それらの水鳥を区別するためには、なんらかの具体的な判定規準を導入せざるをえないはずだ。同様のことは、観測不可能な対象についても言える。もしもある物理理論が、電流のようなものは電流以外には存在しないと言うのなら、個々には大きく異なるかもしれない少数の判定規準がありさえすれば、電流を同定するための必要十分なルールの集合はなくても、電流を同定するためには十分だろう。このことから、いっそう重要かもしれない妥当そうな補題が示唆される。理論的対象を同定するために必要十分な一組の条件があれば、代入によって、その理論的対象を、理論の存在論［その理論において存在するとされているもの］から取り除くことができる。しかし、そんなルール［存在物を同定するために必要十分な一組の条件］がなければ、理論的対象を除去することはできない。その場合その理論は、それら理論的対象を要請するのである。

第5項　模範例、通約不可能性、革命

今述べたことが、本書のもうひとつの側面、すなわち、通約不可能性について、また、通約不可能性が相前後するふたつの理論のどちらを選択すべきかをめぐって論争する科学者たちに及ぼす影響について私が述べたことを解明するための基礎になる。[15] そのような［理論選択］論争の両陣営は、両者がともに頼れる実験状況や観測状況のうちのいくつかについて、必然的に異なる見方をすることになると論じた。しかし、その人たちが実験や観測の状況について論じる際に用いる語彙は、主として同じ専門用語から構成されているため、その人たちはそれらの用語のいくつかを、異なるやり方で自然に当てはめているはずであり、それゆえ両者のコミュニケーションはどうしても部分的なものにならざるをえない。その結果として、ふたつの理論のどちらがより優れているかは、その論争では証明できない。むしろそれぞれの陣営は、一部には説得によって相手を転向させようとしなければならない、というのが私の主張だった。私の議論のこうした部分の意図をひどく誤解したのは哲学者だけである。しかしそういう哲学者のうちの若干名は、私は次のように信じていると報告したのだ。[16] 通約不可能なふたつの理論を唱導する人たちのあいだでは、コミュニケーションがまったく成り立たない。その結果として、理論選択に関する論争では、良い理由に訴えることができない。理論は、最終的には個人的、主観的な理由によって選ばれるしかなく、実際の決定に関与しているのは、ある種の神秘的な統覚［apperception, 知覚内容をひとつの整合的なイメージにまとめあげる統合作用］である、と。

本書の中でこうした誤解の基礎になったくだりは、他のどの部分にもまして、私が科学を非合理的な活動にしたという非難の原因になってきた。

最初に、証明について私が述べたことを考えよう。私が言わんとしたのは、科学哲学の分野ではだいぶ前からおなじみになっている簡単なことだ。理論選択に関する論争を、論理的または数学的な証明に完全に類似した形式に焼き直すことはできない。後者〔論理的または数学的証明〕においては、推論の前提とルールがあらかじめ規約として定められている。もしも結論に食い違いがあれば、結果として起こる論争の当事者たちは、自分たちの論証の段階を追うことで、あらかじめ定められた前提およびルールに照らして、推論に間違いがないかどうか調べることができる。最終的には、どちらか一方が定められたルールを破っていたと認めざるをえなくなる。そうなれば、もはやその人に打つ手はなく、相手の証明が強制力を持つ。しかし、あらかじめ定められたルールの意味や、その使い方について両者の意見が異なり、合意した規約は十分な証明の基礎になっていなかったことが明らかになれば、論争は科学革命が取らざるをえないかたちで続いていく。その論争は前提に関するものとなり、そのために使える手段は、証明ができるようになるまでの序奏としての説得である。

比較的よく知られたこのテーゼには、説得されるに足る良い理由はないとか、それらの〔説得のために持ち出される〕理由は、最終的にそのグループにとって決定的なものにはならないといった含意はまったくない。またこのテーゼは、理論を選択するための理由は、正確さ、単純さ、実り多さなど、科

(15)「省察」のSecs. vおよびviでは、以下に述べることをもう少し詳しく論じた。
(16) それらの仕事は注9に挙げた。『知識の成長』におけるスティーヴン・トゥールミンの論考も参照のこと。

学哲学者が普通に理由として挙げるものとは別だということをさえ含意していない。このテーゼが提起するのは、それらの理由は価値観として機能するということ、それゆえ、個人としても集団としても、それらの価値観を認めて尊重しようとする人たちのあいだでさえ、具体的にそれらをどう当てはめるかは人によって異なるということだ。たとえば、どちらの理論がより実り多いかという点でふたりの人物の意見が一致しないか、またはその点では意見が一致するが、生産的であることと、たとえば理論の適用範囲が広いこととではどちらがより重要かという点で意見が一致しなければ、どれだけ議論を重ねようと、両者はどちらも自分の誤りを認めないだろう。また両者はどちらも非科学的なのでもない。理論選択については、理論や価値観に中立的な選択のアルゴリズムは存在せず、正しく適用すればグループのメンバー全員が必ず同じ結論に到達するような系統的な判断の手続きは存在しないのだ。この意味において、実質的に判断を下すのは専門家たちのコミュニティーであって、そのコミュニティーの個々のメンバーではない。科学はなぜ、それが現にしているような発展をするのかを理解するためには、それぞれの科学者が特定の選択をするに至った経緯に関して、伝記的な要素や、その人の個性を明らかにする必要はない——とはいえ、そういう話題はとても魅力なのだが。むしろ理解しなければならないのは、最終的にはグループのほとんど全員が、ある特定の一組の議論が決定的だと思うようになるためには、専門家コミュニティーに共有されている価値観の特定の集合が、やはりその専門家コミュニティーに共有されている特定の経験と、どのように相互作用するかなのである。

そのプロセスが説得だが、しかしそれはいっそう深い問題を提示する。同じ状況を異なるものとして知覚しているにもかかわらず、その状況についての議論で同じ語彙を使うふたりの人物は、言葉の使い方が違っているはずだ。つまりそのふたりは、私がこれまで通約不可能な観点と呼んできた立場からそれぞれ話をしている。そんなふたりがいったいどうすれば、対話を成り立たせられると思えるだろうか。ましてや、相手に対して説得力のある話ができると思えるだろうか。この問いに対して、ごく予備的なものであれなんらかの答えを与えようとすれば、その困難の性質をさらに具体的に明らかにする必要がある。私はその困難の性質は、少なくとも一部には次のようなかたちを取るだろうと考えている。

通常科学の実践は、対象と状況を類似性の集合にまとめる能力――それは模範例から獲得される能力だ――に依拠している。そのような類似性の集合は、「何に関して似ているのか?」という問いに対する答えがないまま分類されるという意味において、素朴な集合である。したがって、どんな革命にもあるひとつの重要な側面は、その類似性の関係のいくつかが変化することだ。革命前には同じグループに分類されていたものが、革命後には別のグループに分類されるようになり、逆に、革命前には別のグループに分類されていたものが、革命後には同じグループに分類されるようになる。コペルニクスの前後で、太陽、月、火星、地球がどうなったか、ガリレオの前後で、自由落下、振り子、惑星運動の関係がどうなったか、ドルトンの前後で、塩、合金、硫黄と鉄くずの混合物がどうなったかを考えてみればよい。そうして変化した集合であっても、ほとんどの要素は変わらずひとまとまりになっているため、集合の名前は変わらないのが普通だ。それにもかかわらず、部分集合が移動することとは、ほとんどの場合において、集合間の相互関係のネットワークに起こる決定的に重要な変化の一部なのである。金属が、化合物の集合から元素の集合に移動したことは、燃焼、酸性、物理化学的な結合に関する新理論が出現するうえで本質的な役割を演じた。その後その変化は、すみやかに化学の全領域に広がった。したがってそういう組み分けが起これば、それまで相手の言うことを完璧に理解できているかのように話し合っていたふたりが、突如として、自分たちは同じ刺激について両立しない記述をしたり、異なる一般化を持ち出したりしていることに気づいたとしても驚くにはあたらない。そういう困難は、その人たちが科学の話をしている場合でさえあらゆる領域で感じられるわけではないが、困難はたしかに生じはじめており、のちには、理論選択をもっとも大きく左右する現象の周囲に集中的に生じるようになるだろう。

そんな問題は、最初はコミュニケーションの場面で目につくようになるが、単に言語学上の問題ではなく、やっかいな用語の定義について取り決めをするだけでは解決できない。困難が集中する言葉は、模範例に直接適用する中で学習されてきた面があるため、コミュニケーションが断絶している当事者たちは、「私は〝元素〟（あるいは〝混合〟〝惑星〟〝拘束のない運動〟）という言葉を、次の判定規準により定められたやり方で用いる」と述べることができない。つまり当事者たちは、中立的［理論に依存しない］言語に頼ることができない。両者が同じ使い方をする言語であって、どちらの理論の言明に対しても、さらにはどちらの理論の経験的な結果に関する言明にさえ、適切に用いられるような言語には、頼ることができないのである。両者の違いの一部は言語を当てはめる前から存在しているにもかかわらず、言語の適用にその違いが反映されるのである。

一方、そのようなコミュニケーションの断絶を経験している人たちにも、何かしら使える手段はあるに違いない。彼らに届く外的刺激は同じであり、彼らの神経装置全般も、プログラミングのされ方は違うにせよ、同じものであるはずだ。さらに、神経装置による経験のプログラミングのされ方さえも、一部を別にして――たとえその一部がどれほど重要でも――ほぼ同じであるに違いない。なぜなら、直近の過去を別にして、両者は歴史を共有しているからだ。その結果として、コミュニケーションの断絶を経験している人たちは、日常生活の世界および言語と、科学者として経験する世界および言語の大半の、両方を共有している。それだけのものを共有していれば、互いがどのように違っているのかを、かなりの程度まで見出せるはずだ。しかし、その違いに気づくためのテクニックは単純でもなければ使いやすくもなく、科学者が普通に配備している武器庫に納められてもいない。科学者たちが、そのテクニックをそのようなものとして認識することは稀であり、転向を引き起こしたり、転向はできないと自らを納得させたりするために必要なあいだはそのテクニックを使うが、その期間を超えて使い続けることはまずない。

要するに、コミュニケーションが断絶している当事者たちにできることは、お互いを異なる言語を使うコミュニティーのメンバーと認識して、翻訳者になることだ。(17) 当事者は、それぞれのグループ内

(17) 関連する翻訳の諸問題の大半については、次のものがすでに古典的文献となっている。W. V. O. Quine, *Word and Object* (Cambridge, Mass., and New York, 1960)［大出晁ほか訳『ことばと対象』勁草書房］, chaps. i, ii. しかしクワインは、同じ刺激を受けたふたりの人物は同じ感覚を得るはずだと仮定しているようであり、それゆえ、翻訳される言語の対象となる世界について、翻訳者がどの程度記述できなければならないかについてはほとんど何も述べていない。後者の論点については次の文献を参照のこと。E. A. Nida, "Linguistics and Ethnology in Translation Problems," in Del Hymes (ed.), *Language and Culture in Society* (New York, 1964), pp. 90–97.

での対話と、グループ間の対話との違いそのものを研究対象にして、最初は、各グループの内部で使われれば何の問題もないが、グループ間の議論で使われれば問題が生じる用語や言いまわしを見出そうとすればよい。（問題のなさそうな言葉や言いまわしは、そのまま同音の言葉として翻訳すればよいだろう。）そうして科学的コミュニケーションが成立しにくい領域を取り出したら、次に、共通の日常的語彙に頼って問題をさらに解明しようとすればよい。つまり、各人は、相手が刺激に対して何を見、何を言うかを知ろうとすればよい――その刺激に対する自分の反応は、それとは別のものになるだろう。アノマラスな振る舞いを、単なる誤りや、頭がおかしいせいとして片づけることを十分に控えることができれば、やがてお互いの行動を高い精度で予測できるようになるかもしれない。それぞれのグループは、相手の理論と、その理論から引き出される帰結を自分たちの言語に翻訳できるようになり、それと同時に、相手の理論が適用される世界を自分たちの言語で記述できるようになるだろう。それは、時代遅れになった科学理論を扱うときに、科学史家がいつもやっている（あるいはやるべき）ことだ。

翻訳は、もしもそれを突き詰めるなら、コミュニケーションの断絶した人たちがある程度まで相手の立場になって互いの観点の長所と短所を経験できるようにしてくれるため、相手を説得するための、さらには転向させるための、有力な道具になる。しかし、〔転向はおろか〕説得でさえ成功するとは限らないし、たとえ成功したとしても、転向が、説得と同時に、またはその後に起こるとも限らない。説得と転向は別のことなのであり、私はようやく最近になって、このふたつの経験の重要な違いがわかるようになった。

私の考えでは、誰かを説得するということは、自分の見解のほうが優れており、それゆえその人の見解に取って代わるべきだと相手に納得させることだ。それだけなら、なんであれ翻訳に似たものに頼らなくても折に触れて達成されている。翻訳されなければ、一方の科学者グループのメンバーが推奨する説明の仕方や問題設定の多くは、他方のグループのメンバーにはよくわからないままだろう。しかし、それぞれの言語のコミュニティーは、どちらのグループでも同じ意味に理解される文章で記述できるにもかかわらず他方のコミュニティーの用語法ではまだ説明されていないような具体的な研究結果を、はじめからいくつか生み出せるのが普通だ。もしも新しい観点がしばらく持ちこたえて成果を挙げ続けることができれば、そのグループに特有の言葉で言語化できる研究成果は増えていくだろう。何人かの人たちにとって、それだけの成果が挙がれば証拠として決定的になるだろう。その人たちは、こう言うかもしれない。「新しい学説を主張する人たちが、なぜ成果を上げているのかはわからないが、ともかくもその学説を学ぶしかない。何が行われているにせよ、彼らが正しいのは明らかだ」。こういう反応をするのは、その分野に参入してあまり時間の経っていない人たちであることが多い。なぜならそういう人たちは、どちらのグループについても特有の語彙とコミットメントを身につけていないからだ。

しかし、両方のグループが同じやり方で用いる語彙で述べることのできる議論は、少なくとも対立するふたつの観点が進展してかなり後の段階に入るまでは、普通は決定的なものにならない。その専門分野にすでに参入している人たちは、翻訳によって可能になる徹底した比較が行われるまでは、まず説得されないだろう。しばしば文章が非常に長くて複雑になるという代償はあるにせよ（「元素」という用語を使わずに行われたプルーストとベルトレの論争を考えてみればよい）、新たにつけ加わった多くの研究結果は、一方のコミュニティーの言語から他方のコミュニティーのそれへと翻訳することができる。さらに翻訳が進むにつれて、それぞれのコミュニティーのメンバーの中に、以前はあいまいに思われた表現が、ライバル・グループのメンバーにとってはきちんとした説明になっていたということを、相手の立場に立って理解しはじめる者が出てくる。もちろん、こうしたテクニックが使えるようになっても、相手を確実に説得できるという保証はない。ほとんどの人にとって翻訳は、通常科学にはおよそなじまない危うげなプロセスだ。相手に反論することはどんな場合にも可能だし、両方の主張をどう重みづけすればよいかを教えてくれるルールは存在しない。それでもなお、議論が積み重なり、反論が次々と退けられていくと、そのうえ抵抗を続けるのは、ものわかりが悪くて頭が固いからだとしか説明できなくなる。

そうなると、歴史家と言語学者の両方にはだいぶ前からよく知られていた、翻訳の第二の面が決定的に重要になる。理論や世界観を自分の言語に翻訳するということは、それらを自分のものにすることではない。そのためには、その言語のネイティヴスピーカーにならなくてはならない。つまり、以前は異質だった言語から単に外に向けて翻訳するのではなく、その言語の中で思考し、作業するようになった自分を見出さなければならない。しかしその転換は、それが起きてほしいと（あるいは起こらないでほしいと）願う理由がどんなに良いものであっても、熟慮と選択によってできる（あるいはせずにいられる）ことではない。むしろ、翻訳のやり方を学ぶプロセスのどこかの時点で、その転換が起こったことに気づくのであり、そうと決断したわけでもないのに、新しい言語の世界に入り込んでいることに気づくのである。そうならない場合、たとえば相対性理論や量子力学に中年になってはじめて出会った人たちの多くがそうであるように、新しいものの見方にすっかり納得しているにもかかわらず、そのものの見方を内面化し、それによって形づくられる世界を居心地よく感じるというわけにはいかない自分に気づかされる。そういう人たちは、頭では選択したにもかかわらず、それを体得するために必要な転向ができないのだ。そういう人たちが新しい理論を使ったとしても、それはあくまでも異国に住むよそ者として使うのであり、それができるのは、新しい理論を母語のように使いこなす人たちがすでに存在しているおかげである。よそ者の仕事は、母語として理論を使いこなす人たちの仕事に寄生している。なぜならよそ者には、そのコミュニティーの将来のメンバーが教育によって身につける心的な集合体(コンステレーション)が欠けているからだ。

そんなわけで、私がゲシュタルトの切り替えに結びつけた転向の経験は、今も革命のプロセスの中核にある。理論選択のための良い理由は、転向の動機にもなれば、転向を容易にするための環境を与えもする。それに加えて、翻訳は、神経の再プログラミングの入り口になるかもしれない――そうした再プログラミングは、現時点ではどれほど謎めいているにせよ、転向の基礎に存在するはずだ。しかし、良い理由も翻訳も、転向を構成するものではなく、本質的な種類の科学の変化を理解するためにわれわれが解明しなければならないのは、転向のプロセスなのである。

第6項　革命と相対主義

ここに概略を示した立場から引き出される帰結のひとつが、私の論評者のうちの若干名をとりわけ苛立たせている。(18)その人たちは、私の観点、とくに本書の最終節で述べたことを、相対主義的だと考えたのである。そんな非難が起こる理由をとくにはっきりと示しているのが、私が翻訳について述べた部分だ。異なる理論を支持する人たちは、言語－文化を異にするコミュニティーのメンバーに似ている。この類似性を容認することは、どちらのグループも、ある意味では正しいのかもしれないという見方を提起することだ。文化とその発展に当てはめるなら、その立場は相対主義である。

しかし、科学に当てはめた場合には相対主義ではないかもしれず、いずれにせよ、この立場を批判する人たちが見逃したひとつの側面において、この立場は単なる相対主義とは遠く隔たっている。私は、進展した科学分野の研究現場にいる人たちは、その人たちをひとつのグループとして捉えるにせよ、いくつかのグループに分かれていると捉えるにせよ、根本的にはパズル解きをする人たちだと論じた。その人たちが理論選択の時期に採用する価値観は、その人たちの仕事の他の諸々の面から引き出されたものでもあるが、価値観の対立があるときに、科学者グループのほとんどのメンバーにとってもっとも有力な［理論選択の］判定規準になるのは、自然が提示するパズルをパズルとして構成し、それを解決できることがはっきりと示されているかどうかだ。他のどんな価値観もそうであるように、パズルが解けることに関する価値観もまた、その当てはめ方は人それぞれだ。パズルが解けることを重視する価値観をともに持つふたりの人物が、それを当てはめた結果として、異なる判断を［理論選択に際して］下すこともありうる。しかし、パズルが解けることを高く位置づけるコミュニティーの振る舞いは、そうではないコミュニティーのそれとは大きく異なったものになるだろう。私の考えでは、パズルが解けることを高く位置づけることは、科学の諸分野に次のような帰結を持つ。

近代科学の諸々の専門分野が、共通の起源から――たとえば素朴な自然哲学や工芸(クラフト)から――出発して上に向かって伸びていく、進化の系統樹のようなものを思い浮かべよう。幹からどれかの枝の先端に向かって上に伸びるように描かれた一本の線は、けっして逆戻りせず、系統関係で結ばれた諸理論の系譜を表している。根元にあまり近くないところで、そうした系統の中の任意のふたつの理論を選び、それらを詳しく検討したとすれば、どちらの理論にもとくに肩入れしていない中立的な観察者ならば、理論の新旧を区別する判定規準のリストはすぐに構想できるだろう。そのためにとくに役立つ判定規準は、予測、とくに定量的な予測の精度と、一握りの人たちにしか理解できない高度なテーマと日常的なテーマとのバランス、解決された問題の数などになるだろう。新旧の区別をつける目的にはそれほど役に立たないものの、科学者生活を営むために重要な判定規準として、単純さ、適用範囲の広さ、他の専門分野との両立性といった価値観にもとづくものもある。これらはまだ必要なリストにはなっていないが、完全なリストを作ることは可能だと私は信じて疑わない。もしも完全なリストを作ることができるのなら、科学の進展は、生物の進化と同じく、一方向的で不可逆的なプロセスだ。新しい科学理論はしばしばかなり違った環境に適用され、その環境下では古い理論よりもうまくパズルを解く。この立場は相対主義者のそれではなく、私がいかなる意味において科学の進歩を信じて疑わない人間なのかをはっきりと示している。

しかし、科学哲学者と科学の門外漢の両方にもっとも普及している進歩の概念と比べると、この立

(18) Shapere, "Structure of Scientific Revolutions," および『知識の成長』所収のポパーによる論考を参照。

場には、ある本質的な要素がひとつ欠けている。科学理論は、その先祖の諸理論と比べて、パズルを見出して解決する装置として優れているだけでなく、自然とはどのようなものであるかを表象［representation］するという点でも、なんらかの意味においてより良いものになっていると感じられるのが普通である。新しい理論のほうが、より真理に近づいているとか、より良い真理の近似になっているというのは、よく耳にする話だ。こうした一般化は、パズル解決［パズルを解くこと］に関するものでも、理論から引き出された具体的な予測の成否に関するものでもないのは明らかだ。むしろそういう一般化は、理論の存在論――すなわち、その理論がわれわれの世界に存在させるものと、自然界に「本当に存在している」ものとが、どの程度一致しているか――に関するものなのである。

もしかすると、「真理」という考えを救済して理論全般に当てはまるようにするための何か別の方法があるのかもしれないが、この［存在論的な］やり方ではだめだろう。私の考えでは、「本当に存在する」のような表現を再構成するための方法として理論に依存しないものはない。理論の存在論と、それに対応する自然界の「真の」存在物とが一致するという考えは、私にはもはや原理的にも幻想であるように思われるのである。それればかりか、私は歴史家として、その考えには説得力がないということを痛切に感じてもいる。たとえば私は、パズル解きの道具としては、ニュートン力学のほうがアリストテレスの力学より優れていることや、それと同じ意味において、アインシュタインの力学のほうがニュートンの力学よりも優れていることは疑わない。しかし、これらの理論が時系列の中で登場するそのやり方に、存在論的な進展としての、何か首尾一貫した方向性があるとは思えないのである。むしろ、あらゆる点においてということではけっしてないが、いくつかの重要な点において、アインシュタインの一般相対性理論とアリストテレスの力学との関係は、それぞれの理論とニュートンの理論との関係よりも近いのだ。この観点を相対主義的と呼びたくなる気持ちはわからないではないが、それは間違いだというのが私の考えだ。逆に、もしもこの立場が相対主義なら、相対主義者であることによって、科学の性質と科学の発展の仕方を説明するために必要なものが、ひとつでも失われるとは思えないのである。

第7項　科学の性質

この追記の締めくくりとして、もとのテクストに対して繰り返し起こるふたつの反応について手短に論じよう。第一の反応は批判的で、第二のそれは好意的だが、どちらも的外れだというのが私の考えだ。それらふたつの反応は、これまでに述べたこととは関係がないし、それら同士のあいだにも関係はないが、どちらも十分に広く見られる反応なので、少なくともなんらかの対応が求められている。もとのテクストを読んだ人たちの何人かが、私が記述モードと規範モードの境界線をたびたび踏み越えて行き来していることに気がついた。その越境がとりわけ目立つのは、本文中にときおり見られる「しかし科学者はそれをしない」という言葉に始まり、科学者はそうすべきではないという主張で終わる箇所である。批判的な人たちは、私は記述モードと規範モードを混同しており、「である」は「べきである」を含意しえないという、長い歴史のある哲学の定理を破っていると主張する。(19)

実際上、その定理は陳腐な決まり文句になっていて、もはやいたるところで尊重されているわけではない。今日では何人もの哲学者が、規範モードと記述モードが分離できないほど絡まり合っている重要な文脈を見出している。[20]「である」と「べきである」は、かつて考えられていたほど切り離されてはいないのだ。しかし、私の立場のこの側面について、混同のように見えていたものを解きほぐすためには、現代の言語哲学の高度な話に頼る必要はない。これまでのページでは、科学の性質に関するひとつの観点ないし理論を提示したが、他の科学哲学と同じくその理論もまた、もしも科学という事業が成功すべきものであるのなら、科学者はどのように振る舞わなければならないかに帰結を持つ。この理論も、他のどんな理論とも同じく正しいとは限らないが、たびたび登場する「しなければならない」や「すべきである／するはずである」に対して正統な基礎を与えはする。逆に、この理論をまじめに受け止めるべきであることにはさまざまな理由があるが、そのひとつは、成功するように開発され、選び取られた彼らの方法を用いている科学者たちが、彼らはこうするはずだと現にこの理論が予想する通りの振る舞いをしていることだ。私の記述的一般化はこの理論からも導けるのに対し、科学の性質に関する他の観点からすると、それらの記述的一般化はアノマラスな振る舞いになることこそは、私の記述的一般化がこの理論の正しさを裏づけているという根拠なのだ。

この議論は循環論法的だが、悪循環ではないと私は考える。今論じられている観点から導かれるのは、出発点で基礎になった観察にもとづく所見［記述的一般化］だけに尽きない。本書が最初に刊行される前から、私は、本書が提示する理論の各部が、科学的な振る舞いや、科学ならではの進展の仕方を探究するために役立つことに気づいていた。この追記ともとのテクストの記述とを比べてみれば、私の理論は今もその役目を果たしているのがわかるだろう。単なる循環論であるような観点は、そのような方向性を示すことはできない。

本書に対する反応の最後のものへの私の答えは、これまでとは種類の異なるものにならざるをえない。本書を面白いと思って読んでくれた人たちは、本書が科学に光を当てるからというよりも、本書の主要なテーゼが他の学問領域にも応用できそうだからという理由により面白いと思ったようだ。その人たちの意図は理解できるし、本書の観点を拡張しようという試みに水を差したくはないが、私にはその反応が奇妙なものに思えるのである。本書は、科学の進展を、伝統に縛られた累積的な活動がときおり革命により中断されるというパターンの繰り返しとして描き出しており、その限りにおいて、本書で打ち出したテーゼが幅広い分野に当てはまることに疑う余地はない。しかし、そのテーゼはもともと他分野から借りてきたものなのだから、他分野に当てはまるのは当然なのだ。文学史、音楽史、芸術史、政治の発展史、そしてその他多くの人間活動の歴史を研究する人たちは、昔からそれぞれの分野を、本書と同じように記述してきた。様式、好み、体制が、革命的な出来事で区切られることをもって時代を区分するというその手法は、それらの分野の研究者にとっては常套手段なのである。もしも私がこれらの概念について独創的だったとしたら、それは主として、科学という、それとは別の発展の仕方をすると広く信じられている分野にそれらの概念を当てはめたからだろう。具体的な成果、すなわち模範例としてのパラダイムの観念を打ち出したことは、もしかすると私が成し遂げた第二の貢献かもしれない。たとえば、私が見るところ、芸術における様式概念に関するよく知られた難問の

(19) これについては多くの例があるが、一例として『知識の成長』におけるP・K・ファイヤアーベントの論考を参照。

(20) Stanley Cavell, *Must We Mean What We Say?* (New York, 1969), chap. i.

いくつかは、絵画は様式にかかわる抽象的規範に沿って描かれるのではなく、それぞれの作品は他の作品の影響を受けながら描かれるとみなすことができれば消滅するかもしれない[21]。

しかしながら、本書にはこれらとはまた別の種類の主張をする狙いもあった——それは本書の読者の多くにとって、それほど鮮明には見えなかった論点だ。科学の発展は、しばしば想定されてきた以上に他分野の発展とよく似ているかもしれないが、違いも顕著だ。たとえば、科学の諸分野は、少なくともその発展上のある時点よりも後には、他の学問分野とは異なる進歩の仕方をすると述べることは、その進歩それ自体がどのようなものであれ、まったくの間違いだったはずがないのである。本書の目的のひとつは、そんな違いを検討し、それらに説明を与えるという仕事に取り掛かることだった。

たとえば、『構造』本編で繰り返し力説した、発展した科学分野には競争する学派が存在しない——今なら、比較的稀だと言いたいところだが——ということを考えてみよう。あるいは、検討対象になっている科学コミュニティーのメンバーは、そのコミュニティーで行われる仕事の唯一の聴衆であり、判定者であると述べたことを思い出そう。また、科学教育には特殊な性質があることや、目標としてのパズル解きや、科学者グループが危機と決断の時期に採用する特殊な価値観の体系について、もう一度考えてみよう。本書で取り出した［科学の］特徴はこれら以外にもある。そういう特徴のどれひとつとして、必ずしも科学だけが持つ特殊な性質というわけではないが、しかしすべての特徴を考え合わせれば、科学という活動を他の活動と区別するものになるのである。

これら科学の特徴のすべてについて、まだまだ知るべきことは多い。この追記は、科学コミュニティーの構造を調べる必要性を強調することから書きはじめたので、ここでは、他の学問分野の対応するコミュニティーについても、それと同様の研究や、とくに比較研究を行う必要があるということを強調して結びとしよう。科学コミュニティーかどうかによらず、人は自分が参加するコミュニティーをどのように選び、コミュニティーはメンバーにする人をどのように選ぶのだろうか？　グループへの順応のプロセスはどのようなもので、どのような段階を踏むのだろうか？　グループは集団として何を目標とみなすのだろうか——個人によるものであれ、集団によるものであれ、どの程度の脱線なら許容し、許容できない逸脱はどのように取り締まるのだろうか？　科学をより完全に理解できるかどうかは、これらの問いや、これらとはまた別の種類の問いに答えることができるかどうかにかかってくるだろう。しかし、さらなる研究がこれほど求められている領域もない。科学知識は、その言語と同じく、本来的にグループの共有財産であり、そうでなければ意味がない。科学知識を理解するためには、知識を生み出し、それを用いるグループの特殊な性質を知る必要があるだろう。

（21）この点についても、また何が科学を特別のものにしているのかという拡張された議論についても、次の文献を参照のこと。T. S. Kuhn, "Comment [on the Relations of Science and Art]," *Comparative Studies in Philosophy and History*, XI (1969), 403–12.［「科学と芸術の関係について」、『科学革命における本質的緊張』］

訳者あとがき

本書は、トマス・S・クーン著『科学革命の構造』（*The Structure of Scientific Revolutions*）の原著第Ⅳ版（五十周年記念版）の全訳である。

周知の通り、単行本としての『科学革命の構造』は一九六二年にシカゴ大学出版会から原書が刊行されたあと、一九七一年に中山茂訳の日本語版がみすず書房から刊行され、以来日本でも半世紀以上にわたって広く読まれてきた。その日本語版旧版は、第十三章までの範囲については一九六二年刊の原著初版を底本としつつ、さらに著者クーンから直接原稿や情報を入手することにより、原著第II版以降に追加されることになる補章（「補遺」、このたびの訳では「追記」とした）と、第II版のために予定されていた本文の改訂の一部も翻訳を進めながら取り入れた旨が、中山氏による「訳者あとがき」に記されている。したがって旧版はほぼ原著第II版の内容を収めたものだったと言える。また実際、『科学革命の構造』の内容は第II版の刊行をもって定まり、第III版では本文の改訂はなされなかった。

しかしクーンの没後、二〇一二年に刊行された原著第Ⅳ版は、刊行五十周年を記念してイアン・ハッキングによる序説を巻頭に収録し、これからの時代の読者に向けて装いを新たにするものとなった。ハッキングの序説ではクーンのこの著作によって広められた「パラダイム」「通約不可能性」「通常科学」などをはじめとする重要語・概念について、今日的な視点からの解説がなされ、その意義が歴史的に位置づけられている。ハッキングは自分の序説を飛ばして読みはじめるようアドバイスしているが、『科学革命の構造』がどういうものかをあまり知らずに読みはじめる人にはとりわけ、今回追加された序説は良い手引きになるだろう。

翻訳にあたっては、伊勢田哲治京都大学文学研究科教授に原稿をお読みいただき、主に科学哲学の観点から、詳細で貴重なご指導とご意見をいただいた。さらに、伊藤憲二京都大学文学研究科准教授には最終的な原稿をお読みいただき、主に科学史および訳文の表現の観点から、貴重なご指導とご意見をいただいた。また、鈴木克成青森中央学院大学教授（哲学）には、初期の原稿をお読みいただくとともに、一貫してこの取り組みへの励ましとご助言をいただいた。お力をお貸しくださった三人の先生方に、心よりお礼を申し上げる。

旧版の中山茂訳は paradigm を「パラダイム」、incommensurability を「通約不可能性」と訳し、これらの訳語はこの半世紀のあいだに日本でも、科学史や科学哲学の分野に留まらない幅広い領域に浸透した。今回の新訳でも、これら最重要語の訳語はあえて変更する必要もなかったので、そのまま踏襲させていただいた。そのほかにも多くのキータームについて、旧版を参考にしている。半世紀を経ても使用に耐える定訳を残してくれた中山訳の意義は、今後も大きい。しかし、一部の用語の訳はこの機会に改めた。たとえば、disciplinary matrix（「専門母型」→「専門性のマトリックス」）、articulation（「分節化」→「明確化」）などである。また、extraordinary science およびそのほかの用例中の extraordinary の訳語については xxxiii ページと１３５ページの訳注を参照されたい。

クーンの『科学革命の構造』の翻訳に取り組むという志を立て、みすず書房の市原加奈子氏にご相談申し上げてから十八年という歳月が流れた。市原氏のナビゲーションのおかげで、志を立てた時点では思いもよらなかったほど実り多い学びを重ね、目的地にたどり着くことができた。ここに記して心より感謝申し上げる。

二〇二二年十一月

青木　薫

トマス・S・クーン
科学革命の構造
新版
序説 イアン・ハッキング
青木薫 訳

2023年 6月 9日 第1刷発行
2024年 9月 30日 第4刷発行

発行所 株式会社 みすず書房
〒113-0033 東京都文京区本郷2丁目20-7
電話 03-3814-0131(営業) 03-3815-9181(編集)
www.msz.co.jp

本文組版 キャップス
本文印刷所 三陽社
扉・表紙・カバー印刷所 リヒトプランニング
製本所 誠製本
装丁 細野綾子

ISBN 978-4-622-09612-2
[かがくかくめいのこうぞう]

著者略歴

(Thomas S. Kuhn, 1922-1996)

アメリカのオハイオ州でドイツ系ユダヤ人の土木技師の家に生まれる．ハーバード大学で物理学を学び，1949年に同校でPh.D.（物理学）を取得．ハーバード大学，カリフォルニア大学バークレー校，プリンストン大学などで科学史および科学哲学の教鞭をとる．1969年-1970年には米国科学史学会会長を務めた．1979年から没年まで，マサチューセッツ工科大学（MIT）言語学・哲学部門ローレンス・ロックフェラー教授．ほかの著作に，*The Copernican Revolution*（Harvard University Press, 1957）〔常石敬一訳『コペルニクス革命』講談社学術文庫，1989〕，*The Essential Tension*（University of Chicago Press, 1977）〔安孫子誠也・佐野正博訳『科学革命における本質的緊張』みすず書房，全2巻 1987/92，のち，合本 1998〕，*The Road since Structure*, ed. by James Conant and John Haugeland（University of Chicago Press, 2000）〔佐々木力訳『構造以来の道』みすず書房，2008〕，*The Last Writings of Thomas S. Kuhn*, ed. by Bojana Mladenović（University of Chicago Press, 2022）など．

「序説」執筆者略歴

イアン・ハッキング（Ian Hacking）1936年カナダ，バンクーバー生まれ．トロント大学哲学部門教授．2023年没．*The Emergence of Probability*（Cambridge University Press, 1975, 2006）〔広田すみれ・森元良太訳『確率の出現』慶応義塾大学出版会，2013〕，*Representing and Intervening*（Cambridge University Press, 1983）〔渡辺博訳『表現と介入』ちくま学芸文庫，2015〕，*The Social Construction of What?*（Harvard University Press, 1999）〔出口康夫・久米暁訳『何が社会的に構成されるのか』岩波書店，2006〕をはじめ，著書・編著多数．

訳者略歴

青木薫〈あおき・かおる〉翻訳家．1956年，山形県生まれ．Ph.D.（物理学）．著書に『宇宙はなぜこのような宇宙なのか』（講談社現代新書，2013）．訳書に，S・シン『フェルマーの最終定理』（新潮文庫，2006），ハイゼンベルク他『物理学に生きて』（ちくま学芸文庫，2008），J・スタチェル編『アインシュタイン論文選「奇跡の年」の5論文』（ちくま学芸文庫，2011）など多数．2007年，数学普及への貢献により日本数学会出版賞受賞．

索 引

$f = ma$ 285, 293；→ニュートンの第二法則
X 線の発見 25, 74, 98–101, 103, 148, 154

ア

アインシュタインの理論／アインシュタイン，アルベルト x, xl, xli, 23, 24, 32, 53, 79, 111, 122, 130, 136, 137, 140, 143, 144, 156–158, 160–162, 170, 219, 228, 229, 234, 236, 237, 241, 248, 251, 273, 278, 280, 312；ニュートンの理論と— xl, xii, 156–158, 160–162, 312
アヴォガドロ数 55
アステロイド 181
「アート」という言葉 245
アトウッドの器械 54, 55, 60
アナロジー xiv, xxvii, xxviii, 261, 278, 279, 286
アノマリー vii, xxvii, xxxi–xxxiii, xxxiv, xliii, 9, 10, 23, 90, 91, 98, 99, 104, 105, 108, 109, 111, 112, 122, 126–128, 131–134, 139, 140–144, 146, 154, 155, 159, 176, 181, 190, 191, 203, 223–225, 236, 281, 282, 306, 314
『現れの構造』（グッドマン） 197
アリスタルコス 123, 124, 154
アリストテレスの理論／アリストテレス xx–xxiii, 18, 29, 30, 32, 37, 39, 49, 112, 115, 119, 187–189, 194, 204, 214, 218, 227, 312, 313；—の力学 18, 214, 312, 313；—以前の運動学 37；—主義 86, 87, 164, 185, 186, 191–193, 247
アルキメデス 37, 192
アンティペリスタシス 38
暗黙知 79, 289, 297
異常科学 xxxv, 134, 140, 146, 159, 252
一般相対性理論 x, 53, 227–229, 237, 241, 313
遺伝学 xxv, 37
因果律 xii
陰極線 98, 100, 148
インペトゥス理論 186, 187, 192–194
引力，電気的な 20, 36, 40, 56, 65, 66, 184
ヴァザーリ，ジョルジョ 245
ウィトゲンシュタイン，ルートヴィヒ xxiii, xxv, 80, 81
ウィーン学団 xxii, xliv, xlvii, l, 9
ウォーフ，ベンジャミン・L 4, 5
ウォリス，ジョン・ウォリス 165
ヴォルタ，アレッサンドロ 46
宇宙論 v
ウランの核分裂の同定 102
エディントン，アーサー x
エーテル 99, 120–122, 126, 133, 169, 171, 237；—説の明確化 120；—・ドリフト 120–122；—の引きずり 120, 122, 133
エネルギー保存則 152, 155
エレクトリシャン 36, 40, 41, 43, 46, 104, 105, 167, 183, 184
応用例 xxiv, xxvi, 29, 30, 83, 87, 131, 288
大きな革命 viii, 86, 240, 273
オカルト 164–166, 170
オームの法則 277
重さ 117–119, 125, 134, 164, 185, 191, 192, 205, 206, 234, 272
オレーム，ニコル 186, 187, 195
音速 59, 132, 133

カ

絵画 245, 250, 281, 316
『懐疑的化学者』（ボイル） 217
概念のカテゴリー 106, 108, 192, 199
カヴェル，スタンリー xxiii, xxv, xxxviii, 13
科学 16, 17；—の変化 iv, v；—の 3 種類の研究課題 xv；—の 3 つの伝統 xvi；—の放棄 xxxiii, 129；—の合理性 xl；—という事業 2, 16, 22, 69, 90, 190, 215, 217, 243, 254, 258, 314；—のイメージ 16, 20；事実と理論の分離の不可能性 25；—の専門化 41–45；—であるための判定規準 46, 68, 69, 84, 85, 226, 243, 244；—に関する認識論の主流の学説 127, 188, 189；反証と— 127, 128；歴史の再構成 212–215；—の定義 244；進歩と— 243–262, 311, 312 →科学の進展・発展，進歩；—観，進化論的 261,

262 →進歩；―の系統樹 311；→通常科学
化学 xxxvi–xxxviii, 8, 18, 20, 24, 29, 37, 43, 52, 53, 73–75, 88, 92–97, 100, 102, 103, 111, 115–119, 134, 143, 152, 158, 167–170, 184, 200–208, 213, 214, 216–219, 227, 248, 268, 272, 279, 293, 295, 304；ボイル以前の― 37
科学概念（科学という概念） 16, 17, 261
科学革命 vi–xiv, xvii, xxx, xxxiv, xxxv–xxxviii, xlii, xliv, xlv, 9, 10, 23–26, 32, 57, 64, 93, 128, 129, 143, 145, 147, 148, 150, 162, 164, 179, 189, 193, 201, 205, 209, 211, 216, 219, 220, 252–254, 265, 301, 317；「革命」の語義と語感について viii–xiv；大きな― viii, 86, 240, 273；17 世紀の― ix, x；―の必要性 xxxiv, 156；世界観の変化としての― xxxvi, xxxviii, 174, 175, 201, 208；進歩と― xliv–xlvi, 26, 252–254, 315；―の指標 10；教科書と― 10, 210–212, 215, 216, 218–220；―の性質 23–26, 147, 160；―の不可視性 26, 209–219；小さな― 86；―の成り行きに典型的なパターン 128；政治革命との類似点 147–149；―の性質と必要性 147–173；概念のネットワークの置き換えとしての― 162, 201；知覚のシフトと― 179；―の終わり方 220–242, 261；科学コミュニティーと― 272, 273；危機と― 274；記号的一般化の破棄と― 278；類似性の集合の変化としての― 303；転向の経験と― 309；相対主義と― 309
化学革命 xxxvi, 24, 96, 111, 168, 170
『科学革命を再構築する』（ホイニンゲン＝ヒューネ） ii
科学教育 13, 83, 84, 131, 253, 283, 316
化学クロマトグラフィー 74
科学（者）コミュニティー xxiv–xxvii, xxix–xxxi, xxxiv, xl, xlii, xlviii, 6–10, 20–26, 29, 30, 68, 77, 78, 81, 82, 84, 86, 87, 102, 147, 148, 150, 151, 160, 163, 169, 174, 189, 198, 210, 213, 215, 222, 232, 233, 237, 238, 242, 246–250, 252–257, 259, 261, 262, 264–275, 277, 279, 282–284, 293, 302, 305, 307–310, 316, 317；―の社会学 6；―の特徴 26, 254–257, 261–262；―と科学の進歩 246–254；―の構造 266–274, 317；研究主題との対応 267, 271；―と通約不可能性 302, 305, 307–310
科学史 v–viii, xi, xiii, xvi, xxxiv, 2–6, 12, 17–19, 59, 170, 174, 177, 212, 253, 266, 267, 286, 287, 306；方法論の変化 19–20；歴史の再構成 212–215
科学社会学 xxix, xlviii
科学者グループ 21, 44, 78, 87, 88, 108, 229, 230, 254, 256, 257, 272, 278, 279, 307, 310, 316；パラダイム出現による明確化 41–45
科学書 29, 210；パラダイム成立以前の時期の役割 44, 46
科学的概念 4, 218
『科学的事実の起源と発展』（フレック） 4
科学的な信念 21, 177；→信念，信念体系
科学的方法 17
科学哲学 ii, vi, vii, xii, xiii, xvi, xxii, xxxix, xli, xlix, 2, 3, 5, 13, 15, 125, 126, 210, 222, 273, 275, 277, 284, 301, 311, 314
化学当量の法則 204
科学の進展・発展 xiii, xlii, 10–12, 17, 19, 20, 22, 23, 34, 37, 39, 45, 62, 64, 69, 92, 101, 121, 126, 138, 141, 147, 149, 152–154, 171, 178, 214–217, 219, 243, 272, 311, 313, 315, 316；外的条件と― 10；累積的なプロセスだとする観点への疑義 17–19, 90, 91, 137, 147, 152, 153, 170, 212, 213, 245, 273, 315；初期段階の特徴 39, 40 →パラダイム成立以前の時期；通常科学の制約と― 50；パラダイム選択と― 152–153；パズル解きとしての通常科学の性質と― 246–252, 311–313；―の可能性に対する問い 247–248；科学者の隔離と― 249–251；教科書と― 250–252；科学革命と― 252–256；ダーウィン進化的なプロセスとしての― 258–262；真理と― 258, 261；他分野の進展の仕方と― 314–316
科学の進歩 →進歩
科学分野の出現 38 →科学者グループ
化学変化 20, 75
科学論（サイエンス・スタディーズ） xlviii, xlix, 5
学術誌 xv, xlii, 43, 268, 283
確証 26, 113, 131, 221–225
確証－反証のプロセス 225 →確証，反証
学生 xxviii, 21, 30–32, 84, 131, 175, 212, 215, 217, 250, 251, 253, 283–288
学派 xxxi, 10, 21, 26, 32–34, 39–43, 104,

119, 153, 172, 175, 222, 227, 247–249, 268, 270, 271, 316
確率論的確証理論　222–224
化合　52, 202, 203, 272　→化合物
化合物　xxxvi, xxxvii, 73, 128, 168, 184, 198, 201–204, 206–208, 213, 226, 229, 304
家族的類似　34, 35, 80
価値観　173, 249, 279–282, 302, 310, 311, 316；専門性のマトリックスの要素としての— 279–282；—の機能　282；理論選択と— 302, 310；パズルが解けることに関する— 310, 311
活力の原理　288
ガリレオのパラダイム／ガリレオ・ガリレイ　ix, 19, 56, 60, 111, 113, 143, 182, 185–194, 204, 214, 215, 287, 288, 303；—とアリストテレス主義者の経験の違い　191–194
カルナップ，ルドルフ　xliv, xlix
カロリック説　→熱素
感覚所与　→センスデータ
感覚と刺激　291–292, 296–297
観察　xv, xxxii, xxxvi, 18, 21, 28, 29, 33, 34, 37, 44, 51, 83, 119, 128, 144, 165, 167, 172, 178, 179, 182, 184, 185, 188, 190, 195–197, 200–202, 205, 222, 262, 311, 314
観察言語　195–200, 222
観測　xxiv, xxxvi, xlix, 17, 21, 23, 29, 34, 39, 52–54, 58–61, 71, 72, 75, 77, 96, 105, 108, 109, 113, 120, 122, 124, 128, 130, 132, 135, 159, 160, 171, 179–183, 186, 188, 195, 222, 223, 225, 234–237, 299, 300；— 機器　xxxvi, 23, 182；—と理論の一致　108, 109, 113
カント，イマヌエル　viii, ix, xi, xii, 247
機械論的粒子説　34, 164–166, 170　→粒子説
幾何光学　39, 130
危機　vii, xxvii, xxx, xxxii–xxxiv, xliii, 10, 103, 104, 110, 112, 114, 115, 117, 119–127, 129, 130, 132–134, 136, 137, 139–144, 146, 148, 149, 155, 159, 176, 179, 188–190, 192, 212, 220, 221, 223, 234, 235, 238, 239, 241, 251, 263, 273, 274, 279–282, 316；—の徴候　119–120, 122–123；—の認知　124；—の意義　125；—への応答　126–146；—の時期の研究　129, 136　→通常科学の枠に収まらない研究；理論やパラダイムの明確化の増殖　135, 146；—の効果　136；—の終わり方　136, 137；哲学的な分析への注目と—　142；新発見の増加と—　143–144；新しいパラダイムへの転向と—　234–235, 241；—の機能　274
記号的一般化　xxx, 276–279, 283–286
記述モードと規範モード　265, 313, 314
基準／判断基準（standards）　24, 30, 35, 84, 86, 150, 157, 163, 164, 166–170, 172, 173, 178, 182, 211, 226, 227, 231, 248, 249, 255, 265
規準／判定規準（criterion）　10, 46, 68, 146, 172, 173, 202, 203, 206, 222, 224, 257, 290, 294, 295, 297–299, 304, 310, 311
気体分子運動論　88
キャヴェンディッシュ，ヘンリー　46, 55, 60, 116
「客観性，価値判断，理論選択」（クーン）　xli, 38
ギャリソン，ピーター　xvi, xliii
教育／科学教育　iv, 16, 22, 81, 83, 84, 87, 131, 139, 153, 175, 186, 211, 214, 215, 217–219, 250–252, 267, 268, 283, 292, 296, 309, 316
教科書　xxviii, 10, 16–18, 26, 29, 32, 44, 77, 83, 88, 131, 210–212, 214–220, 238, 250, 251, 283, 284, 286
競争　v, xxxiii, 10, 20, 26, 30, 32, 49, 104, 119, 146, 149, 150, 172, 222, 224–227, 229, 230, 236, 247, 250, 254, 260, 268, 270, 281, 296, 316
禁止条項，方法論上の　170–171
近代科学　x, 19, 139, 233, 311
空気化学　115–119, 134
空気ポンプ　116
グッドマン，ネルソン　197, 199
クリック，フランシス　iv
クレロー，アレクシス・クロード　132, 133
クーロン，シャルル・ド　46, 56, 63, 65, 66
クーロンの法則　56
クワイン，ウィラード・V・O　4, 5, 305
ゲイ＝リュサック，ジョゼフ・ルイ　206, 207
形而上学　xii, xliii, xlvii, 6, 33, 40, 68, 74, 170, 233
ゲシュタルトの変化　4, 138, 174, 175, 177–179, 184, 187, 190, 196, 230, 286, 309
決定的実験　234

ケプラーの法則 59, 60
ケルヴィン卿（ウィリアム・トムソン） 43, 100, 113, 148, 230
研究課題 xv, 51, 62, 64–74, 76, 81, 84, 86, 112, 113, 120, 123, 125, 163, 165, 166, 168–170, 172, 205, 210, 212；通常科学の 3 つの— xv, 52–64；通常科学の枠に収まらない— 64；通常科学の—の特徴 65 →パズル解き；—の魅力 66–70 ；パズルとしての— 67–72；—を棄てる 68；正統な—を選ぶ判定規準 68–69, 84–85, 166–170, 172；—とルール 70–76, 84；—の家族的類似 81；パラダイムの変化による—の変化 163, 165–170
研究伝統 xxvii, 31, 71, 72, 78, 79, 81, 82, 88, 142, 212
言語ゲーム xxiii
原子核理論 140
原子量 53, 73, 207
原子論 88, 203, 204, 207, 213, 272
元素 xxxvii, 53, 57, 100, 102, 103, 116, 118, 158, 184, 199, 213, 217–219, 248, 276, 304, 307；—の定義 217–219；新—の探索 100, 103
ケンドルー，ジョン iv
コイレ，アレクサンドル 3, 19
高エネルギー物理学 v, xvi, xvii, xlii, 268
光学 29, 30, 32–34, 39, 46, 71, 75, 130, 140, 143, 145, 152, 235, 271, 293
『光学』（ニュートン） 29, 32
光行差 120
光子 32
『構造以来の道』（クーン） ii, iii, xix, xlvi, xlix, 265
拘束された落下 189, 191, 195, 196, 198, 200
『黒体と量子の不連続性』（クーン） ii
固定空気 116, 117
固定された自然 xxxiv, xxxvii, 185
異なる世界 xxxv, xxxvi, xxxviii, 174, 182, 185, 189, 229
コナント，ジェームズ・B ii, 12, 13
コペルニクスの天文学／コペルニクス，ニコラウス xxxvi, 10, 11, 23, 26, 30, 53, 111–115, 117, 119, 121, 122, 124, 130, 133–137, 140, 148, 156, 179, 182, 183, 199, 228–230, 233–235, 238–241, 273, 303；コペルニクス革命 10, 26, 111, 115, 133, 134；コペルニクス天文学の出現 112–115, 121；初期のコペルニクス主義者たち 119
『コペルニクス革命』（クーン） ix, xi, 11, 115, 137, 183, 229
コミットメント xxvi, xxx, 21–23, 25, 30, 31, 51, 56, 72–77, 102, 128, 145, 159, 160, 164, 194, 210, 231, 273, 274, 276–278, 281, 282, 307
コミュニケーション v, xxix, xli, xlii, 265, 268, 269, 275, 292, 300；—の断絶 304–306
暦 10, 37, 58, 67, 115, 134, 235
混合 xxxvii, 38, 57, 58, 73, 101, 202–207, 229, 303, 304
コンセンサス 31, 37, 244, 261
コント，オーギュスト xlv, xlvii
コンピュータ・シミュレーション v

サ

再現（representation），絵画における 245, 247, 281
サットン，フランシス・X 6, 7
産業革命 x
酸素の発見 xxxvi, 91–99, 101, 111, 154, 184, 185
「誌（ヒストリー）」 38 →自然誌
ジェームズ，ウィリアム 177
シェーレ，カール・ヴィルヘルム 92, 93, 95, 116, 117
視覚 138, 174–179, 181, 184, 186, 187, 200, 297
思考実験 143, 193
事実収集 37–39, 42, 51, 54；—の 3つのクラス 52–55；パラダイムに基づく— 52–58；パラダイム明確化のための— 54–55
『自然学』（アリストテレス） 29, 30
自然観 18, 20, 21, 150, 165；—同士の競争 20
自然誌 38, 39
自然選択 xiii, 223, 259, 260
自然哲学 43, 119, 260, 271, 311
自然な家族 80, 81, 293, 295, 299
自然法則 277, 288
実験 —と観察・観測 xxiv, 29, 34, 51–61；—の変化 iv–v；—の出現 viii；パラダイム

に基づく―　52–58；パラダイムの明確化と―　54–58, 66；→事実収集
実験室　viii, 83, 92, 100, 143, 167, 170, 174, 195, 196, 200, 201, 203, 248, 283, 284, 286
実験物理学　35, 271
実証主義　xlv, xlvii, l, 160；ポスト―　xliv
質量　xl, 53, 54, 72, 83, 117, 118, 160–162, 285
社会科学　7, 8, 37, 45, 69, 243, 244, 249, 250, 270；―とパラダイム　37
社会学的パラダイム　264
集合体（constellation）　17, 21, 149, 189, 264, 274, 309
重力／重力理論　v, 53, 60, 72, 118, 160, 165, 166, 170, 183, 214, 240；→重さ, 万有引力
重力定数　55
主観性　281, 289
出現（emergence）　7, 10, 24, 35, 38, 39, 42, 56, 90, 96, 97, 99, 104, 105, 108–112, 115, 119, 122, 126, 128, 130, 132, 137, 139, 140, 142, 144, 148, 151, 154, 155, 164, 167, 169, 182, 192, 203, 211, 217, 220, 224, 225, 232, 260, 270, 304
『種の起源』（ダーウィン）　xiii, 44, 230, 260
シュリック, モーリッツ　xxii
ジュール＝レンツの法則　277
ジュール係数　55
ジュールの式　56
章末問題　xxviii, 283
初期量子論　280, 281
進化論的科学観　261, 262　→進歩
新奇性　xv–xvii, xxxii, xxxiv, 22, 23, 25, 50, 52, 65, 66, 90, 91, 93, 98, 107–109, 122, 126, 153, 154, 165, 214, 251, 256
新星の出現　182, 184
信念　18–21, 33, 39, 40, 69, 78, 110, 126, 156, 177, 199, 240, 249, 260, 264, 278, 279；―を棄てる　110
信念体系／信念の総体　19, 21, 33, 39
審美的な考察　62, 119, 237, 238, 241
新プラトン主義　115, 192
進歩　vii, xii, xliv–xlvii, 10, 11, 26, 68, 69, 165, 233, 243, 245–248, 252–254, 256, 258–260, 263, 311, 316；ダーウィン進化的なプロセスとしての―　xlii, 258–262；革命を通しての, 非累積的な　xliv–xlvi；通常科学を通しての―　246–252, 311；異常科学を通しての―　252–254；真理と―　258, 261, 312
真理　vii, viii, xlv–xlix, 42, 130, 231, 255, 258, 261, 312
心理学実験　105, 107, 177, 178, 182, 196
新理論　vii, xxxiv, xlii, xliii, 7, 24, 25, 50, 83, 90, 110–112, 122, 139, 152–157, 162, 222, 223, 236–238, 282, 304, 309, 312；―の発明　24, 25, 110, 154；―の出現　24, 111–125, 139, 112, 304；―の発明につながる 3つのタイプの現象　154–156
親和力　165, 167, 201, 202, 204, 205
彗星　180–182
水星の運動　132
数学の実践　viii
“図形の幅”　193, 195
スコラ学　46, 112, 164, 186, 187
ステレオタイプ　17, 127, 144
ストークス, ジョージ・ガブリエル　120
成熟, 科学分野・科学コミュニティーの　21, 29, 31, 32, 36, 45, 50, 76, 77, 115, 163, 170, 171, 211, 246, 249, 253, 270
正統（性）（legitimate）　7, 20, 21, 24, 28, 29, 73, 82, 84, 162, 166, 167, 169, 170, 172, 187, 200, 232, 234, 235, 239, 266, 314；―の判断基準　7, 24, 226；―と古典的科学書　29
正当化（justification）　9, 27, 44, 142, 147, 161, 224, 232；発見との区別　27；理論放棄やパラダイム変化の―　224, 232
生物科学　9, 45
静力学　37, 39, 56, 289
世界観　xxxiv–xxxviii, 4, 166, 174, 220, 308
斥力, 電気的な　36, 39–41, 65, 183, 184
絶対空間　xii, 119
説得／説得のための議論　149–151, 206, 226, 232–237, 242, 256, 280, 300–308, 312；パラダイム転換への　232–240
先駆理論　123–124, 154
先行研究　81, 207, 267
先取権（プライオリティー）　93–94, 97
センスデータ　195
占星術　43, 134
専門性のマトリックス　276, 278–280, 282, 283
専門的技能　37, 38
専門分化／専門分野の細分化　xlii, 87, 88
相対主義　xl, 265, 309–311, 313

相対性理論　x, xi, xl, xli, 53, 119, 122, 142, 157, 160, 169, 227–229, 234, 236, 237, 241, 308, 313；—の出現　119–122；ニュートン力学の諸法則と—　160–162
相対説　124, 154
測 定　xi, xv, 52–57, 63, 65, 67, 71, 101, 120, 157, 161, 192, 195, 196, 200, 201, 205, 207
ソサエティー・オブ・フェローズ　3, 4
素粒子の研究　141, 175

タ

「第二の科学革命」　x, xxx
太陽黒点　182
ダーウィン，チャールズ　xiii, xiv, xlii, 44, 230, 259–261, 273
ダランベール，ジャン・ル・ロン・ダランベール　60, 62
タルスキ，アルフレッド　xlix
小さな革命　86
知覚　4, 105, 175–179, 181–183, 186, 188, 194–199, 278, 291–300, 303
知覚のシフト　177–179, 182
地史学　46；ハットン以前の—　37
知識／科学知識　viii, xiv, xxxv, xliv, xlvi, xlviii, 17, 18, 24, 27, 28, 76, 90, 109, 128, 143, 151–154, 188, 192, 209–211, 215–217, 219, 251, 254, 258, 259, 261, 265, 269, 284, 288, 290, 291, 296, 297, 317
潮汐　59
調和（coherence）　xxvi, xl, 19, 30, 63, 76, 78, 82, 86, 90, 128, 177, 285
直接経験　192, 194–196, 198
直観　vii, 80, 82, 84, 191, 230, 267, 289, 290
通常科学　—が効率的に進む理由　22, 248–252；定義　29–31, 51；—の性質　48–64；—の制約と科学の進展　50, 51；—の研究課題の 3つのクラス　52–64；—の研究課題の魅力　66–70；パズル解きとしての—　67–76, 131　→パズル解き；パズルとしての特徴　70–71；—のルール　70–76, 135, 140–142　→ルール；発見と—　90, 108–109；—の累積性　90, 153；—の破綻と新理論の出現　111–115, 120, 122–125, 136, 141, 146；反例と—　129–130；危機への応答と—　129–132, 134–136　→危機；パラダイムへのコミットメントと—　159；—とデータの解釈　189；パラダイムの誤りを正すことはできない　189；教科書と—　210–211；パラダイム転換への抵抗と—　231–232；進歩する理由　246–252；科学コミュニティーの特徴と—　255–256
通常科学の枠に収まらない（extraordinary）研究　xxxiii, 23, 64, 135, 139–146, 235；哲学的な分析への注目　142
通約不可能性　vii, xix, xxxviii, xxxix, xl, xli, xlii, xliii, xliv, 21, 164, 175, 226, 227, 229, 230, 240, 250, 265, 300, 303；科学としての正統性の判断基準の—　226–227；語彙と装置の—　227–228；世界観の—　228–229
月の運動　72
抵抗，パラダイム転換への　231–232
定比例の法則　73, 128, 204–206, 272
デカルト，ルネ　74, 75, 86, 87, 165, 188, 196, 227, 228, 295
テクノロジー　iv, xvi, xvii, 38, 43, 245
データ　xv, xxxiii, xxxvi, xxxvii, 9, 17, 28, 37, 60, 67, 125, 138, 144, 145, 153, 168, 179, 180, 189–192, 195, 206–208, 210, 214, 218, 222–224, 257, 268；パラダイム変化にともなう変化　188–189；—の解釈　189
『哲学探究』（ウィトゲンシュタイン）　xxiii, 81
デュ・フェ，シャルル・フランソワ　34, 35
電気（の概念）　34, 36
電気研究の歴史　34, 36, 40, 42, 43, 45, 66, 104, 105；最初のパラダイムの成立　105；流体説　183　→フランクリンのパラダイム・電気理論
電気的な引力　→引力，電気的な
電気伝導　35, 36, 40, 52
電気変位　169, 171
電気誘導　167
『天球の回転について』（コペルニクス）　114, 117
転向（conversion）　xli, 42, 179, 221, 226, 230–242, 300, 305–309
電子　xxxix, 49, 55, 71, 111, 121, 198, 274, 296–298
電子顕微鏡　274
電磁気理論　49, 62, 88, 99, 111, 121, 122, 169, 170, 230　→マクスウェルの理論

天体暦　58, 67
天王星の発見　180–181
天文学　xxxvi, 8, 15, 30, 35, 36, 43, 45, 46, 52, 87, 111–115, 121, 123, 124, 126, 134, 135, 148, 156, 161, 179–182, 184, 228, 229, 234, 236, 241, 268
天文単位　55
ド・ブロイ，ルイ　241
統一科学国際百科全書　xlix, l, 8, 9
同化（assimilation）　7, 9, 24, 27, 65, 66, 90, 91, 96, 99, 110, 118, 148, 151, 153, 155, 176, 184, 202, 203, 206, 274, 287
動機　37, 51, 69, 154, 242, 309
同時性　278
特殊相対性理論　x, 122, 234
トランプ実験　105–107, 176, 178, 180, 181, 294
ドルトンのパラダイム／ドルトン，ジョン　xxxvii, xxxviii, 53, 128, 168, 201–208, 213, 214, 216, 272, 291, 303；実験室での操作と—　201–206；新たな法則の発見と—　203–206；データの変化と—　207–208；—自身による革命の記述　213

ナ

ナッシュ，レナード・K　12, 13
ニュートリノ　54, 142
ニュートンの第三法則　165
ニュートンの第二法則　54, 72, 128, 166, 284；アインシュタインの理論と—　xl, xli, 156, 157, 160–162；→ $f = ma$，ニュートン力学
ニュートンのパラダイム／ニュートン，アイザック　ix, xii, xxv, xl, xli, 23, 24, 29, 30, 32–35, 37, 54, 55, 59–61, 72, 73, 75, 79, 83, 88, 111–113, 118–121, 124, 128, 130, 132, 133, 142, 155–158, 160–162, 164–167, 169–171, 188, 214–216, 227, 228, 230, 234, 240, 248, 251, 263, 273, 274, 284, 293, 295, 312, 313；通常科学の進展と—　59–62, 164；—の再定式化　62–63；—自身による革命の記述　214；→ニュートン力学，『プリンキピア』
ニュートン力学　xl, xli, 30, 59, 60, 72, 83, 88, 120, 121, 155–157, 160, 161, 188, 214, 227, 274, 295, 312；アインシュタインの相対性理論の諸法則と—　xl, xii, 156–158, 160–162, 312；機械論的粒子説の世界観と—　165–167
ネーゲル，アーネスト　14, 15
熱　xxx；ブラック以前の—の研究　37；—の動力学理論　111
熱素（説）　18, 57, 58, 95, 155　→フロギストン
熱力学　18, 62, 73, 112, 113
燃焼　93, 96, 97, 115, 117, 124, 125, 154, 158, 239, 304　→化学革命
ノイス，H・ピエール　14, 15
ノイラート，オットー　xxii, l
ノレ，ジャン＝アントワーヌ　34, 35, 43

ハ

バイオテクノロジー　iv
倍数比例の法則　73, 206, 272
ハイルブロン，ジョン・L　14, 15, 35
ハウゲランド，ジョン　ii
パウリ，ヴォルフガング　136
ハーシェル，ウィリアム　180, 181
パズル解き　vi, vii, xiv, xvii, xxvii, 65, 67；—としての通常科学　67–76, 131　→通常科学；—と危機　133–134
破綻（breakdown）　通常科学の—　114, 115, 122–124, 136, 142, 146；パラダイムの—　140, 141；→アノマリー
発見　91；新—　7, 105, 143, 154；概念同化をともなうプロセスとしての—　96；—のパターン　93, 98–100, 108；パラダイムの変化と—　96, 98–105, 108, 109, 154, 181；理論誘導型の—　103；パラダイムの明確化と—　104；—のメタファーとしてのトランプ実験　105–107
「発見の論理か探究の心理か？」（クーン）　xii
発見法的なモデル　278, 279
波動説，光の（波動光学）　30, 32, 54, 62, 111–113, 120, 140, 143, 144, 169, 235, 236
波動力学　179
ハノーバー研究所　176
場の理論　xliii, 141, 283
ハミルトン，ウィリアム・ローワン　62
パラダイム　vi, vii, xviii–xxxi；「大域的（global）」および「局所的（local）」　xix–xx, xxix；模範

例としての―　xxi–xxii；定義（語義）　xxvi, 8, 30, 48, 49, 264, 266, 269, 274–276, 282；新しい　―　xxvii, xxxiv, xliv, 42, 45, 96, 125, 130, 137–141, 144, 145, 147, 154；―同士の比較　xxxiii, 127；―の獲得　10, 31, 34, 37, 46, 87, 270；―なしに行われる研究　31；―の出現と事実収集　39；―出現による変化　41–44；科学分野であることの判定規準としての―　46；モデル，パターン，例としての―　48, 49, 84, 264, 283–289；―の成功例　49；―の明確化　49, 50, 54, 56–59, 62, 63, 66, 144, 155, 190；通常科学との関係　51；測定と―　52–54；理論と測定の一致と―　53–54；―を明確化する法則　56–57；―を明確化する理論　58–59, 62, 63；―に依存する理論的課題　58, 166–172；―と通常科学の進展　59–62；―の再定式化　62–63；研究課題の判定規準としての―　68, 166–170, 172；―の抽出（同定／認定／確定）　77–79；受容されたルールと―　77–82, 84, 86；―の優位性　77–89；ウィトゲンシュタインの「家族的類似」と―　80；応用例と―　83；科学の専門領域の多様性と―　86–87；―の変化と新奇なもの　90；発見と―　96, 98–105, 108–109, 154；―の変化とアノマリー　109；―の変化と新理論の発明・出現　110–112, 154–155；反例と―　127–129　→ アノマリー；―の出現と危機　130；教科書と―　131；―と自然との一致　133；新―への転換　137–139, 144–146　→ パラダイム転換；―の破綻　140, 141；革命としての―の変化　147–149；―選択　150, 225, 256–257　→パラダイム選択；新旧の―の違いと融和しがたさ　156–164　→通約不可能性；―の出現と認知の変化　167；―の変化と世界観の変化　174；―に誘導された知覚変化　175–184, 186–187；―の変化にともなうデータの変化　189, 190, 207–208；―の転換と直観　191；経験と―　191–195, 198；実験室での操作と―　200–201；―のテスト　221–222；―同士の競争　222, 226, 229, 236, 254；転向の経験　230–242；新しい―を支持する議論　234–242；予測と―　235–236；信念と―　240；進歩の可能性に対する問いと―　247–248, 256；―変化と真理の関係　258；科学コミュニティーの構造と―　266, 269–271；グループのコミットメントの集合体（コンステレーション）としての―　274–283；専門性のマトリックスの要素としての―　282　→模範例

パラダイム・シフト　vii, 110

「パラダイム再考」（クーン，論文）　xix, xxi, xxiv, xxvii, xxviii–xxxi, 265, 291, 299

パラダイム成立以後の時期　10

パラダイム成立以前の時期　xxx, xxxi, 10, 34–40, 45, 84

パラダイム選択／選択　150, 172, 241, 225, 254, 256, 257, 261, 279, 280；コミュニティーの合意と―　150；―の判断基準　150–151；→理論選択

パラダイム転換／転換　32, 85, 137, 138, 145, 162, 187, 189, 210, 214, 227, 228, 230；ゲシュタルトの変化との類似性　138

パラダイムの放棄／パラダイムを棄てること　xxxiii, 64, 114, 126–129, 151, 164, 237, 248, 253；反例と―　127–129；―と科学の放棄　128–129

パラダイム論争　172, 173, 238, 240, 254, 256

パリティ非保存　142

反証　xii, 26, 126–128, 131, 221–225；アノマラスな経験と―の経験　224

ハンソン，ノーウッド・ラッセル　177

反転レンズ　176, 189, 197

万有引力／天体間の引力　55, 60, 61, 166, 167, 226

反例　126–130, 133, 204, 272

ピアジェ，ジャン　4, 5

ヒッグス粒子　xvi, xvii

『批判と知識の成長』（ラカトシュ，マスグレーヴ編）　xiii, xix, 265

ビュリダン，ジャン　186, 187

ファイヤアーベント，パウル　xiii, xxxviii, xxxix, 13, 315

ファージ・グループ　269

不確定性原理　xi

フーコーの装置　54, 238

物質波　241

物質量　72, 117, 118

物理学　iv, v, vii, x, xii, xiv, xvii, xxviii, xxx, xl, xliii, xlix, 3, 8, 15, 32, 52, 74, 85, 88, 103, 119, 120, 136, 142, 157, 158, 171, 175, 205, 207, 228, 244, 251, 271, 283, 288

物理光学　32–34, 46, 271；ニュートン以前の―　33
物理定数の決定　54
プトレマイオス天文学／プトレマイオスの体系　29, 30, 49, 111–114, 124, 126, 130, 134, 156, 179, 234, 235, 238
ブラウン運動　xxxii
ブラーエ，ティコ　52, 239
ブラック，ジョゼフ　37, 116, 117
プランク，マックス　ii, xi, 32, 231, 235
フランクリンのパラダイム・電気理論／フランクリン，ベンジャミン　29, 34–37, 40, 41, 43, 44, 46, 105, 167, 184, 190
フランス王立科学アカデミー　97, 118, 140
振り子　59, 60, 165, 185–192, 194–196, 198, 200, 229, 238, 283, 285, 287, 288, 303
プリーストリー，ジョゼフ　43, 92–94, 96, 97, 100–102, 111, 116, 130, 138, 140, 141, 143, 144, 184, 187, 188, 225, 230, 238, 242
プリニウス　38, 39, 245
『プリンキピア』（ニュートン）　29, 54, 55, 59, 60, 62, 63, 156, 166, 263；―のパラダイム　59–61, 166；―と通常科学の進展　59–62；―のパラダイムの再定式化　62–63；→ニュートンのパラダイム
プルースト，ジョゼフ　204, 206, 207, 226, 307
ブルーナー，ジェローム　105, 107
フレック，ルドヴィク　xxv, 5, 6
フレネル，オーギュスタン・ジャン　32, 120, 236, 238
フロギストン説　18, 92–94, 96–98, 100, 116–119, 126, 130, 138, 140, 158, 159, 162, 168, 184, 189, 196, 200, 201, 227, 239
分子運動論　xxxii, 88
ベーコン，フランシス　ix, xxx, xxxi, xlvii, 38, 39, 42, 56, 68, 258
ヘルツ，ハインリヒ　62
ペルーツ，マックス　iv
ベルトレ，クロード・ルイ　204, 206, 226, 307
ベルヌーイ一族　60, 62, 287–289
ヘルムホルツ，ヘルマン・フォン　73
弁論（術）　xx–xxiii
ボーア，ニールス　143, 235, 280
ポアソン，シメオン・ドニ　236
ホイヘンス，クリスティアーン　60, 165, 228, 287–289
ボイル，ロバート　37, 39, 56, 59, 74, 75, 217–219；―自身による革命の記述　217–219
ボイルの法則　56, 59
望遠鏡　52, 54, 55, 60, 61, 180, 182, 236
放射線　14, 100
法則　xxvi, xxviii, xxxii, 17, 23, 30, 31, 56, 59, 60, 62, 72–74, 83, 87, 88, 102, 120, 128, 132, 133, 138, 139, 154, 160–162, 165, 166, 181, 192–194, 203–206, 215, 216, 230, 235, 272, 274, 277, 278, 284–290, 293, 295；定量的な―　56；パラダイムを明確化する―　56–57；通常科学の性質と―　56–57, 59–62, 72–74；パラダイムの変化と―　160–162；ガリレオの振り子とアリストテレスの落下運動の―　192–194；定比例の―　203–206, 272；「原理」となった―を棄てる　248；記号的一般化と―　277–278, 284–288
法則スケッチ　285, 286, 293
『方法への挑戦』（ファイヤアーベント）　xxxviii
ホークスビー，フランシス　34, 35, 183
ポストマン，レフ　105, 107
ポパー，カール　xii, 223, 224, 281, 311；―の科学観　xii；反証と―　223–224
ポランニー，マイケル　79, 288
ホワイトヘッド，アルフレッド・ノース　213, 215
本質的緊張　vii, xi, xiii, xxi, xxv, xli, 57, 93, 129, 143, 193, 265, 317
『本質的緊張』（クーン）　i, ii
翻訳　5, 57, 265, 305–310

マ

マイケルソンとモーレーの実験　120
マイヤー，アンネリーゼ　4, 5
マクスウェルの理論／マクスウェル，ジェームズ・クラーク　24, 73, 79, 99, 111, 121, 122, 130, 133, 169, 171, 274　→電磁気理論
マスターマン，マーガレット　xiii, xviii, xix, xxvii
マリュス，エティエンヌ・ルイ　143
明確化（articulation）　xv, xxxiii, 6, 11, 42, 49, 50, 54, 56, 57, 62–64, 66, 104, 120, 121, 128,

130, 135, 137, 144, 146, 155, 190, 210, 239, 247, 261, 267
メイヤーソン，エミール　3, 5
メツジェ，エレーヌ　4, 5
網膜上の像　197–198, 200
モデル　xxii, xxvi, xxvii, xxx, xliii, 30, 48, 81, 84, 135, 174, 245, 264, 278, 279, 287
模範例　xviii, xxi, xxiii, xxiv, xxix, xxx, 275, 282–284, 290, 293, 297, 298, 300, 303, 304, 315
モリス，チャールズ　8, 9
問題解決能力　52, 84, 89, 122, 236, 237, 240, 241, 255–257

ヤ

ヤコビ，カール・グスタフ・ヤコブ　62
ヤング，トマス　32, 140
誘導効果（電気誘導）　184
溶解物　202, 203
予測　v, xl, 50, 53, 58, 60, 65, 67, 71, 102, 103, 112, 113, 132, 144, 155–157, 234–236, 238, 279, 311, 312

ラ

ライデン瓶　35, 40, 103–105, 154, 167, 184, 191, 200
ライバル・パラダイム　222, 238
ライバル理論　41, 124, 235, 239
ラヴォアジエ，アントワーヌ　xxxvi–xxxviii, 23, 29, 49, 79, 92–94, 96–98, 100–102, 111, 115–119, 130, 140, 143, 148, 168, 184, 185
ラヴジョイ，アーサー・O　4, 5
ラカトシュ，イムレ　xiii, xix, 281
ラグランジュ，ジョゼフ＝ルイ　61, 62
ラッセル，バートランド　xlvii, xlix
リヒター，イェレミアス　204–206
粒子説　34, 74, 75, 164–166, 170
流体説，電気の　41, 105, 183
流体動力学　62
量子革命　ii, xi, xii
量子物理学　xi
量子力学　32, 87, 88, 112, 137, 142, 144, 170, 248, 308
理論選択　xxxiii, xli–xliii, 265, 280, 300–302, 304, 309, 310；理論・学説を棄てる　19, 23, 26, 118, 127, 155, 162, 166, 204, 223, 224；―の判定規準　310–311；進歩と―　311
理論的課題　53, 61；パラダイムに依存する―　58
理論と自然・事実・データの一致／不一致　50, 53, 54, 61, 108, 109, 113, 114, 131–134, 224, 225
理論の明確化　xv, 42, 54, 64, 130, 155；―と発見　104；→明確化
類似性　xxvii–xxviii, 81, 98, 99, 108, 138, 210, 222, 286–288, 293, 303, 310；―の認知　xxviii, 286–288, 293–295；―のネットワーク・集合　81, 303；科学革命と政治革命の―　147–148
ルドルフ表　234
ルネサンス期　xxii, 115, 245
ルール　xvi, 24, 30, 70–79, 81, 82, 84, 86, 87, 90, 91, 112, 130, 135, 136, 139–142, 145, 153, 220, 221, 255, 258, 264, 265, 282, 284, 288–290, 293–295, 297, 299, 301, 308；通常科学の―　24；研究課題と―　70–76, 84；コミットメントとしての―　72–77；―の同定／―探し　78, 79；パラダイムの優位性　77–82, 84, 86
レオナルド・ダ・ヴィンチ　245
レクセル，アンダース　180, 181
レン，クリストファー・マイケル　165
錬金術　75
レンズの特性　58
ローレンス，アーネスト・O　14, 15, 52, 53
ローレンツ，ヘンドリック・アントーン　122, 130
論文　10, 44–46, 83, 242, 251, 253, 269, 283
論理経験主義　xxxix, xlvii, 15
論理実証主義　xlvii, 9, 156

ワ

惑星　49, 52, 59, 60, 112, 113, 174, 179–182, 198–200, 235, 238, 303, 304
ワトソン，ウィリアム　35
ワトソン，ジェームズ　iv